智慧城市网络安全顶层设计及实践

孙松儿 主编

清华大学出版社
北京

内 容 简 介

在数字中国建设整体布局下，智慧城市成为数字中国建设的核心载体和重要内容。本书重点聚焦智慧城市网络安全体系建设的思考和研究，基于长期以来丰富的智慧城市网络安全实际建设经验，将网络安全理论体系、国家网络安全战略要求以及当前新形势下智慧城市网络安全隐患和实际需求进行深度融合，最终形成了体系化、可落地的智慧城市网络安全顶层设计架构和实践指引，为全国智慧城市网络安全建设提供了重要的理论和实践支撑。

本书适用于对智慧城市网络安全感兴趣的读者，无论是城市管理者、城市规划者、智慧城市建设和运营人员还是普通读者，都可以从本书中获得有价值的信息和启示。同时，本书将网络安全完整的理论体系与智慧城市实践深度融合，可作为高校学生和科研人员的参考书籍，帮助他们深入理解网络安全相关知识和技术，以及在具体实践中的应用和落地方式。

图书在版编目（CIP）数据

智慧城市网络安全顶层设计及实践/孙松儿主编.—北京：清华大学出版社，2024.6
ISBN 978-7-302-65813-9

Ⅰ.①智…　Ⅱ.①孙…　Ⅲ.①现代化城市－互联网络－网络安全－研究　Ⅳ.①TP393.08

中国国家版本馆 CIP 数据核字（2024）第 058721 号

责任编辑：田在儒
封面设计：刘　键
责任校对：刘　静
责任印制：杨　艳

出版发行：清华大学出版社
　　　　　网　　　址：https://www.tup.com.cn，https://www.wqxuetang.com
　　　　　地　　　址：北京清华大学学研大厦A座　　　　　邮　　编：100084
　　　　　社 总 机：010-83470000　　　　　　　　　　邮　　购：010-62786544
　　　　　投稿与读者服务：010-62776969，c-service@tup.tsinghua.edu.cn
　　　　　质量反馈：010-62772015，zhiliang@tup.tsinghua.edu.cn
印 装 者：三河市君旺印务有限公司
经　　销：全国新华书店
开　　本：185mm×260mm　　　　印　　张：15　　　　字　　数：343千字
版　　次：2024年6月第1版　　　　　　　　　　　　印　　次：2024年6月第1次印刷
定　　价：69.00元

产品编号：096349-01

本书编委会

顾　　问：于英涛

主　　编：孙松儿

副 主 编：郭天奇　曹　东

编 委 会：王其勇　盛剑晖　巫继雨　刘鹏宇　石茂杉　曾　昊

　　　　　戴玉明　付志强　梁力文　温喜平　韩小平　武建中

　　　　　范路路　章大军　霍光明　缐　崴　李　雷　刘忠良

　　　　　李　嘉　周旭东　戚美珍　李晓明　史明琪　彭昌余

　　　　　叶　森　许佳佳

序

当前，我国智慧城市正在从数字化向智能化迈出极具挑战的一步。一方面，海量的数据需要高效、智能地处理和分析；另一方面，网络安全问题正随着技术发展和业务场景升级而日益凸显，成为掣肘智慧城市乃至数字经济发展的关键因素。智慧城市作为一个多技术、多场景交织而成的复杂生态系统，其安全建设与管理的复杂度可见一斑。

稻盛和夫曾说过，要善于把复杂的问题简单化，抓住本质。在此序中，我希望用"六大思维"来阐述智慧城市网络安全建设的"本质"，助力读者更好地理解其最底层逻辑。

"六大思维"具体内容如下。

一是"边界思维"。网络安全的本质是做好边界安全。有人说技术的发展让边界逐渐消失了，其实不够准确，应该说是边界的存在形式正在发生着各种变化。从网络安全角度讲，安全防护必然有防护主体，因此针对主体的边界安全建设便成为安全防护的根本。当然，这里所说的边界不一定是实际的物理边界，它可能以多种形式存在，比如云内虚拟边界、应用访问边界、数据交换边界等。在智慧城市安全建设中，首先要找到每一个防护主体，之后确定其边界存在的形式，并基于边界构建起纵深防御体系。

二是"三位一体思维"。找到边界之后的问题是，针对每个边界应该从哪几个维度进行防护？实践证明，重点在三个方面，分别是身份和权限、攻击和入侵、数据和内容。网络安全看似复杂，但其本质如生活一样简单。想象一个简单的场景，有人在敲你家的门，你的第一反应肯定是问"谁？"，其实就是在判断他的身份以及确认他的权限，我认不认识他，我要不要请他进来。如果来人身份可信的话，你会打开门并看他此时的行为和状态，此人是不是正常，对我有没有威胁。如果一切正常的话，来人会进屋和你完成具体的事务，全过程的行为也一定是可控的，尤为重要的是他来的时候带来了什么，离开的时候又带走了什么。你会发现，网络安全和生活是非常相似的，两者遵循的是同一个逻辑。所以说，智慧城市安全建设其实很简单，就是针对每个存在的边界，通过各种技术手段做好身份和权限、攻击和入侵、数据和内容三个方面的管理。

三是"安全闭环思维"。针对安全闭环，业界有很多的方法论。以 Gartner 提出的 ASA 自适应安全框架 PPDR 为例，其本质是从预警（predict）、防御（protect）、检测（detect）、响应（response）四个角度进行安全体系构建，强调可持续的、可循环的安全防护，对安全威胁进行实时动态分析，自动适应不断变化的网络和威胁环境，并根据安全闭环不断优化自身的安全体系。简单来说，安全防护首先要知道有哪些需要防护的主体以及可能出现的风险。其次，针对存在的风险构建针对性的防护手段。再次，是一定要明白防护总有纰漏，因此需要从多维度加强安全检测以发现一切可能存在的威胁和异常。最后，一旦发现问题安全体系能够快速地响应和处置。"安全闭环思维"针对"三位一体思维"中的三个方面都适用，比如针对身份和权限方面的零信任理论、针对数据和内容方面的数据安全治理理论等。这些都在书中有详细的描述，这里不再赘述。

四是"业务融合思维"。以上的各种安全理论是凝练的、固化的，但实际业务却是一直变化的。在安全体系建设中，一定要考虑到业务的实际问题和需求，对安全理论进行变通的落地，也就是做好安全和业务的融合。以车联网这种新场景的安全建设为例，在车与车通信进行身份确认时，由于都是陌生车辆主体之间的通信，如果直接使用传统数字证书可能造成隐私信息的泄露，因此，在车联网身份体系中使用的是特殊格式的假名证书。另外，针对智能网联汽车中的 T-BOX、OBU 等众多的车载终端，传统的入侵检测机制是不适用的，因此需要构建专属的 IPDS、VSOC 等安全检测机制。实践证明，在各个智慧城市建设中存在巨大的业务差异性，比如业务访问主体的身份和权限差异、业务交互模式差异、支撑业务的资产形态差异等。这时候智慧城市安全建设就需要做到既懂安全又懂业务，这也是本书内容的关键所在。

五是"时间和空间思维"。我们一直说网络安全是 Cyber Security，也就是网络空间安全。要理解网络空间的概念，至少要考虑时间和空间两个维度。所谓时间维度，是指所有网络安全问题不只是当下某个时刻的事，它和过去有关，也和未来有关。例如，业界一直提及的数据驱动安全，其实是将当下的安全问题从时间维度上和过去产生联系，进而发现更加深度的安全风险；业界一直提及的安全左移，其实是将未来的安全问题放到现在来预判和解决。所谓空间维度，是指网络安全问题不能只聚焦到眼前具体的问题，应该以更广阔的空间视角，看到各种问题之间的联系，进而更好地预防和发现问题。业界一直提及的全域态势感知、协同联动等，即是安全空间维度的实践。智慧城市安全关乎国家和社会安全，因此在智慧城市安全体系建设中，一定要充分利用时间和空间思维，以实现更加深度、更大范围的安全保障。

六是"运营和治理思维"。上面提到的五个思维更多偏向于思考方式，而第六个思维则偏向于安全落地。"重建设、轻运营"是当前智慧城市安全建设实践中普遍存在的现象，造成的直接结果是对网络安全的投入不断增加，但安全效果却不尽如人意。究其深层次的原因，多体现在安全专业人员缺失、安全运营流程缺失、安全管理支撑体系缺失等。高效的安全体系建设，除了安全技术能力建设以外，还需要具备完善的安全运营机制和治理支撑体系，具体体现在充实的专业人才保障、健全的安全制度流程、完善的监测预警机制、快速的响应处置方式、明确的监督评价指标、可靠的资金和产业支撑等。也就是说，智慧城市安全不能只考虑形式上的安全建设，更应该聚焦在安全体系如何高效地落地。

总体来说，智慧城市网络安全建设，不仅是满足国家政策合规要求的手段，更是构成智慧城市的核心元素。面对智慧城市复杂的网络安全问题，我们需要不断探索新思路与新方法，着力构建安全与业务深度融合的一体化安全保障体系，助力智慧城市安全、有序、高质量运行。

孙松儿

2024 年 1 月

前　　言

　　智慧城市是一种集成先进信息技术和智能化设备的新型城市形态，其高效、便捷、智能等优势在很大程度上提升了城市的运行效率和公民的生活质量。然而，随着智慧城市建设的不断推进，网络安全问题日益凸显。

　　智慧城市的建设涉及大量的城市运营数据和公民个人信息，这些信息一旦被泄露或被恶意攻击，将会对城市的安全运行和公民的利益造成严重威胁。因此，在智慧城市建设过程中，必须高度重视网络安全问题。只有采取全面、有效的保护措施来切实维护智慧城市网络的安全性和稳定性，才能确保智慧城市的正常运行和数据安全，为城市的可持续发展提供有力保障。

　　本书旨在为读者提供智慧城市网络安全建设方面的全面、客观、深入的信息，同时以成熟的实践经验为支撑，帮助读者更好地了解和应对智慧城市网络安全挑战。

　　本书分为5部分，共16章。

　　第1部分为总括部分，包含第1章至第3章。首先，通过系统性的介绍，让读者了解智慧城市的发展历程和深刻内涵，并从技术发展的角度阐明技术是智慧城市发展的核心推动力。其次，综合论述智慧城市网络安全的相关政策要求和产业发展态势，并结合实践经验对当前新形势下智慧城市面临的安全问题进行深入剖析。最后，重点从顶层设计角度，提出"保证安全合规是基础、业务安全保障是关键、安全效能发挥是核心"的智慧城市网络安全设计思路，并以"三位一体"的思路，为智慧城市网络安全建设提供总体指引。

　　第2部分至第4部分，通过理论联系实际的方式，分别对智慧城市网络安全顶层设计总体框架中的三个重要方面进行了详细论述。其中，第2部分聚焦"保证安全合规是基础"，包含第4章至第8章，系统地论述等保、密评、数据安全、关键信息基础设施安全保护等相关方面的合规性要求。该部分不仅着眼合规建设本身，更重要的是以实践经验为基础，突出安全合规体系是智慧城市网络安全保障措施有效落地的最佳实践指引。第3部分聚焦"业务安全保障是关键"，包含第9章至第11章，在前一部分安全合规建设的基础上，重点针对当前"云网安融合""数据资产化"等新技术的发展趋势和"全面服务化"的智慧城市业务发展趋势，结合网络安全创新理念，以业务安全为主线，从多维度详述如何提升智慧城市业务安全保障能力。第4部分聚焦"安全效能发挥是核心"，包含第12章至第14章，该部分以"安全运营"为重点，阐述通过构建"动态、闭环"的智慧城市安全运营服务保障体系，保证城市安全体系效能的充分发挥。同时，该部分还以管理和发展的视角，阐述体系化的"安全管理"和网络安全"产业人才"对城市网络安全体系建设的重要性，以最终保障城市网络安全体系高效、可持续的发展。

第 5 部分聚焦"智慧城市安全建设实践和展望"，包含第 15 章和第 16 章。首先，通过具体的实践案例，阐述安全体系与实际业务及用户需求深度融合的实践过程，帮助读者更好地理解智慧城市场景下网络安全建设落地的方式。其次，展望未来，进一步分析新兴技术发展对智慧城市网络安全建设的推进作用及可能形成的全新挑战。

本书重点是希望通过完整的顶层设计理念和具体的实践经验，帮助读者对智慧城市网络安全形成完整而深入的认知。在编写过程中，编者尽可能地收集最新的资料和案例，对每个章节进行深入的剖析和阐述。在阅读本书的过程中，读者需要注意以下几点：首先，本书所涉及的内容比较广泛，涉及网络安全众多的方向和领域，读者可以在通过本书形成整体认知的基础上，根据需要对具体方向的细节进行扩展研究；其次，本书中的案例和分析仅供参考，读者需要根据实际情况进行判断和应用；最后，本书所提到的技术和方法可能存在一定的更新与变化，读者需要随时关注最新的进展。

本书的编写得到了新华三集团（H3C）各位领导和同事的大力支持，以及业内各领域专家的许多宝贵的建议和帮助。正是他们的支持和帮助使本书的内容更加丰富和有说服力，他们的贡献对于本书的创作起到了非常重要的作用。再次感谢所有对本书提供过支持和帮助的人。

编者

2024 年 3 月

目　　录

第 1 部分　网络安全与智慧城市发展

第 2 部分　保证安全合规是基础

第3部分　业务安全保障是关键

第 1 部分
网络安全与智慧城市发展

　　智慧城市是一个融合了信息化、智能化、网络化等技术的综合体，它的网络安全问题不仅关系到各项业务的正常运行，也影响到智慧城市的整体发展和市民的生活质量。

　　首先，网络安全对智慧城市的基础设施至关重要。智慧城市以互联网、物联网、大数据、云计算等为基础，各种设备和系统之间高度互联。如果网络安全得不到保障，就有可能导致基础设施遭受攻击，影响城市的基本功能。例如，网络攻击可能导致交通信号系统混乱，从而影响到城市的交通秩序；或者城市供水系统被黑客攻击，造成城市供水危机。

　　其次，网络安全对智慧城市的公共服务至关重要。智慧城市的核心是服务市民，网络安全问题可能会对市民的日常生活产生重大影响。例如，医疗系统的网络安全受到威胁，可能导致患者信息泄露，甚至可能危及患者的生命安全；教育系统的网络安全受到威胁，可能导致学生信息泄露，损害学生的隐私权。

　　最后，网络安全对智慧城市的经济发展至关重要。智慧城市的发展带动了相关产业的发展，如 IT、互联网、金融等。这些产业高度依赖于网络，如果网络安全出现问题，可能会对企业的经营产生严重影响，甚至可能引发行业的信任危机。

　　总之，网络安全是智慧城市健康稳定发展的基石。只有确保网络安全，才能保障智慧城市的正常运行和发展，为市民创造更加安全、便利的生活环境。我们要高度重视网络安全问题，采取有效措施来加强网络安全防护，为智慧城市的建设和发展保驾护航。

　　本部分共包含三章。第 1 章从国家战略、发展需求和技术发展等多个维度，分析智慧城市的发展历程和深刻内涵。第 2 章综合论述智慧城市网络安全的相关政策要求、产业发展态势及当前新形势下面临的安全问题。第 3 章重点从顶层设计角度，提出"三位一体"的智慧城市网络安全设计思路，为智慧城市网络安全建设提供总体指引。

第1章 智慧城市助力经济社会高质量发展

1.1 数字中国战略推进智慧城市高速发展

1.1.1 我国智慧城市的发展历程

城市化的发展过程，本质上是经济社会结构变革的过程。加快城市化进程的本质是要使全体国民享受现代城市的一切城市化成果，并让他们实现生活方式、生活观念、文化教育素质等的转变，通过产业的融合、就业的融合、环境的融合、文化的融合、社会保障的融合、制度的融合等，真正实现人民群众的共同富裕、共同发展和共同进步。

城市化是国家经济发展的客观要求，也是社会发展的必然趋势。通过城市化的发展，可以更好地提高人们的生活质量、优化区域产业结构、促进科学技术发展、推动文化交流等，最终实现区域整体发展水平的提升。但是，随着城市化进程的不断推进，城市的迅速扩张和人口的快速流动，也给很多城市带来了前所未有的挑战，如社会矛盾激化、安全事故频发、资源大量消耗、城市交通拥堵、环境污染严重、政府办事困难等。

事实证明，建设智慧城市是有效应对城市化挑战的重要手段，也是提升人民幸福感和获得感的有力保障。智慧城市通过将新一代信息通信技术与城市经济社会发展深度融合，运用通信连接、大数据、人工智能等技术手段，实现对城市实时动态的感知、分析和协调，对城市治理和公共服务等方面的智能响应，让城市治理更加精细，从而实现城市健康运行和可持续发展。

智慧城市概念于 2008 年年底提出，随后在国际上引起广泛关注，并引发了全球智慧城市的发展热潮。自此之后，我国智慧城市的发展大致经历了概念探索期、实践调整期、发展推动期、全面上升期等几个阶段。我国智慧城市的发展历程如图 1-1 所示。

1. 概念探索期

我国智慧城市的发展大概从 2011 年开始，发展初期阶段更多强调的是从技术层面解决城市的信息化问题。2012 年 11 月，住建部办公厅发布《关于开展国家智慧城市试点工作的通知》，启动国家智慧城市试点工作，并印发《国家智慧城市试点暂行管理办法》和《国家智慧城市（区、镇）试点指标体系（试行）》两个文件，这是我国首次发布关于智慧城市建设的正式文件。同年 12 月，国测局下发《关于开展智慧城市时空信息云平台建设试点工作的通知》。次年 10 月科技部正式公布大连、青岛等 20 个智慧城市试点城市。此时，有关智慧城市的政策尚处于摸索阶段，既没有统一的标准，也没有

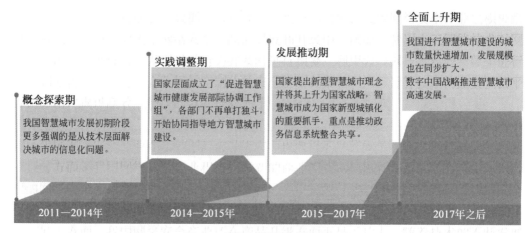

概念探索期
我国智慧城市发展初期阶段更多强调的是从技术层面解决城市的信息化问题。

实践调整期
国家层面成立了"促进智慧城市健康发展部际协调工作组",各部门不再单打独斗,开始协同指导地方智慧城市建设。

发展推动期
国家提出新型智慧城市理念并将其上升为国家战略,智慧城市成为国家新型城镇化的重要抓手,重点是推动政务信息系统整合共享。

全面上升期
我国进行智慧城市建设的城市数量快速增加,发展规模也在同步扩大。
数字中国战略推进智慧城市高速发展。

2011—2014年 　　　　2014—2015年 　　　　2015—2017年 　　　　2017年之后

图 1-1　我国智慧城市的发展历程

牵头的归口部门。

2. 实践调整期

2014 年 8 月—2015 年 12 月,国家层面成立了"促进智慧城市健康发展部际协调工作组",各部门不再单打独斗,开始协同指导地方智慧城市建设。

2014 年 8 月,国家发展改革委牵头研究制定了我国第一份对智慧城市建设做出全面部署的权威文件《关于促进智慧城市健康发展的指导意见》。该文件提出,到 2020 年,要建成一批特色鲜明的智慧城市,在保障和改善民生服务、创新社会管理、维护网络安全等方面取得显著成效。此外,该文件关注到我国智慧城市建设中暴露出来的"缺乏顶层设计和统筹规划、体制机制创新滞后、网络安全隐患和风险突出等问题",注意到了"一些地方出现思路不清,盲目建设的苗头"。

同年,《国家新型城镇化规划(2014—2020 年)》正式出台,该规划推出了有序推进"农业转移人口市民化""优化城镇化布局和形态""改革完善城镇化发展体制机制"等八篇内容,将智慧城市作为城市发展的全新模式,列为我国城市发展的三大目标之一。

2015 年是中国智慧城市建设尤为重要的一年。"智慧城市"和"互联网+"行动计划首次写进《政府工作报告》,国务院出台的《关于积极推进"互联网+"行动的指导意见》强调要推动移动互联网、云计算、大数据、物联网等与智慧城市相结合,鼓励工业互联网、智能电网、智慧城市等领域进行基础共性标准的研制、推广和融合发展。同年 12 月,根据国务院领导批示,原有的各部门司局级层面的协调工作组升级为由部级领导同志担任工作组成员的协调工作组,工作组更名为"新型智慧城市建设部际协调工作组",由国家发展改革委和中央网信办共同担任组长单位。依托部际协调工作机制,各部委共同研究新型智慧城市建设过程中跨部门、跨行业的重大问题,出台智慧城市分领域建设的相关政策,推动我国新型智慧城市建设政策体系逐步健全。

3. 发展推动期

2015 年 12 月—2017 年 12 月,国家提出了新型智慧城市理念并将其上升为国家战略,智慧城市成为国家新型城镇化的重要抓手,其重点是推动政务信息系统整合共享,打破信息孤岛和数据分割。2016 年 3 月 17 日，正式公布的"十三五"规划纲要提出，"以基础设施智能化、公共服务便利化、社会治理精细化为重点，充分运用现代信息技术和大数据，建设一批新型示范性智慧城市"。自此，新型智慧城市正式进入了人们的视野。

2016 年，《政府工作报告》要求深入推进新型城镇化，建设智慧城市。"十三五"规划纲要进一步将建设智慧城市列为"新型城镇化建设重大工程"。2016 年 4 月，"网络安全与信息化工作座谈会"召开，该座谈会是一个具有里程碑意义的重要会议，网络强国战略凸显，其强调分级分类推进新型智慧城市建设，推行电子政务，建设新型智慧城市。同年 11 月，国家发展改革委、中央网信办、国家标准委联合发布《关于组织开展新型智慧城市评价工作务实推动新型智慧城市健康快速发展的通知》，公开"新型智慧城市评价指标（2016 年）"，正式启动 2016 年新型智慧城市评价工作。此后，《智慧城市信息技术运营指南》《智慧城市建设信息安全保障指南》相继出台。

中国智慧城市建设经历了从参与主体严重缺失的独角戏阶段逐渐向导向纠偏、标准完备的阶段转化。从"数字城市""无线城市"到"智能城市""智慧城市"，新一代信息技术正推动我国城市工业现代化和信息智能化逐步向更高层次进阶。

4. 全面上升期

2017 年之后，我国智慧城市建设的城市数量快速增加，发展规模也在同步扩大。

一是国内智慧城市数量连年攀升。据统计，我国开展的智慧城市、信息惠民、信息消费等相关试点城市超过 500 个，超过 89% 的地级及以上城市、47% 的县级及以上城市均提出要建设智慧城市，初步形成了长三角、珠三角等智慧城市群（带）发展态势。2019 年的新型智慧城市评价结果显示，超过 88% 的参评城市已建立智慧城市统筹机制，进一步推动新型智慧城市建设落地实施。

二是智慧城市发展规模不断壮大。从线下服务到线上服务，从简单的电子政务，逐步发展到智慧城市 1.0、2.0、3.0。智慧城市建设已逐渐覆盖了政务、民生、产业和城市运营等各种场景，智慧能源、无人驾驶、工业机器人等特色亮点和创新应用相继涌现。但部分农村地区由于地形复杂、交通不便，宽带网络和高速无线网络接入还未完全覆盖，导致智慧城市建设进程中存在不少"盲点"和"盲区"。

三是水平提升，智慧城市数字化愈发重要。首先，信息技术在以数字经济为基础的智慧城市建设和水平提升中扮演着越来越重要的角色。通过开发政务 App、普及自助终端，越来越多的事项可以通过小程序、App、自助终端等渠道自由完成。群众刷刷脸、动动手指，就可享受随手办、随时办、随地办的便捷体验。其次，基础设施智能化的快速推进也极大促进了城市的智慧化，比如智慧管网、智慧水务等基础设施的铺设推动了智慧灯杆、智慧井盖等的应用，提升了市政设施的数字化水平，为加速建立城市部件——物联网感知体系提供了基础。

四是类型多样，智慧城市多样性不断提升。各省市在发布实施智慧城市总体行动计划的同时，不断推进"智慧教育""智慧医疗""智慧交通"等具体领域的实践，结合地理信息和人工智能等信息技术应用，将建筑、街道、管网、环境、交通、人口、经济等领域运行的情况通过数据进行实时反馈，进而涌现出了一批政务、教育、就业、社保、养老、医疗和文化的创新服务模式，这些创新服务模式可以提供便捷化、一体化、主动化的公共服务。新型智慧城市建设为新型基础设施、卫星导航、物联网、智能交通、智能电网、云计算、软件服务等行业提供了新的发展契机，正逐渐成为拉动经济增长和推动社会高质量发展的强劲动力。

1.1.2 数字中国战略推进智慧城市高速发展

随着信息技术的飞速发展，数字中国战略已经成为国家发展的重要战略。2023 年，中共中央、国务院印发了《数字中国建设整体布局规划》，该文件明确提出：建设数字中国是数字时代推进中国式现代化的重要引擎，是构筑国家竞争新优势的有力支撑。在这一背景下，智慧城市作为数字中国战略的重要组成部分，得到了国家的高度重视和大力支持。

数字中国建设整体框架如图 1-2 所示。

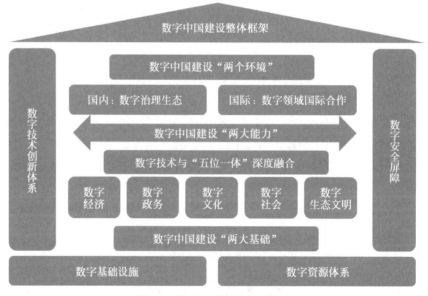

图 1-2　数字中国建设整体框架

1. 数字中国战略为智慧城市发展提供了政策支持

近年来，中国政府高度重视数字中国战略的实施，并将其作为国家战略，全面推进。在"十四五"规划纲要中，明确提出："分级分类推进新型智慧城市建设，将物联网感知设施、通信系统等纳入公共基础设施统一规划建设，推进市政公用设施、建筑等物联网应用和智能化改造。完善城市信息模型平台和运行管理服务平台，构建城市数据资源体系，推进城市数据大脑建设。探索建设数字孪生城市。"此外，国家陆续出台了《"十四五"数字经济发展规划》《关于加强数字政府建设的指导意见》《新型城镇化和城乡融合发展重点任务》等政策，明确了智慧城市作为我国城镇化发展和实现城市可持续化发展方案的战略地位，以及"推进智慧城市建设"的任务，为智慧城市的发展提供了有力的政策支持。

2. 数字中国战略推动了智慧城市基础设施建设

数字中国战略的实施，为智慧城市基础设施建设提供了强大的动力。在国家政策的引导下，各地纷纷加大投入，加快智慧城市基础设施建设。目前，我国已经形成了以宽带网络为基础，以数据中心、云计算、大数据等为核心的智慧城市基础设施体系。这些基础设施的建设，为智慧城市的各项应用提供了坚实的基础。

3. 数字中国战略促进了智慧城市产业发展

数字中国战略的实施，为智慧城市产业发展提供了广阔的市场空间。一方面，政府对智慧城市产业给予了大力支持，出台了一系列优惠政策，吸引了大量企业投身智慧城市产业。另一方面，随着智慧城市建设的推进，其对相关产业的需求不断增加，推动了产业链的完善和产业的升级。目前，我国已经形成了以智能交通、智能安防、智能环保等为代表的智慧城市产业集群，为智慧城市的发展提供了强大的产业支撑。

4. 数字中国战略推动了智慧城市创新应用

数字中国战略的实施，为智慧城市创新应用提供了广阔的平台。在国家政策的引导下，各地纷纷开展智慧城市创新应用试点，探索适合本地的智慧城市发展模式。目前，我国已经取得了一系列智慧城市创新应用的成果，如智慧交通、智慧医疗、智慧教育等。这些创新应用的成功实施，不仅提高了城市管理效率，改善了市民生活质量，而且为其他城市的智慧城市建设提供了有益的借鉴。

总之，数字中国战略的实施，为智慧城市的发展提供了有力的政策支持、基础设施保障、产业发展动力和创新应用平台。在数字中国战略的推动下，我国智慧城市建设取得了显著成效，为全球智慧城市的建设树立了典范。然而，智慧城市建设仍然面临着诸多挑战，如数据安全、隐私保护等问题。因此，还需要继续深化改革，完善政策体系，加强技术创新，推动智慧城市建设迈上新台阶。

1.2　智慧城市成为城市发展的新动能

国内外的学者们对智慧城市概念的研究主要是从城市和技术两个维度来进行探索分析的。

从城市方面看，前期提出过多种概念，例如创新型城市，是指主要依靠科技、知识、人力、文化、体制等创新要素驱动发展的城市；幸福城市，是指多地提出的施政目标，但因理解不同，制定的目标也各异；可持续发展城市，是指资源、环境、经济、社会等方面向可持续发展方向发展的城市。而智慧城市是把这些概念和特征结合起来，逐步发展成为一个新的城市理念。

从技术角度看，智慧城市在信息化发展方面有所提升，注重进一步利用传感技术、智能技术实现对城市运行状态的自动、实时、全面透彻地感知。美国 IBM 公司在《智慧的城市在中国》白皮书中将智慧城市定义为：高效运用各种信息化的通信技术手段，将城市运行涉及的各类信息数据进行整合化、系统化，从而对民生服务、公共安全、城市治理、企业发展等各方面的需求做出智能回应，为人们带来更加美好幸福的生活。

我国智慧城市概念最初由住建部提出，随着对智慧城市的不断实践，对智慧城市概念的认知也在不断变化。2014年，国家发展改革委从数字化与技术角度认为：智慧城市是运用物联网、云计算、大数据、空间地理信息集成等新一代信息技术，促进城市规划、建设、管理和服务智慧化的新理念和新模式。2015年年底，中央网信办、国家互联网信息办提出了"新型智慧城市"概念，指出要"以为民服务全程全时、城市治理高效有序、数据开放共融共享、经济发展绿色开源、网络空间安全清朗为主要目标，通过体系规划、信息主导、改革创新，推进新一代信息技术与城市现代化深度融合、迭代发展，实现国家与城市协调发展的新生态"。"十四五"规划纲要中提到的新型智慧城市，则是指利用新一代信息技术创新城市管理和公共服务方式，向居民提供便捷丰富的信息服务、透明高效的在线政府、精细精准的城市治理、融合创新的信息经济和自主可控的安全体系，这些有利于提升城市治理体系和治理能力的现代化水平。

图1-3 智慧城市助力城市核心业务发展

随着各种信息技术的持续变革迭代和创新应用，智慧城市的概念也在不断丰富。从实践角度综合来看，城市智慧化是解决城市问题的重要手段，建设智慧城市是城市治理能力提升、民生服务保障、产业创新升级的重要驱动力量。智慧城市助力城市核心业务发展如图1-3所示。

1.2.1 优政——城市治理的新形态

政府对于智慧城市建设的诉求，主要集中在提升城市治理水平上。城市治理水平的提升，一方面可以通过提升城市基础设施信息化水平来实现，包括5G、物联网、数据中心等各类基础设施的建设，最终将智慧化元素嵌入城市规划、建设和运营过程中；另一方面，数据的共享和流通在一定程度上也影响了城市治理水平，其通过城市数据的汇集、全量数据的共享，以及业务的横向协同，推动城市治理的数字化和智能化，最终实现城市的精准化治理。

例如，在城市治理领域，可以打造高效畅通的交通体系、快速响应的应急体系、实时反馈的平安城市、全域覆盖的城管体系、决策科学的市场监管体系等。

1. 高效畅通的交通体系

智慧交通被视为城市运行的血管，是智慧城市建设的核心组成部分。交通运输政府管理部门面临的挑战包括交通数据支撑能力不足、监测和管控能力不强、数据共享和应用不足、科学决策水平有限，以及公众服务水平不高等问题。为了解决这些问题，智慧城市通过构建交通运营数据和业务平台，整合汇聚了城市交通运输的多元数据资源，如交通基础设施、运载装备、运行状态、行业企业及从业人员等。基于这些数据，智慧城市可以针对多个应用场景，如智慧监测、智慧安全、智慧决策、智慧出行、智慧管理及智慧执法中，全面提升智慧交通的水平。这不仅有助于缓解交通拥堵，改善城市交通状况，还能确保人、车、路和环境的协调运行，从而实现城市交通系统的整体优化。

2. 快速响应的应急体系

我国是世界上自然灾害最为严重的国家之一，灾害种类多样、分布广泛、发生频繁。新型智慧城市建设对应急管理体系建设起到了积极的推动作用。其将通过构建"统一指挥、反应灵敏、上下联动、平战结合"的应急管理体系，显著提高城市对重大风险的感知灵敏度、风险研判的准确性和应急响应的及时性，实现事前的风险监测预警、事发时的及时响应研判、事中的科学决策指挥，以及事后的有效综合评估，全面提升城市的防灾、减灾和救灾能力。

在新型智慧城市建设中，利用先进的信息技术手段，如物联网、云计算和大数据分析等，可以实现对城市各类灾害风险的全面监测和预警。建立统一的指挥中心和信息平台，能够实现各级政府部门之间的快速沟通和协同作战，提高应急响应的效率和准确性。同时，智能化的决策支持系统，可以提供科学的决策依据，帮助决策者做出正确的判断和应对措施。此外，数字化的应急预案和培训演练，可以提高公众的防灾意识和应急能力，增强整个社会的抗灾能力。

3. 实时反馈的平安城市

平安城市，作为智慧城市的重要组成部分，是一个大型且具有极强综合性的管理系统。这种以技防为主、人防和物防为辅的全新科技管理方式逐渐普及，已经成为城市治安防控的必要组成部分，同时也为实现智慧城市提供了重要支撑。

平安城市的建设覆盖了社会的多个领域，包括但不限于民用街区、金融领域、校园和超市连锁店等，可以说是安防行业化应用的一个集合体。平安城市不仅需要满足治安管理、城市管理、交通管理、应急指挥等多种需求，还必须兼顾灾难事故预警和安全生产监控等方面对图像监控的需求。

随着中国经济的迅速发展和城市化建设的加快，越来越多的人口居住在城市中，这也使得进行平安城市建设的需求日益增长。为了更好地满足这些需求，智慧城市通过利用视频资源和 AI 识别功能等，基于综合治理信息平台探索深化应用功能新模式的开发建设，为平安城市的建设和社会治理工作提供智能化、信息化的支撑作用。

4. 全域覆盖的城管系统

智慧城管是智慧城市建设的重要组成部分。它利用物联网技术、地理信息系统（GIS）、全球定位系统（GPS）和云计算等新一代信息技术，通过城市管理问题的上报、案卷建立、任务派遣、任务处理、结果反馈、审查结果和综合评价等一系列环节，实现多部门协同工作和跨部门合作。智慧城管的目标是建立一个智能化的城市管理问题收集、处理和评价体系，以实现对城市的智能化感知、识别、跟踪和监管。通过提高城市管理服务水平和提升城市治理效率，智慧城管能够有效解决城市管理中的问题，并为市民提供更好的生活环境。

5. 决策科学的市场监管体系

智慧城市根据市场监督管理部门的职能要求，紧密围绕各级市场监管工作的实际业务发展需求，充分利用政务云、网络资源和大数据交换平台，构建先进、实用、安全及可靠的智慧市场监管平台，实现对市场主体管理的电子化、智能化。建设市场监管数据平台，高效采集、有效整合、深化应用相关数据，提升决策和风险防范水平，实现国家级数据交换及省级数据共享。最终，其通过智慧监管能力的建设，全面提升市场监管综合能力，提高危机管理和风险管理能力；通过信息化手段有效提升市场监管工作人员的履职能力和工作效能。

1.2.2 惠民——民生服务的新模式

居民对于智慧城市的建设需求，主要是优化生活体验。智慧城市的建设，应能为居民提供更为便捷的服务，如政务服务一网通办、一次不用跑等。其通过将服务下沉到社区和乡村，在教育、医疗、养老、交通、社保等方面优化服务流程，让服务有温度，从而满足人民群众对美好生活的需要。

例如，在民生服务方面，可以打造便捷高效的政务服务体系、安全惠民的社区服务体系、智能舒适的文旅服务体系等。

1. 便捷高效的政务服务体系

智慧政务的目标是提高为群众办事的效率，其通过建设政民交互平台，为民众提供表达意见和需求的渠道，从而解决民生问题；通过大数据、人工智能等技术，将政务服务平台作为主要载体，以公众服务普惠化为主要内容，基于大数据平台，构建各类智能算法模型，为用户提供智能化服务，实现政务服务一键触达。同时，智慧政务对政府组织架构和办事流程进行了重组优化，提升行政服务和公共产品的质量；并进一步针对新的服务主体优化服务模式，实现了政务服务体系的融合创新。最终，通过智慧政务的建设，政府能够更好地接受人民群众的监督，并为他们提供更好的服务。

2. 安全惠民的社区服务体系

社区是居民生活和发展的载体，承载着居民的物质与情感。智慧社区是智慧城市建设和发展的重要组成部分，推进智慧社区的建设对助推智慧城市建设，实现城市智能化、信息化、智慧化，提升市民幸福指数具有重要意义。

智慧社区通过信息化手段构建政府管理、物业服务、商圈便民等方面的信息技术应用平台和通道，把之前需要单独考虑的社区管理、公共服务、小区物业、安防建设等各个维度进行统一融合。其以基层治理为切入点，以辖区网格化管理为基础，精确关联处理各类信息，通过联动控制，实现一区一策的精细化管理。最终，全面提升居民的安全感、归属感和幸福感。

3. 智能舒适的文旅服务体系

在智慧城市建设中，文化旅游产业是一个重要的领域。随着文化旅游产业的逐渐繁荣，市场需求的品质化、个性化和智能化趋势日益明显，旅客对在旅游过程中的智能化服务要求也逐渐提高。因此，将各类新兴技术与智慧城市相结合，可以赋能文化旅游行业综合监管、公共服务、旅游体验、营销宣传等多个方面，为景区、博物馆、文旅管理部门、生态企业等推进文化旅游行业革新。

具体来看，一方面，智能化技术手段可以提高旅游服务的品质和效率。例如，可以通过智能化系统实现旅游景区的智能化管理，提高景区的管理效率和服务质量，为游客提供更好的旅游体验。同时，可以对旅游过程进行全面、精准的监管和服务，提高旅游的安全性和舒适度。另一方面，智能化技术手段可以促进文化旅游产业的升级和发展。例如，通过大数据技术对旅游数据进行挖掘和分析，可以更好地了解游客的需求和偏好，为旅游产品的设计和营销提供更好的支持。同时，通过智能化技术手段，可以促进文化旅游产业的创新和升级，推动文化旅游产业的可持续发展。

1.2.3　兴业——产业发展的新动力

企业对于智慧城市的建设需求主要集中在通过建设智慧城市，优化营商环境，并促进企业可持续发展。优化营商环境是企业发展的重点、热点、难点问题，打造良好的营商环境是建设现代化经济体系、促进高质量发展的基础。营商环境包括政务环境、市场环境、法治环境、人文环境以及国际经贸环境等。营商环境直接影响区域经济发展的质量和速度，良好的营商环境对企业而言有利于吸引资金、人才、技术等各种发展要素的聚集，有利于激发企业的活力。同时，企业通过推动数字化管理从而实现可持续发展，也是企业降本增效的重点工作。

例如，在产业发展领域，可以打造城市数字经济新格局、精准科学的产业监管体系、健康高效的智慧园区等。

1. 打造数字经济新格局

智慧城市与数字经济密不可分。智慧城市是数字经济发展的主要载体，数字经济则是智慧城市产业经济发展的主要特征。两者相辅相成、互相依托，智慧城市的建设追本溯源就是数字经济的具象化表达。

在智慧城市的建设中，需要建立现代化产业发展体系，部署各领域物联网应用，充分发挥云计算、大数据、人工智能、区块链等信息技术的力量，推动信息技术集成应用。这不仅推动了数字经济的发展，也深化了城市数字化转型，进一步带动了实体经济的提质增效。通过数字化转型，可以有效改革产业链，培育新的就业形态，带动多元投资，形成国内强大的数字经济市场。这种发展模式不仅有助于提升城市的经济实力和竞争力，也为广大市民提供了更高效、更便捷、更舒适的生活体验。

因此，智慧城市的建设，不仅是城市现代化建设的需要，也是推动区域经济高质量发展的关键。智慧城市的建设可以充分发挥数字技术的优势，创新城市管理和服务模式，提高市民的生活质量，推动城市的可持续发展。

2. 精准科学的产业监管体系

在工业领域，近年来国家实施了一系列政策，利用第五代移动通信技术（5th generation mobile communication technology，5G）、工业互联网等新兴技术，推动工业发展。其中，工业产业监管平台通过收集企业基础数据、生产数据和业务数据，对数据资源进行清洗、分析和建模，构建了工业大数据中心，为政府决策提供了重要依据，解决了企业和政府在工业发展方面的诉求。

智慧城市的建设以企业数据为核心，通过采集企业运营数据、设备运行数据、政务服务数据等多方资源，从企业类型、效益、产能、产销、能耗等多个维度进行数据挖掘和分析。这不仅为企业提供了经营决策、降本增效、提升质量等方面的数据支持，也为政府制定产业扶持政策提供了精准的数据参考。

通过智慧城市的建设，可以更好地了解企业的实际需求，精准地解决企业在发展中遇到的问题，推动工业产业的可持续发展。同时，政府也可以根据数据分析结果，制定更加科学、精准的产业政策，从而促进区域经济的稳定发展，为城市现代化建设和经济发展注入新的动力。

3. 健康高效的智慧园区

当前，物联网、移动互联网、智能技术等新一代信息技术与园区基础设施、市民生活和企业运行正在深度融合，催生出全新的智慧园区形态。智慧园区以数字化、网络化和智能化为主要特征，以新一代信息技术为支撑，以园区信息资源为核心，通过全面感知、泛在互联、智能融合的应用，实现园区管理、经济发展和民生服务水平的全面提升。

智慧园区不仅是城市现代化建设的需要，也是推动区域经济高质量发展的关键。通过智慧园区的建设，可以充分发挥数字技术的优势，提升城市的经济实力和竞争力，为广大市民提供更高效、更便捷和更舒适的生活体验。

1.3 技术发展推进智慧城市内涵不断升级

智慧城市的发展是城市可持续发展过程中的一种创新方式，城市的空间结构优化和品质提升是目标，信息技术不断创新和发展则是最重要的驱动力量。新型智慧城市需要在现代信息技术与城市发展的深度融合中，努力做到创新驱动、迭代优化和智慧引领，保持可持续发展。

1.3.1 技术发展推动智慧城市概念升级

智慧城市建立在高度发达的信息网络和智能技术基础上，把城市看作一个有机体，不断培养它的监控、学习、反应、调整和适应能力，以信息、知识为核心资源，实现城市管理和运行的智能化。随着技术的不断发展，城市发展大致经历了数字城市、智慧城市、新型智慧城市概念的升级变迁。技术发展推动智慧城市概念升级如图1-4所示。

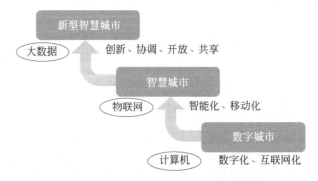

图1-4　技术发展推动智慧城市概念升级

数字城市是城市信息化进程中的基础阶段，该阶段以计算机技术为核心，强调实现城市运行和管理的数字化、网络化和可视化，聚焦于城市信息化基础设施建设和信息技术的初步应用，推进各领域的数字化、智能化改造。数字城市的典型现象和特点是：信息化渗透到政府以及企业的各个部门，主要追求效率的提升，并积极促进经济转型和文化的创意；同时，以此为基础解决部分智能决策与支持、知识生产、生态环境的可持续发展等问题，追求一定的城市建设、发展与运营的智能化能力。

智慧城市是在数字城市的基础上，以物联网技术发展为核心，突出无线覆盖、无缝服务、高速接入等能力的建设。进一步加强城市运行和管理的感知化、互联化和智能化水平，同时更加强调人的参与性，突出人的因素、人文的因素，这也是智慧城市的最主要特征，因为只有人才有智慧，而物只有智能。所以，智慧城市是"智""慧"协同发展，这是与数字城市的最主要区别。同时我们也看到，传统的智慧城市建设更侧重于技术和管理，忽视了"信息化"与"城市有机整体"的协调，导致了"信息烟囱""数据孤岛"、重技术轻应用、重投入轻实效、公共数据难以互联互通、市民感知度较差等问题。因此随着智慧城市建设的不断深入，提出了"新型智慧城市"的概念。

新型智慧城市主要以大数据技术为核心，更加注重城市各类信息的共享、城市大数据的挖掘和利用，以及城市安全的构建和保障，重点突出系统联动、数据产生知识、科学决策、价值最大化等特征。如何把数据整合起来，真正产生知识，帮助政府做决策？面对城市中的人、政策、流程和技术交织在一起的复杂系统，如何实现高效的协作和整合？面对城市中高速、实时及海量的数据，如何通过有效的手段赋能城市设计、建设、运营、管理、保障等各个方面？这些问题成为新型智慧城市需要解决的问题。

1.3.2　新技术融合推进智慧城市创新发展

随着新兴技术的不断发展，智慧城市的建设也将不断深化和升级。未来智慧城市的建设不仅是技术的堆砌，而且是更加注重技术与城市的融合，通过技术推进城市的可持续发展和居民生活质量的提高。同时，智慧城市的建设也将注重与城市的文化、历史、社会等元素的融合，实现技术与城市的协同发展。

以下将通过介绍部分新兴技术在智慧城市中的应用实践，更好地展示技术对城市发展的创新推进作用。

1. 5G 的应用

随着科技的飞速发展，第五代移动通信技术（5G）已经逐渐渗透到我们生活的方方面面。作为一种具备超高速率、超大连接和超低时延的通信技术，5G 为智慧城市的建设提供了强大的技术支持。在智慧城市中，5G 可以与众多垂直行业进行深度融合，如智慧交通、智慧安防、智慧医疗、智慧教育等，进而推动城市的数字化转型和升级。

在交通领域，5G 可以提供高精度定位、车联网通信、交通大数据处理等服务。利用 5G 的超高速率和超大连接，实时的道路交通信息可以迅速传输到车辆和行人，提高交通运行效率，减少拥堵情况。同时，通过 5G 技术，可以实现车辆与车辆、车辆与基础设施之间的实时通信，进一步增强行车安全，提升交通流畅度。

在安防领域，5G 为智能监控、预警系统等提供了可能。通过遍布全城的 5G 网络，可以实时传输高清视频监控数据，提高监控的准确性和及时性。同时，利用 5G 的低时延特性，可以实现对异常事件的快速响应和预警，提高城市的安全性。

在医疗领域，利用 5G 可以实现远程医疗、实时生命体征监测等。借助 5G 网络，医生和患者可以通过高清视频进行实时交流，为患者提供更加优质的医疗服务。同时，通过实时监测患者的生命体征数据，可以为患者提供更加精准的治疗方案，从而提高医疗效果。

在教育领域，5G 可以推动在线教育、远程培训等新型教育模式的普及。借助 5G 的高速网络，可以实现高清视频课程的实时传输，让更多的学生享受到优质的教育资源。同时，5G 网络也可以为教师和学生提供实时的互动交流平台，提高教师的教学效果，增强学生的学习体验。

5G 在智慧城市中的普遍应用具有多方面优势。

（1）超高速率和超大连接：5G 具有前所未有的超高速率和超大连接能力，可以满足智慧城市中对大量数据的高效传输需求。

（2）低时延：5G 的低时延特性为智慧城市中的实时通信提供了可能，使得对事件响应的速度更快，提高了城市管理的效率。

（3）泛在网：5G 网络覆盖范围广泛，可以实现对城市各个角落的全面覆盖，为智慧城市提供无处不在的网络连接。

（4）安全性：5G 采用先进的加密技术和安全机制，可以保证数据传输的安全性和隐私性。

总体来看，作为一种全新的通信技术，5G 不仅可以提高城市的运行效率和管理水平，还可以为居民提供更加便捷、安全和舒适的生活环境，在智慧城市中的应用也将会越来越广泛并成为智慧城市建设的重要支撑力量。

2. 区块链技术应用

区块链技术是一种去中心化的分布式数据库技术，以块的形式记录和存储交易数据，并使用密码学算法保证数据的安全性和不可篡改性。每个块都包含了前一个块的哈希值和自身的交易数据，形成了一个不断增长的链条。区块链技术具有去中心化、安全性高、透明度高、可追溯等特点，能够有效地解决信任问题，提高交易的效率和安全性。区块链技术的众多优势为智慧城市的建设提供了新的解决方案。当前，区块链技术已经在智慧城市中得到了广泛的应用。

在智能交通领域，区块链技术可以应用于智能交通系统，通过去中心化的方式实现交通数据的共享和管理。例如，利用区块链技术，可以建立一个去中心化的车辆身份认证和共享系统，实现车辆的租赁和共享。此外，区块链还可以用于交通数据的安全存储和验证，确保交通数据的准确性和完整性。

在能源管理领域，区块链技术可以用于实现能源的分布式管理和交易，提高能源利用效率，降低能源消耗。例如，利用区块链技术可以建立一个去中心化的能源交易平台，实现能源的直接交易和结算，降低能源交易的成本和风险。此外，区块链还可以用于能源数据的存储和验证，提高能源管理的透明度和可信度。

在公共安全领域，区块链技术可以提高城市的安全防范能力和应急响应能力。例如，利用区块链技术可以建立一个去中心化的应急响应系统，实现应急信息的实时共享和管理，提高应急响应的速度和效率。此外，区块链还可以用于身份认证和数据存储，提高公共安全管理的可靠性和安全性。

在公共服务领域，区块链技术可以提高服务的品质和效率。例如，利用区块链技术可以建立一个去中心化的公共服务平台，实现服务的在线预约和支付，提高服务的便利性和效率。此外，区块链还可以用于数据的共享和管理，提高公共服务的透明度和可信度。

在建筑管理领域，区块链技术可以实现建筑信息的共享和管理，提高建筑管理的效率和安全性。例如，利用区块链技术可以建立一个去中心化的建筑信息平台，实现建筑信息的在线查询和管理，提高建筑管理的便利性和效率。此外，区块链还可以用于建筑质量的监控和管理，提高建筑的安全性和可靠性。

在环境保护领域，区块链技术可以实现环境数据的监测和管理，提高数据的可信度和环境管理的效率。例如，利用区块链技术可以建立一个去中心化的环境监测平台，实现环境数据的实时采集和共享，提高环境管理的准确性和透明度。此外，区块链还可以用于环境政策的制定和执行，提高环境管理的科学性和公正性。

总体来看，区块链技术通过去中心化、安全性、透明性和不可篡改的特性，在智慧城市中的应用具有广泛的前景和深远的影响，为提高城市的可持续性、公民的生活质量和社会的经济效益提供新的解决方案。

3.无人驾驶技术应用

无人驾驶技术是一种通过先进的传感器、计算机视觉和深度学习等技术，来实现车辆自主感知、决策和控制的智能交通技术。它可以帮助车辆在无人驾驶的情况下，安全、高效地完成行驶任务。当前，无人驾驶技术逐渐成为智能交通领域的重要分支，在智慧城市的建设过程中，为城市的智能化、高效化和安全化提供了强大的支持。

在公共交通领域，无人驾驶公交车、出租车等公共交通工具已经在部分城市投入使用，有效提高了公共交通的运营效率和安全性。这些无人驾驶的公共交通工具可以通过智能感知和调度系统，实现与乘客的实时交互和高效运输。

在物流配送领域，无人驾驶卡车和配送车的应用越来越广泛。这些车辆通过激光雷达、摄像头等传感器进行环境感知，可以实现精确的路径规划和自主配送，大大提高了物流配送的效率和准确性。

在智慧停车领域，无人驾驶技术可以用来帮助建设智能停车系统，通过自动化的车辆识别和泊车辅助，实现对停车场的高效管理和便捷停车体验。

在紧急救援领域，无人驾驶技术可以应用于消防、医疗等场景，为救援人员提供快速、准确的物资运输和人员疏散服务，提高救援效率。

无人驾驶技术在智慧城市中的普遍应用具有多方面优势。

（1）提高交通运行效率：通过无人驾驶技术，车辆可以自主进行道路感知、路径规划和决策控制，有效缓解城市交通拥堵问题，提高交通运行效率。

（2）降低交通事故率：无人驾驶技术采用先进的传感器、计算机视觉和深度学习等技术，能够实现精准的车辆控制和实时路况判断，有效降低交通事故的发生率。

（3）提升出行便利性：无人驾驶技术可以应用于公共交通、出租车、物流运输等多个领域，为市民提供更加便捷、舒适的出行体验。

（4）推动城市绿色出行：无人驾驶技术有助于减少人力驾驶造成的环境污染，推动城市绿色出行和可持续发展。

（5）提升城市交通管理效率：通过无人驾驶技术和大数据分析，城市交通管理部门可以实时掌握道路交通情况，合理调度和管理公共交通资源，提高城市交通管理效率。

（6）推动城市经济发展：无人驾驶技术的应用有助于优化城市产业结构，推动相关产业的发展和升级，为城市经济发展注入新的动力。

总体来看，无人驾驶技术在智慧城市中的融合应用将会对城市的发展产生深远的影响。随着技术的不断进步和应用范围的不断拓展，无人驾驶技术将在未来为智慧城市的建设和发展提供更加全面和有力的支持。

4. VR/AR 技术应用

虚拟现实（VR）/增强现实（AR）技术结合了计算机图形学、图像处理、传感器技术等多个领域的知识，能够创建出逼真的虚拟世界和场景。通过模拟真实环境，给人提供身临其境的沉浸式体验。VR/AR 技术以其独特的互动性和沉浸性，为智慧城市的建设提供了全新的视角和可能性。

在城市规划与设计领域，利用 VR/AR 技术可以构建高度真实的城市模型，使规划师和设计师能够身临其境地感受城市的空间结构和氛围。通过这种技术，他们可以在项目实施前对规划方案进行评估和优化，提高规划的科学性和可行性。

在文化遗产保护领域，VR/AR 技术可以用来记录和展示城市的历史文化遗产，以及虚拟展览、虚拟导游等，让市民和游客能够更加便捷、深入地了解和体验城市的文化底蕴，为文化遗产的保护和传承提供有力支持。

在智慧交通领域，VR/AR 技术可以用于智能交通管理，通过对模拟交通场景和交通流量的可视化分析，可以提高交通管理的效率和安全性。

在教育培训领域，VR/AR 技术可以为教育培训提供更加真实、生动的体验。例如，通过虚拟实验室、虚拟场景等，学生可以在安全的环境下进行实验操作和实践训练，提高学习效果和实践能力。

VR/AR 技术对智慧城市的发展具有多方面影响。

（1）提高决策的科学性和准确性：通过构建城市模型和仿真场景，决策者可以更加全面、准确地了解城市的实际情况和发展趋势，提高决策的科学性和准确性。

（2）增加公众参与和沟通的渠道：VR/AR 技术可以为公众提供更加直观、真实的城市体验，使公众能够更加深入地了解和关注城市的规划和发展；也可以为公众提供更加便捷的参与和沟通渠道，提高公众的参与度和满意度。

（3）促进城市可持续发展：通过 VR/AR 技术，城市可以更加有效地管理和利用资源，促进城市的可持续发展。例如，通过模拟环境和生态变化，VR/AR 技术可以为城市的环境保护和生态修复提供有力支持。

（4）提高城市的应急响应能力：通过 VR/AR 技术模拟的灾害场景和应急救援行动，城市可以在灾害发生前进行更加有效的应急管理和救援准备，提高城市的应急响应能力和抗灾能力。

总体来看，VR/AR 技术在智慧城市中的融合应用将对城市发展产生深远的影响，为智慧城市的建设和发展提供更加全面和有力的支持。

第2章 网络安全，智慧城市健康稳定发展的基石

智慧城市作为集成了先进信息技术和智能化设备的新型城市形态，其高效、便捷、智能等优势在很大程度上提升了城市运行效率和公民的生活质量。然而，随着智慧城市建设的加速推进，网络安全问题也日益凸显。

网络安全是智慧城市的基础性和关键性的需求。智慧城市涉及的领域众多，包括交通、能源、环保、医疗、教育等，这些领域都涉及大量的个人信息、公共数据和关键基础设施。如果网络安全得不到保障，将可能导致数据泄露、隐私被侵犯、关键基础设施被攻击等问题，严重威胁智慧城市的稳定运行和公众利益。

网络安全是智慧城市可持续发展的保障。智慧城市的核心在于信息的采集、传输、处理和应用，而这些环节都离不开网络的支持。如果网络安全性高，则信息能够得到有效的保护和安全传输，从而更好地支持智慧城市的可持续发展；反之，如果网络安全性低，信息被泄露或被篡改的风险就会增加，从而对智慧城市的可持续发展造成阻碍。

网络安全是智慧城市创新发展的基石。随着技术的发展，智慧城市的创新发展也在不断推进。然而，如果没有网络安全的有效保障，智慧城市的创新发展就会受到严重制约。例如，如果没有网络安全保障，智能家居、智能医疗等新技术的应用将面临严重的安全风险。

2.1 我国全方位推进智慧城市安全发展

2.1.1 国家层面多部重要法律法规颁布

网络安全和数据安全属于高新技术产业和国家战略性新兴产业。有关部门制定了一系列政策及标准，从顶层设计方面促进国内网络安全行业的发展，并提高智慧城市的网络安全和数据安全能力。

在法律层面，我国已经颁布了《中华人民共和国网络安全法》《中华人民共和国密码法》《中华人民共和国个人信息保护法》《中华人民共和国数据安全法》等相关法律，这些法律让智慧城市的网络安全建设有法可依。在相关法律的指引下，等级保护、商用密码应用安全性评估，以及数据安全保护等相关工作，都成为智慧城市安全建设的重要方面。

在法规和其他规范性文件层面，《关键信息基础设施安全保护条例》规定，关键信

息基础设施包括"一旦遭到破坏、丧失功能或者数据泄露，可能严重危害国家安全、国计民生、公共利益的重要网络设施、信息系统等"。根据此条例，智慧城市的很多领域会被纳入关键信息基础设施的保护范围内。其他与智慧城市网络安全相关的法规还有《网络产品和服务安全审查办法》《网络安全标准实践指南》等，这些法规政策都为智慧城市的网络安全建设提供了重要的指导和保障。

2.1.2 智慧城市产业政策和标准逐步完善

在产业政策方面，国家主管部门出台了多个产业政策引导智慧城市建设，并且将网络安全放在重要的位置。

2014 年国家发改委等八部委联合印发的《关于促进智慧城市健康发展的指导意见》明确了"可管可控、确保安全的原则"，同时提出了网络安全长效化的目标，要求达到城市网络安全保障体系和管理制度基本建立，基础网络和要害信息系统安全可控，重要信息资源安全得到切实保障，居民、企业和政府的信息得到有效保护。

2016 年、2018 年国家发改委分别发布了《关于组织开展新型智慧城市评价工作务实推动新型智慧城市健康快速发展的通知》和《关于继续开展新型智慧城市建设评价工作深入推动新型智慧城市健康快速发展的通知》，在智慧城市总体评价指标中加入了网络安全方面的考核评价内容，通过对智慧城市网络安全的组织机制、预警与通报机制、系统与数据安全等的评价，来提升智慧城市的安全防护水平。

在推进智慧城市安全建设标准化方面，相关标准规范也在逐步完善。

《信息安全技术 智慧城市安全体系框架》给出了智慧城市安全体系框架，提出了智慧城市的安全保护对象，安全要素、安全角色及其相互关系。该标准是智慧城市安全方面的顶层设计标准，包括智慧城市安全体系框架、智慧城市安全战略、智慧城市安全管理、智慧城市安全技术、智慧城市安全建设与运营、智慧城市安全基础支撑等内容。同时，《信息安全技术 智慧城市建设信息安全保障指南》以智慧城市建设安全需求为导向，围绕智慧城市所面临和需要应对的安全问题总结安全需求和安全角色，提出智慧城市安全保障机制和管理、技术要求，明确了智慧城市建设全过程的信息安全保障规范。

2.1.3 网络安全产业生态赋能智慧城市建设

经过二十余年的发展，我国网络安全产业取得了长足的进步，从技术研发、产品创新、服务升级到人才培养等方面，形成了一个完整的生态体系，为我国网络安全事业的发展做出了积极贡献。

1.技术研发与创新

我国网络安全产业在技术研发与创新方面表现出色。

首先，在关键技术领域，如密码学、网络协议安全、工控安全等方面，我国网络安全企业积极投入研发，推出了一系列具有自主知识产权的网络安全产品和技术服务。这些产品和技术的推出，不仅打破了国外企业在该领域的垄断地位，还为我国网络安全产业的发展提供了强有力的支撑。

其次，在人工智能、大数据、云计算等新兴技术领域，我国网络安全产业也积极跟进，将先进的技术应用于网络安全产品的研发和升级中。例如，利用人工智能技术对网络流量进行深度分析，发现异常行为并及时进行预警；利用大数据技术对海量数据进行挖掘和分析，为政府和企业提供定制化的安全解决方案；利用云计算技术构建安全云平台，为用户提供高效、便捷的云安全服务。

2. 产品创新与升级

我国网络安全产业在产品创新与升级方面也取得了显著成果。

一方面，我国网络安全企业积极探索新的商业模式，推出了一系列具有自主知识产权的网络安全产品。这些产品涵盖了防火墙、入侵检测与防御、数据加密与传输、安全存储与备份等各个方面，能够满足不同用户的需求。

另一方面，我国网络安全产业还在产品升级方面下足了功夫。随着技术的不断发展和网络安全形势的不断变化，我国网络安全企业也不断对产品进行升级和优化，以提高产品的安全性和可靠性。同时，为了满足用户的需求，我国网络安全企业还积极开发定制化的安全解决方案，为用户提供全方位的安全保障。

3. 服务升级与优化

我国网络安全产业在服务升级与优化方面也取得了长足的进步。

首先，在咨询服务方面，我国网络安全企业积极为政府和企业提供专业的网络安全咨询服务，帮助其建立完善的网络安全体系和制度。同时，还为用户提供定制化的安全解决方案服务，帮助其解决实际的安全问题。

其次，在应急响应方面，我国网络安全企业建立了完善的应急响应机制，为用户提供及时、高效的应急响应服务。当用户发生安全事件时，能够及时采取措施进行处置，以减少损失和避免影响扩大。

最后，在培训与教育方面，我国网络安全产业也积极开展培训和教育活动，为用户提供专业的网络安全知识和技能培训。同时，还为网络安全人才提供良好的成长环境和职业发展机会，为我国网络安全事业的发展提供人才保障。

4. 人才培养与引进

我国网络安全产业在人才培养与引进方面也取得了积极的进展。

一方面，我国一些高校和培训机构积极开设网络安全相关专业和课程，培养了大量的网络安全人才。同时，我国还出台了一系列政策鼓励高校和企业加强网络安全人才培养和引进，为我国网络安全事业的发展提供了强有力的人才保障。

另一方面，我国还积极引进国际先进的网络安全技术和经验，为我国网络安全产业的发展提供了有益的借鉴和参考。同时，我国还加强了与国际社会的合作与交流，积极参与国际网络安全事务和标准制定工作，提高了我国在国际网络安全领域的话语权和影响力。

总之，当前我国网络安全产业已经形成了一个完整的生态体系。从实践来看，在智慧城市网络安全体系建设中，传统的网络安全厂商仍占据着硬件市场的大半江山。而近年来，随着技术的创新和融合应用，各大 IT 基础设施和云计算技术供应商在智慧城市场景中深入探索，更多以一体化融合的方式，提供智慧城市建设及网络安全和数据安全建设的综合解决方案。

随着智慧城市的快速发展，智慧城市的建设逐步由基础设施建设向创新型应用深入。基础的安全软硬件逐步建设完善后，智慧城市的安全运营服务将成为发展重点，城市级安全运营中心也将在中国多个智慧城市快速落地。

2.1.4　网络安全监管力度逐步增强

近年来，我国政府和相关部门加大了对网络安全监管的力度，采取了一系列措施来保障网络安全。针对智慧城市网络安全监管的主管部门主要包括：各级公安机关、网信部门、工信部门、密码管理部门及大数据管理局。在各部门协同努力下，智慧城市的网络安全风险整体可控。

公安机关，主要依据网络安全等级保护条例，以及相关法律法规对智慧城市的网络安全基础建设进行网络安全监管执法。

网信部门，主要依据中央网信办下发的《网络安全审查办法》和《互联网信息服务管理办法》等对智慧城市中对外提供服务的发布内容进行内容安全和业务安全的监管。

工信部门，主要以工业和信息化部下发的《加强工业互联网安全工作的指导意见》对智慧城市中涉及的工业互联网领域进行安全监管。

密码管理部门，主要负责网络与信息系统中密码保障体系的规划和管理，查处密码失泄密事件和违法违规研制、使用密码行为。

大数据管理局，作为地方政务数据和云基础设施的管理部门，主要对云平台和大数据平台的基础设施，以及政务数据的共享交换和使用进行合规性监管。

总之，我国政府和相关部门在网络安全监管方面采取了一系列措施，加强了对网络安全的监管力度，为保障智慧城市网络安全做出了积极贡献。同时，也需要进一步加强监管力度，完善法律法规，加强技术研发和应用等方面的工作，确保网络安全工作取得更加显著的成效。

2.2　新形势下智慧城市安全问题仍需正视

2.2.1　智慧城市新技术、新场景带来安全新风险

大量城市数据的集中和共享、海量物联网感知终端的接入、面向个人和企业的全面服务化提供等，成为智慧城市重要特征。而其中的新场景、新技术的应用往往带来新的安全风险。

1.智慧城市云上业务安全态势不容乐观

云计算通过虚拟服务化的方式提供各类网络、主机、存储、数据库、中间件和应用。云计算安全在技术和运营层面可分为云平台基础安全和云上租户安全，按照"责任共担"模型，云服务提供方与云上客户在不同的服务模式下，都需要承担相应的网络安全责任。

我国智慧城市的建设普遍采用基础设施及服务（infrastructure as a service，IaaS）和平台即服务（platform as a service，PaaS）技术搭建云 IT 基础设施环境，安全保障措施通常以达到等级保护三级系统要求为建设目标。依据等级保护要求进行建设可以在一定程度上保障云平台自身安全，但运营智慧城市各个业务模块的政府部门在云上的业务安全态势则并不乐观。国家互联网应急中心报告显示，政府部门的信息安全事件时有发生。因此，加强业务安全能力建设刻不容缓。

2. 智慧城市数据安全建设仍需深入

大数据的采集、存储、治理、分析、运营、共享交换等行为普遍由城市大数据管理局作为主管部门负责。在智慧城市的场景下，大数据技术的应用和数据本身也面临云上、混合云、云下等多场景的网络安全问题，其中主要有使用者身份鉴别和安全传输问题、跨平台间的大数据存储安全问题、数据治理过程中的数据处理相关问题，以及数据分析和运营等服务过程中的个人隐私保护问题等。

目前智慧城市的数据安全建设停留在"网络安全纵深防御"层面。由于大数据技术在近几年刚刚应用到智慧城市领域，且数据技术和数据流转过程相对复杂，传统的网络安全技术很难实现覆盖数据全生命周期的安全保障，因此智慧城市建设需要及时升级网络安全体系以满足全新的数据安全需求。

3. 海量物联网终端安全接入风险巨大

智慧城市物联网终端设备众多，如摄像头、路灯、红绿灯、各种感知和仪表设备等。这些设备在连接到互联网的同时，也建立了黑客反向攻击的通道，这些物联网设备理论上都有被攻击的风险。这些设备的数据可能被非授权获取，或者被非法篡改，也可能因被攻击而造成设备失效和瘫痪。

智慧城市的物联网应用，涉及 5G 基建、特高压输电、城际高速铁路和轨道交通、新能源汽车充电桩、大数据中心、人工智能、工业互联网等众多场景。物联网安全在智慧城市建设过程中受到诸多挑战。海量的物联网终端与联网数据、多种数据协议、多方式接入、多种上层应用等因素为物联网建设带来额外的安全风险，感知层、网络层及平台层，其中任何一个方面的缺陷都将导致智慧城市面临巨大的威胁。

另外，随着数字世界不断发展，安全风险会轻易打穿到城市物理世界中。智慧城市平台将逐渐与数字化改造后的城市基础设施，以及传统较为封闭的工控系统进行连接赋能，实现城市的智能化运行。此时，针对智慧城市的网络安全威胁将会扩展到城市基础设施，导致城市所面临的网络安全风险对现实世界造成直接的、实质性的影响。

4. 智慧城市应用服务化增大网络攻击暴露面

在智慧城市应用服务化发展背景下，多类型终端、分布式访问成为常态，尤其移动终端随时随地访问城市级应用成为趋势。

一方面，访问终端已经成为智慧城市的重要组成部分，终端侧的安全也成为智慧城市安全的重要影响因素。例如，最为常见的安卓系统由于版本分支较多、厂商定制化程度高、获取的用户权限过多等原因，面临较高的安全风险，也给智慧城市应用服务本身造成重大威胁。

另一方面，随着城市级应用服务的不断丰富，来自社会面及政务网络内部的访问行为呈现快速增长的趋势，这也意味着智慧城市的风险暴露面会随之增加，并更趋复杂化，再加上网络攻击技术的持续发展，智慧城市应用服务安全将面临更加巨大的压力。

2.2.2　智慧城市安全建设和运营问题凸显

聚焦当前智慧城市安全建设和运营现状，也暴露出一些安全问题和需求，具体包括以下三个方面。

1. 安全规划不足问题

首先，我国智慧城市建设安全投入占比较低问题突出。世界发达国家的信息系统安全建设费用一般占整个信息系统开发和建设总费用的 10% 以上。据不完全统计，我国智慧城市中网络安全建设内容预算金额占总预算金额的 5%～8%。相比之下，我国在智慧城市网络安全的投入在整个信息化建设中的占比仍有较大的增长空间。

其次，在安全资金投入较低的背景下，项目前期安全整体规划不足成为常态。这就很容易出现对最新的安全合规要求满足度不高、安全手段缺失、安全职责划分不清和账号权限管理混乱等众多安全问题，给智慧城市后期建设和运营埋下隐患。

因此，在智慧城市建设前期，安全规划和顶层设计，以及政策支撑都需进一步加强。

2. 安全建设与业务脱节问题

满足安全合规要求已成为当前智慧城市安全建设主要考虑的因素。但安全合规只是安全的底线，无法全面满足智慧城市复杂场景下的业务应用安全和数据安全保护需求。事实证明，在国家级网络安全攻防演练活动中，许多智慧城市参与单位的表现并不尽如人意。这从侧面反映出在面临真正的黑客攻击时，仅仅满足合规性要求的安全体系并无法真正解决智慧城市的网络安全问题。

因此，在智慧城市安全建设过程中，实际业务较少、安全管控能力粗放、安全无法与业务深度融合等问题，成为需要重点关注的问题。

3. 安全体系效能不能充分发挥问题

对于智慧城市安全体系效能的发挥，有来自内部和外部两方面的影响因素。

对于内部因素而言，安全人员、技术、流程等多方面的条件限制，严重影响智慧城市基础设施安全体系效能的发挥，最终导致隐藏的安全问题发现不了、发现的问题解决不了等众多安全问题。此时，全面提升智慧城市基础设施的安全运营服务能力成为重要的手段。

对于外部因素而言，一方面，市民作为智慧城市的最重要参与方，缺乏安全观念和防护意识的问题普遍存在，因此网络安全理念普及工作急需解决。另一方面，区域网络安全人才和产业的可持续性支撑问题，也是严重制约城市安全能力发展的重要原因。

第3章 "三位一体"，全面筑牢智慧城市网络安全基座

构建完善的智慧城市网络安全保障体系，筑牢智慧城市网络安全基座，是实现智慧城市持续安全稳定运行的关键所在。实践证明，城市安全政策保障、安全技术保障和常态化安全运营是决定智慧城市安全水平的三大要素。

1. 加快安全政策制定，建设城市网络安全规范体系

从法规方面看，智慧城市的网络安全和数据安全体系化建设，需要以国家相关政策指导和标准化技术体系为基础，结合区域自身发展需要出台相应的政策指导文件，以及技术标准规范和方案落地实施指南。同时，系统研究有关新技术、新场景带来的安全风险，并着手制定相应的技术规范，从产业链上游源头侧规避相应的安全风险，为智慧城市整体安全建设工作提供系统化依据。

从产业方面看，应制定网络安全相关产业扶持政策，推进网络安全产业发展，拓展深化网络安全试点示范工程，鼓励网络安全企业加大在技术攻关、创新等方面的投入，抑制恶性竞争，维护市场秩序。

2. 强化安全技术保障，推进城市网络安全建设落地

从技术方面看，应该加快核心技术研发速度，不断提升关键设备和技术的自主化水平。

目前，我国正在逐步摆脱对服务器提供商 IBM、数据库软件提供商 Oracle 和存储设备提供商 EMC 等国外巨头的依赖，国内各类大型企业已开始提供各类关键硬件。但同时我们也发现，智慧城市的网络安全技术仍略显不足，信息终端、数据监控、设备监控、存储安全等应用层的技术创新跟不上核心技术的升级换代，因此需要加快网络安全核心技术研发速度，获得关键设备自主生产能力，尤其要加快各类关键硬件的升级。

3. 落实城市网络安全态势感知，进行安全运营体系建设

应加快推进城市级网络安全态势感知能力建设，促进信息技术与安全技术相互融合和促进。建设城市级网络安全运营保障中心，建立城市级网络空间态势感知体系和网络威胁预警防护体系，形成智慧城市安全统一规划、统一建设、统一运营监测和统一安全应急响应机制。

尤其要建立网络安全攻防演练常态化活动机制，检验智慧城市的网络安全和数据安全建设成果，找出并修复安全体系中的薄弱环节，提升智慧城市整体安全保障能力。

3.1 智慧城市网络安全顶层设计思路

3.1.1 智慧城市"三位一体"安全设计思路

随着国家层面对网络安全重视程度和监管力度的不断增强，在智慧城市实际项目中，"保证安全合规"和"安全问题的及时发现和高效处置"成为安全建设的最根本需求。同时，结合智慧城市安全建设中暴露出来的实际问题，智慧城市安全建设落地应该遵从"三位一体"的建设思路，如图 3-1 所示。

1. 保证安全合规是基础

满足安全合规是要求，但不是目的。通过安全合规建设，实现网络安全一般性成熟经验的有效落地，全面提升智慧城市建设的基础安全能力，具有重要的现实意义。

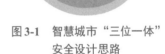

2. 业务安全保障是关键

在保证基础安全能力有效落地的同时，聚焦智慧城市实际业务和场景的安全风险，多维度提升业务安全保障能力，是安全建设的关键所在。

图 3-1　智慧城市"三位一体"安全设计思路

3. 安全效能发挥是核心

作为城市关键信息基础设施的智慧城市，其网络安全不再是传统意义上的"保险"，而应该上升到"网络空间安全战略"的高度。因此，安全体系建设只是第一步，充分发挥安全体系的安全效能，从容应对网络层面的安全攻击和威胁，才是安全建设的核心。

3.1.2 以"全生命周期"视角推进智慧城市安全落地

1. 建设前：咨询引领，规划先行

咨询通常是站在全局的视角更全面地看待问题，在智慧城市建设前期介入安全咨询，能够精准地把脉城市安全状况，为城市后续安全建设提供更加科学的指导和建议，避免各个项目单点建设导致安全缺项、重复或者不兼容的后果，同时摒弃以往"打补丁"式的安全建设方式。

进行科学的顶层规划方能"一张蓝图绘到底"，应充分发挥咨询的前期策划能力，对智慧城市的安全规划、建设、运营全生命周期进行统筹考虑，重点明确建设需求、建设原则、总体目标、总体架构、重点任务及工程、实施路径等，同时依托智慧城市的基础标准建设规范、安全管理标准规范及安全运营标准规范等，来保证智慧城市安全建设的整体性、规范性、先进性及业务兼容性。

2. 建设中：优化实施，业务融合

智慧城市建设中出现安全管控能力粗放，无法与业务深度融合，以及针对智慧城市新业务、新场景的安全需求不能有效应对等问题，除了规划阶段工作存在缺失以外，更多的原因是建设实施阶段安全能力建设落地不到位。

一方面，智慧城市安全建设要依托整体规划保证相关安全能力的部署和实施切实落地，尤其要确保相关安全能力、安全策略落实到位，保证安全效果的充分发挥。另一方面，要着力加强安全能力与智慧城市实际业务的深度融合，充分挖掘业务安全需求，以保证智慧城市业务安全稳定运行。

3.建设后：注重运营，保证效能

近年来，以项目建设为主的智慧城市安全建设呈现出"重建设轻运营"的特点，从保证安全效能的维度看，智慧城市项目的安全建设需要从"以建为主"向"持续运营"的方向转变。

良好的运营是对智慧城市安全效能的保证，城市级安全运营中心能够为智慧城市，以及城市云、大数据中心及其他城市关键信息基础设施建立网络安全监测、信息通报和应急处置机制，实现"全天候、全方位"的网络安全态势感知、运维服务和应急响应能力，最终全面提升智慧城市网络安全体系建设的整体价值，实现智慧城市长期稳定运行。

3.2　智慧城市网络安全顶层设计框架

智慧城市网络安全顶层设计框架如图3-2所示。

3.2.1　保证安全合规是基础

随着国家层面安全保障和监管体系的不断升级，安全合规要求也在从不同角度持续的更新和完善。在法律法规顶层设计指导下，聚焦智慧城市建设落地，当前需重点考虑的安全合规要求包括以下几个方面。

1.等级保护合规

等级保护是目前全国范围内最成熟的、影响最深远的安全合规体系。《中华人民共和国网络安全法》也从法律层面重点强调了等级保护的重要地位。经过多年的发展，等级保护从建设要求、实施流程、测评体系等多个维度，都提出了明确的要求。

从发展的视角看，随着信息与通信技术（information and communication technology，ICT）新技术的不断应用，在等级保护1.0传统网络安全要求基础上，等级保护2.0对云计算、移动互联、物联网、工业控制系统及大数据等应用场景新增了要求。

在智慧城市实际建设中，物联感知、云平台支撑、城市数据集中、开放互联等，已经成为普遍的特征。因此，需要充分参考等级保护合规性要求，进行智慧城市多场景的安全建设，以全面保证城市基础安全能力的落地。

2.商用密码应用安全性评估合规

密码技术是保证国家安全的一个重要支撑技术。随着《中华人民共和国密码法》的正式实施，密码安全的重要性也被提升到了新的高度。商用密码应用安全性评估体系也已经相对成熟。

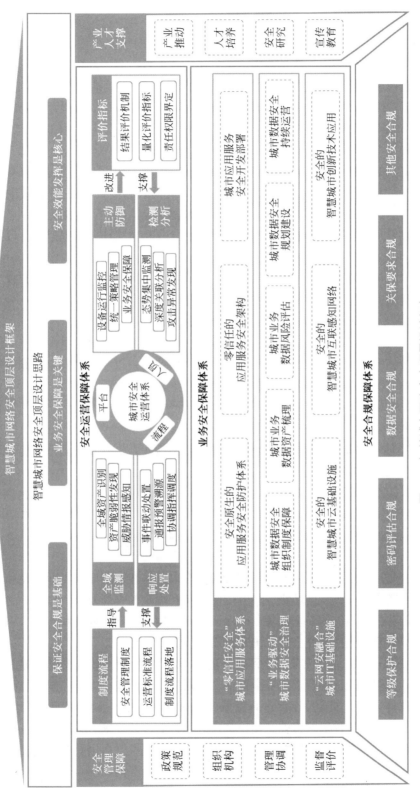

图 3-2 智慧城市网络安全顶层设计框架

商用密码应用安全性评估，是指在采用商用密码技术、产品和服务集成建设的网络和信息系统中，对其密码应用的合规性、正确性和有效性等进行评估，以保证重要系统的密码安全性。

在智慧城市建设中，无论是基础云平台还是各类城市应用系统，甚至各类 ICT 基础设施，都涉及密码体系的融合应用。各类数据的安全传输、存储和使用，也离不开密码体系的支撑。因此，智慧城市建设需要充分考虑商用密码应用安全性评估要求，保证整个智慧城市系统的密码安全。

3. 数据安全合规

数据技术的发展，让数据资产成为城市的核心资产，数据安全问题也直接影响到未来城市发展的核心竞争力和安全性。随着《中华人民共和国数据安全法》《中华人民共和国个人信息保护法》的落地实施，智慧城市数据安全体系建设也成为重中之重。

从合规要求来看，智慧城市数据安全要求主要在相关法律要求框架下，依据各区域的实际安全需求，来实现具体落地。

从整体防护思路来看，主要以数据全生命周期安全为主线，充分结合智慧城市具体业务数据流转安全需求，实现数据安全整体治理。

4. 关键信息基础设施安全保护要求合规

关键信息基础设施是经济社会运行的神经中枢，是网络安全的重中之重。保障关键信息基础设施的安全，对维护国家网络安全、网络空间主权和国家安全，保障经济社会健康发展，维护公共利益和公民合法权益都具有十分重大的意义。

当前关键信息基础设施面临的网络安全形势严峻复杂，持续性威胁、网络勒索、数据窃取等事件频发，危害经济社会稳定运行。关键信息基础设施是智慧城市的重要组成部分，包括通信网络、数据中心、云计算平台等，这些设施的安全运行对于智慧城市的稳定和安全至关重要。

因此，智慧城市建设需要以《信息安全技术关键信息基础设施安全保护要求》为指导，通过建立完善的信息安全保障体系，构建多层次、多手段、全方位的立体防御体系，有效地保护智慧城市的网络安全，促进城市的可持续发展。

5. 其他安全合规

除了以法律为依据的网络安全强制合规要求以外，在智慧城市实际建设和运营过程中，还需要考虑行业级、区域级等多方位的政策和规范的合规要求。例如，为确保云服务提供商能够提供足够的安全保障，确保云平台在数据存储、处理和传输过程中符合相关要求，国家互联网信息办公室、国家发展和改革委员会、工业和信息化部和财政部四部门联合发布了《云计算服务安全评估办法》，要求对面向党政机关、关键信息基础设施提供云计算服务的云平台进行安全评估。针对智慧城市建设本身，国家层面发布相关规范提出总体要求，如《关于促进智慧城市健康发展的指导意见》《新型智慧城市评价指标》等。这两个文件对网络安全建设都提出了针对性的要求。区域政府在推动智慧城市建设过程中，也会从城市服务安全、数据安全等多个维度提出具体规范要求，以满足区域个性化需求。因此，政务行业相关的，以及区域范围内的安全合规要求，也是智慧城市安全建设中需要重点关注的方面。

3.2.2 业务安全保障是关键

1. 打造"云网安融合"的城市 IT 基础设施

全面感知、泛在连接、平台化运营和服务，是智慧城市的 IT 建设的重要特征。从建设落地角度来看，物联网、数据中心网络、云平台等则成为智慧城市的核心 IT 基础设施。要实现智慧城市整体安全，保障城市业务安全运行，基础设施安全建设成为根本。

随着安全建设的发展，传统"外挂"式安全建设的局限性不断显现，例如网络设备与安全设备割裂造成部署运维和策略管理的不统一问题，以及安全能力不能深入云环境内部实现租户级虚拟层安全灵活调用问题等。

当前，"云网安融合"成为智慧城市基础设施安全建设的主要思路。

通过安全能力与网络的深度融合，以软件定义网络（software defined network，SDN）技术为支撑，可以实现安全与网络的统一、一键部署，并可基于业务情况，实现流量的按需灵活调度和安全防护，保证物联网、数据中心网络等基础网络安全。

"云网安融合"是保证 IT 基础设施层面业务安全能力提升的重要安全建设思路。

2. 打造"业务驱动"的城市数据安全治理体系

海量城市数据的高度集中和基于城市业务需求的数据交换传输，成为智慧城市数据层面重要的业务特征。城市数据是维护城市生活各方面正常运转的重要数据资产，一旦被泄露、破坏或篡改，将对区域内经济社会运转造成严重的影响。因此，构建安全的城市数据保障体系至关重要。

从整体上看，数据安全建设需要从数据安全治理角度规划和落地。数据安全建设最重要的特征是安全与业务的融合。在完成数据安全相关组织和制度建设的基础上，首先需要聚焦数据的全生命周期，针对各类城市数据的业务场景，进行数据资产的分类分级和风险评估，然后针对具体业务场景中的数据风险分别规划具体的防护措施，通过多种数据安全手段的组合，满足差异化的安全防护需求。

从落地实践来看，安全措施与数据平台的兼容适配，以及基于业务场景的灵活调用，成为数据平台安全建设的重要挑战。通过安全能力原生化，保证安全措施以能力化的形式实现与数据平台的深度融合，成为应对挑战的有效途径，也是智慧城市数据平台安全建设的重要方式。

3. 打造"零信任安全"的城市应用服务体系

全面"服务化"，是当前智慧城市建设的另一个重要特征。所谓服务化，一方面是指智慧城市系统面向公众、企业等提供的城市公共服务能力；另一方面也是指在云计算、大数据、微服务等技术支撑下，IT 建设趋向于以服务形式并基于业务需求，实现不同组件之间的服务化交互。

要保证智慧城市的应用服务安全，除了进行基于传统安全思维进行应用安全防护能力建设［如万维网（Web）应用安全、文件传输协议（FTP）安全、邮件安全等］以外，大量开放的 API 安全防护以及基于身份和权限管理能力的增强，也成为城市业务安全的重要建设方面。

"零信任"安全理念是在传统边界安全理念基础上的重要补充和提升，也是有效应对当下智慧城市应用服务风险的重要手段。秉承"永不信任、持续验证"的核心理念，针对海量物联感知终端接入、海量应用服务开放、多角色多资源运维等业务场景，通过基于身份、行为等多因素的安全评估和权限的细粒度、动态管理，全面保障智慧城市应用服务的安全交互。

3.2.3 安全效能发挥是核心

1. 体系化管理监督，构建安全管理保障机制

智慧城市实际建设和运营过程中，经常出现安全合规要求没有满足、安全防护手段缺失、安全职责划分不清等问题。这主要是由于项目过程中的安全制度保障机制不健全造成的，主要表现为安全政策和规范缺失、安全组织管理机构不明晰、整体管理协调不到位、缺乏有效的监督管理等。因此，安全制度保障机制成为智慧城市建设和运营的重要一环。

一方面，建立完善的政策、规范和明晰的组织机构。通过制定更加详细具体的智慧城市网络安全政策和规范，明确网络安全管理要求、技术标准、审批流程等，使网络安全管理有法可依、有章可循。同时，建立健全网络安全管理组织体系，明确各部门和岗位的职责和任务，加强网络安全管理和监督，确保各项网络安全政策和措施得到有效执行。

另一方面，建立多方协调机制和完善监督评价体系。智慧城市网络安全管理涉及多个部门和机构，需要建立跨部门协调机制，促进各部门之间的合作和信息共享，共同应对网络安全威胁。同时，完善监督评价体系，明确监督主体和职责，定期对网络安全管理工作进行评估和监督，发现问题及时督促整改，确保网络安全管理工作的质量和效果。

2. 常态化安全运营，保证安全效能充分发挥

安全效能的充分发挥是安全体系建设的最终目的，但在智慧城市实际运营过程中，即使进行了体系化的安全能力建设，也会经常出现安全效能低下的问题，例如城市网络安全问题发现不了，或者发现问题不知如何处理，以及事后不能追踪溯源排除隐患等。

究其原因，主要包括：专业安全人员的缺失，不能保证安全措施效果的发挥，缺乏安全的主动性；运营流程的缺失，不能保证安全操作的规范性和及时性；运营技术手段的缺失，导致安全缺乏整体性和系统性。在这三个条件的约束下，最终导致安全效能不能充分发挥。

实践证明，持续化的安全运营是保证安全体系效能发挥的最有效方式。安全运营是将"人、流程、技术"三要素进行体系化融合。以人为核心，通过安全运营团队的建设保证安全的主动性；以运营流程为支撑，从安全运营操作内容和操作流程两个维度，保障安全运营有效实施；以技术为手段，通过运营平台的建设，实现城市安全信息的采集、监控、分析和响应，并通过与相关技术措施联动实现安全闭环。

安全运营从时间和空间维度上实现了安全防护能力的增强，让原本被动的安全防护

变成主动，全面保证智慧城市的持续安全运行。

3. 可持续保障支撑，完善城市安全产业生态

为了确保智慧城市的网络安全可持续发展，必须加强对网络安全人才的培养和引进，推动网络安全产业的发展和壮大，建立完善的网络安全人才和产业支撑体系，为智慧城市的安全和发展提供坚实的保障。

一方面，智慧城市网络安全管理需要专业的网络安全人才来支持和保障。网络安全人才是指掌握网络安全技术、法律法规、管理等方面的专业知识和技能，能够胜任网络安全规划、设计、管理、监测和应急响应等工作的人才。只有网络安全人才才能够有效地发现和应对网络安全威胁，为智慧城市的安全保驾护航。

另一方面，智慧城市网络安全管理需要得到相关产业的支持和支撑，具体包括网络安全服务、技术研发、产品制造、教育培训等。相关产业的繁荣能够为智慧城市网络安全管理提供必要的技术和资源支持，推动网络安全技术的创新和应用，提高网络安全防御能力和技术水平。

第 2 部分
保证安全合规是基础

所谓合规，是指符合一定的规范。网络安全合规，一般指信息系统的安全建设应当符合相关法律法规及其他监管规定的要求。网络安全合规体系，主要包括网络安全相关的法律法规、标准等。

法律由享有立法权的立法机关行使国家立法权，依照法定程序制定、修改并颁布，并由国家强制力保证实施。我国的网络安全相关法律，包括《中华人民共和国网络安全法》《中华人民共和国密码法》《中华人民共和国数据安全法》《中华人民共和国个人信息保护法》等。

法规是法令、条例、规则、章程等法定文件的总称，包括行政法规、行政规章、地方性法规、规范性文件、政策性文件等。网络安全相关法规包括《中华人民共和国计算机信息系统安全保护条例》《网络安全等级保护条例》《关键信息基础设施安全保护条例》《网络安全审查办法》《数据安全管理办法》等。需要注意的是，法定的地方国家权力机关，依照法定的权限，制定和颁布的在本行政区域范围内实施的地方性法规。

标准是为了在一定的范围内获得最佳秩序，经协商一致制定并由公认机构批准，共同使用和重复使用的一种规范性文件。网络安全相关的标准，包括《计算机信息系统安全保护等级划分准则》《网络安全等级保护定级指南》《网络安全等级保护基本要求》《个人信息安全规范》《信息系统密码应用基本要求》等。

智慧城市网络安全建设之所以以"安全合规"为首要考虑因素，一方面是为了满足相关法律法规的要求，保证智慧城市系统合法、合规运行。另一方面是，在全球严峻的网络安全形势下，面对复杂的网络安全建设需求和多样的安全体系建设思路，如何实现网络安全保障体系的有效落地成为一个普遍性难题。而安全合规要求，作为广泛的、长期的成功经验总结和最佳实践指引，是保证智慧城市安全保障体系快速、高效落地，实现整体性安全能力提升的最有效途径。

聚焦当前智慧城市安全建设的实际情况，本部分主要针对等级保护合规、商用密码应用安全性合规、数据安全合规、关键信息基础设施安全保护合规四大合规体系进行重点阐述。同时，本部分简单介绍智慧城市建设可能涉及的其他安全合规要求。

另外，由于数据安全建设与实际业务的强关联性，且目前还未形成全国统一的建设标准，各地也结合区域特征制定了相关的数据安全建设规范，因此，本部分主要阐述数据安全合规相关的建设思路，并在后续部分从业务安全角度出发，详细阐述"如何打造业务驱动的城市数据安全治理体系"。

第4章 "等保合规"是智慧城市安全的基本要求

4.1 等级保护是网络安全领域的基本制度

4.1.1 等级保护制度的由来和发展

等级保护制度是中国网络安全领域的一项基本制度，它的由来和发展可以追溯到以下几个阶段，如图4-1所示。

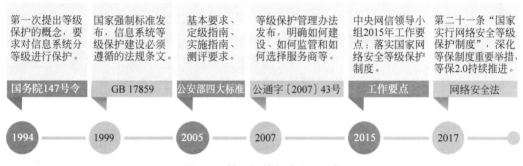

图4-1 等级保护制度发展历程

（1）等级保护思想的萌芽。20世纪80年代，随着计算机技术的普及和广泛应用，信息安全问题逐渐显现。为了应对这一挑战，世界各国开始探索并制定相应的网络安全政策和标准。在此过程中，等级保护思想开始萌芽。美国作为计算机技术的发源地，率先在计算机系统中提出了"分等级、分层次"的安全管理思想，将计算机系统划分为不同等级，并针对不同等级采取不同的安全措施。这一思想逐渐被世界各国所接受，成为网络安全领域的一项基本原则。

（2）我国等级保护制度的初步确立。20世纪90年代，我国开始关注网络安全问题，并逐步制定了一系列相关政策和标准，来推动网络安全等级保护制度的建设。1994年，《中华人民共和国计算机信息系统安全保护条例》颁布，这是我国第一部计算机信息系统安全保护法规，初步确立了等级保护制度。该条例明确规定了计算机信息系统的安全保护应当遵循等级管理、分等级、分层次的管理原则。1999年，国家公安部发布了《计算机信息系统安全保护等级划分准则》，将计算机信息系统划分为5个安全等级，并明确了各等级所应采取的安全措施。这些法规和标准的发布，标志着我国等级保护制度的初步确立。

（3）等级保护制度的进一步发展。进入 21 世纪以后，随着互联网的迅速发展和应用，网络安全问题变得越来越突出。为了更好地应对网络安全威胁，我国政府采取了一系列措施来加强网络安全管理。2003 年，《国家信息化领导小组关于加强信息安全保障工作的意见》发布，提出了"积极防范、突出重点、有效处置"的安全管理方针。2004年，《中华人民共和国保守国家秘密法》颁布，进一步明确了网络安全保密工作的职责和任务。

2007 年，《网络安全等级保护管理办法》发布，该办法对网络安全等级保护的职责、管理原则、基本要求、安全责任等方面进行了详细的规定。该办法的实施进一步推动了网络安全等级保护工作的开展，并成为信息安全领域的一项基本制度。2016 年，《中华人民共和国网络安全法》颁布，该法明确提出了网络安全等级保护制度，要求网络运营者应当按照网络安全等级保护制度的要求，采取相应的安全保护措施，保护网络免受干扰、破坏，或者未经授权的访问。该法的颁布与实施标志着网络安全等级保护制度上升到了法律层面，进一步推动了网络安全等级保护制度的深入发展。

（4）网络安全等级保护制度的实施与完善。自 2016 年以来，我国网络安全等级保护制度进入了一个新的阶段。各级政府部门和企业纷纷响应并积极实施网络安全等级保护制度，加强网络安全的防护和管理。同时，网络安全等级保护制度也在不断地完善和修订。2018 年，《网络安全等级保护条例（征求意见稿）》发布，该条例在原有基础上进行了修订和完善，进一步扩大了网络安全等级保护制度的适用范围，明确了网络运营者的安全责任和义务，细化了网络安全等级保护制度的实施要求和流程。2020 年，《信息安全技术网络安全等级保护基本要求》等标准也进行了修订和完善，进一步提高了网络安全等级保护制度的可操作性和可实施性。

总体来看，我国网络安全等级保护制度的建立和发展经历了多个阶段，从最初的萌芽到初步确立再到现在的不断完善和修订，它始终是中国网络安全领域的一项基本制度。实施网络安全等级保护制度，可以有效地提高网络系统的安全性和可靠性，防范和化解网络安全风险，保障国家安全和社会稳定。未来，随着技术的不断发展和网络环境的变化，网络安全等级保护制度也将不断地进行完善和调整，以便更好地适应时代发展的需要。

4.1.2 等级保护标准体系及核心要求

为组织各单位、各部门开展网络安全等级保护工作，公安部根据法律授权，会同国家保密局、国家密码管理局等相关部门，出台了一系列政策文件，构成了网络安全等级保护政策体系，为指导各地区、各部门开展网络安全等级保护工作提供了政策保障。同时，在国内有关部门、专家、企业的共同努力下，公安部和标准化工作部门组织制定了网络安全等级保护工作需要的一系列标准，形成了网络安全等级保护标准体系，为开展网络安全等级保护工作提供了标准保障，如图 4-2 所示。

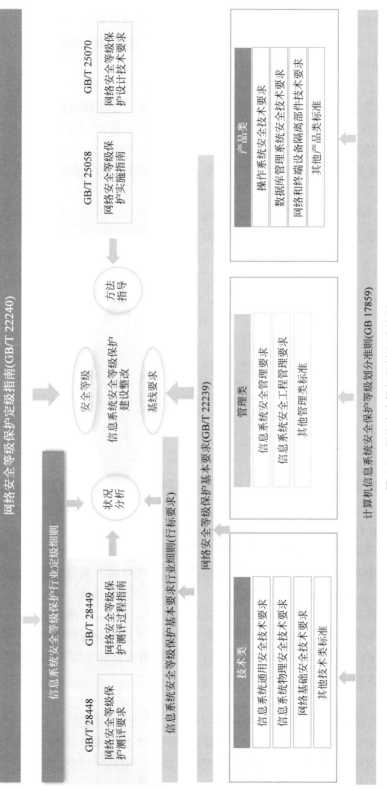

图 4-2 网络安全等级保护标准体系

最新的等级保护制度 2.0（简称"等保 2.0"）系列标准，实现了对新技术、新应用、安全保护对象和安全保护领域的全覆盖，更加突出技术思维和立体防范，注重全方位主动防御、动态防御、整体防控和精准防护，把云计算、物联网、移动互联、工业控制系统、大数据等相关新技术、新应用全部纳入保护范畴。

等级保护建设的核心思想是"一个中心，三重防护"。其中，"一个中心"即安全管理中心，"三重防护"即安全计算环境、安全区域边界、安全通信网络。其主旨是要求等级保护对象的运营者建设"一个中心"管理下的"三重防护"体系，设计统一的安全管理中心，分别对计算环境、区域边界、通信网络进行管理，建立以计算环境安全为基础，以区域边界安全、通信网络安全为保障，以安全管理中心为核心的网络安全整体纵深防御体系。

从等级保护的实施角度来看，整体实施流程主要包括：系统定级、系统备案、建设整改、等级测评、监督检查 5 个步骤，如图 4-3 所示。

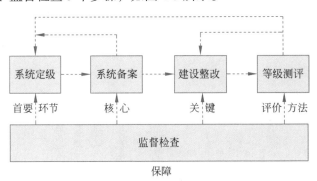

图 4-3　等级保护整体实施流程

1. 系统定级

系统定级的意义在于首先要对信息系统进行判断，只有在定级的基础上，才能产生与等级相匹配的保护措施。由此可见，定级是等级保护制度的首要环节，而非核心环节。因为等级保护的目的是保护，而系统定级只是手段。

信息系统主要根据主体遭受破坏后对客体的破坏程度划分安全等级。《关于网络安全等级保护工作的实施意见》中，根据信息和信息系统在国家安全、经济建设、社会生活中的重要程度，遭受破坏后对国家安全、社会秩序、公共利益，以及公民、法人和其他组织的合法权益的危害程度，针对信息的保密性、完整性、可用性要求及信息系统必须达到的基本安全保护水平等因素，将信息和信息系统的安全保护等级划分为五级：第一级为自主保护级；第二级为指导保护级；第三级为监督保护级；第四级为强制保护级；第五级为专控保护级。

2. 系统备案

各单位首先依据《网络安全等级保护管理办法》进行系统定级，接着按照《网络安全等级保护备案实施细则》中的规定，对评级达到非涉及国家秘密的第二级以上信息系统进行备案。对于符合等级保护要求的，受理单位应当出具《信息系统安全等级保护备案证明》。对于不符合等级保护要求的单位，通知整改的同时，建议备案单位组织专家重新进行定级评审,并报上级主管部门审批。

3. 建设整改

《信息安全技术网络安全等级保护基本要求》不仅可以用作评估信息系统的安全程度,同时也适用于指导不同安全保护等级信息系统的安全建设和监督管理。对于不符合等级保护制度要求的单位,应当参照《信息安全技术网络安全等级保护基本要求》中的内容,对信息系统进行建设或整改。各单位对于信息系统的建设或整改需要从管理与技术两个层面开展。技术层面从安全物理环境、安全通信网络、安全区域边界、安全计算环境和安全管理中心 5 个方面进行建设或整改。管理层面从安全管理制度、安全管理机构、安全管理人员、安全建设管理和安全运维管理 5 个方面进行建设或整改。两个层面相互协调配合,形成一套完整的信息系统安全防护体系。

4. 等级测评

测评机构首先依据规定对信息系统进行等级测评,出具定级测评报告,包括但不限于报告摘要、测评项目概述、被测信息系统情况、等级测评的范围与方法、单元测评、整体测评、测评结果汇总、风险分析和评价、等级测评结论、安全建设整改意见等内容。

完成测评后,相关管理人员就可以根据测评结果进行系统风险的排查工作。对于不符合等级保护要求的部分,需要及时改进以达到对应标准。

5. 监督检查

经过上述过程,虽然备案单位已经达到了网络安全等级保护的相关要求,但是这一过程并非是一劳永逸的,而应当定期重复,在多次检查中发现信息系统的深层次安全隐患,并及时应对。

除了自查外,监督机关公安机关会根据有关规定,以询问情况、查阅核对资料、调看记录资料、现场查验等方式对使用单位的等级保护工作进行检查,对其等级保护建设的信息安全技术措施、相应网络安全管理制度的建立和落实、网络安全责任的落实等方面进行监督检查。

4.2 智慧城市"等保合规"建设现状和问题

目前,我国智慧城市的建设尚处于数字化和网络化阶段,并逐步向城市智能化发展,充分利用前沿信息技术和通信技术,解决因城市快速发展而产生的"城市病",衍生出适应经济发展和国计民生的智慧应用,成为真正的"城市大脑"。云计算、大数据技术是智慧城市建设过程中所使用的基础技术。智慧城市通过信息技术和网络通信技术有机联系,以及多个业务应用数据的大量相互交换和调用,实现异源异构数据的集成并向用户提供多重标准的数据。

虽然我国智慧城市的建设和发展面临难得的机遇,正在进入全面开花落地的"快车道",但在具体建设过程中也存在着一些突出问题,特别是网络安全问题,直接关系到广大居民的个人信息安全和关键基础设施信息安全,如不能通过有效手段解决,甚至会威胁到国家安全。

总体来看,智慧城市目前面临着网络恶意攻击、破坏、数据泄露等安全威胁,特别是在数据管理权与所有权分离的状态下,由于应用和数据高度集中,这些问题显得更加突出,主要包括以下 4 个方面。

1. 法律法规和标准不健全

智慧城市大量地使用了高新技术,包括云计算、移动互联、物联网和大数据等,而当前国内对于这些新技术、新业务仍缺乏完善的建设规范和网络安全管理规范,传统的等级保护制度在智慧城市的环境中无法完全适用,使得智慧城市网络安全技术设施和管理手段建设的具体依据不足。

2. 访问控制边界模糊

智慧城市与传统的系统架构间的差异导致其在安全防护理念上也存在差异。在传统的安全防护中,很重要的一个原则就是基于边界的安全隔离和访问控制,并强调针对不同的安全区域设置差异化的安全防护策略,这依赖于各区域间清晰的边界划分。但在智慧城市环境中,新技术的应用使得计算和存储资源高度整合,基础网络架构统一化,传统的控制部署边界即将消失。

3. 主动式防御能力不足

智慧城市具备两个核心要素,一个要素是大集中,把数据和应用进行集中处理分析;另一个是把资源以服务的形式进行发布交付。这种规模化的效应给计算资源的可用性和安全性都带来了很大的挑战。尤其随着人工智能等新一代技术在安全领域的应用,整体的传统被动式防御体系已经无法应对如今的网络环境,传统的被动防御技术还只是停留在"头痛医头,脚痛医脚"的阶段,无法真正定位到智慧城市安全的痛点所在,安全人员处于疲于奔命的状态中,整体体系无法有效地运作起来。

4. 基础设施共享技术风险

共享技术的漏洞对智慧城市构成了重大威胁。智慧城市建设共享基础设施、平台和应用程序,无论漏洞出现在哪一层中,都会影响到智慧城市的每个用户。如果一个服务组件被破坏泄露,则极有可能使整个智慧城市遭受攻击和破坏。

智慧城市是现代城市发展的新模式,在提高城市运转效率、政府服务水平等方面具有重大意义。为确保智慧城市信息化平台的健康发展,需要以"安全、合规、可控"为实现目标,建设满足等级保护要求的智慧城市安全基线,构建智慧城市安全保障体系。

4.3　智慧城市"等保合规"建设内容

4.3.1　"等保 2.0"能够有效应对智慧城市安全问题

2019 年,我国网络安全等级保护制度进行了全面升级,进入了新的阶段。在"等保 1.0"标准的基础上,"等保 2.0"注重主动防御,从被动防御到安全可信、动态感知和事前、事中、事后全流程全面审计,实现了对传统信息系统、基础信息网络、云计算、大数据、物联网、移动互联网和工控信息系统等级保护对象的全覆盖。

针对智慧城市"等保合规"建设现状和问题,"等保 2.0"都给出了相应的答案,解决了目前智慧城市建设过程中的安全短板,在设计与实施中给出了详细的网络安全体系参考模型,实现智慧城市的网络安全"三同步",即网络安全设施必须与信息系统同步规划、同步建设、同步运行。"等保 2.0"从全系统、全生命周期着手,通过信息安全体系的科学规划和设计,为智慧城市的所有信息化工作保驾护航。

智慧城市建设中"等保 2.0"给出的应对策略如下。

1. 全面的技术及制度覆盖

对于智慧城市网络安全法律法规和标准不健全的问题,"等保 2.0"除了通用要求外,还实现了对云计算、移动互联、物联网、工业控制和大数据等防护对象的全覆盖。智慧城市建设过程会使用到相关云计算、移动互联、物联网、工业控制和大数据对象,但没有相关的保护条例,"等保 2.0"对这些的全面覆盖为智慧城市的安全建设提供了一个很好的参照,对提升智慧城市网络安全保护能力具有重要意义。

2. 明确边界,统一管理

对于智慧城市建设中访问控制边界模糊的问题,"等保 2.0"展现的"一个中心、三重防御"核心思想,对于指导智慧城市的安全建设尤为重要。智慧城市中多个技术、多个系统、多个应用、多个领域、多个终端、多个业务的应用数据进行了大量的相互交换、调用,无法明确某一个保护对象的物理边界。"等保 2.0"将安全管理部分独立出来,进行统一协调的管理,对智慧城市系统整体进行系统管理、审计管理、安全管理、集中管控,从全局视角保证智慧城市安全体系的整体安全。

3. 化被动防御为主动防御

对于智慧城市安全思路的转变,"等保 2.0"提供了与之相契合的思路。"等保 2.0"的核心思想为主动防御、动态防御。完善的网络安全分析能力、未知威胁的检测能力将成为"等保 2.0"的关键需求,这与智慧城市的安全发展方向非常契合。智慧城市的安全建设中极大地加强了整网的"主动安全分析能力",及时掌握网络安全状况,对层出不穷的"未知威胁与突发威胁"起到关键的检测和防御作用。结合 AI、大数据、云计算等技术构筑了智慧城市的"动态安全"体系架构,为用户提供一个动态响应、持续进化且符合"等保 2.0"标准的整网安全保障体系。

4. 强化可信计算,提升共享安全

对于智慧城市中技术共享的风险挑战,"等保 2.0"强化了可信计算技术使用的要求,把可信验证列入各个级别并逐级提出各个环节的主要可信验证要求,在应用程序的关键执行环节进行动态可信验证,可为智慧城市中的共享技术提供安全防护。智慧城市中多用户、多应用进行技术共享,可信计算技术可对每一步的访问进行控制和安全防护。

4.3.2 智慧城市"等保合规"建设内容

智慧城市信息系统应该按照"等保 2.0"标准的合规要求,以"安全管理平台"为中心,建立"安全计算环境、安全区域边界、安全网络通信"的三重防护体系,设计内外网信息交互的安全可信互联模型,以确保应用交互和数据传输的安全。

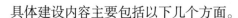

具体建设内容主要包括以下几个方面。

1. 安全通信网络

加强在网络层面的安全防护和通信建立，通过人员、制度和流程的有机结合，构建对于重要业务活动的管理体系。安全通信网络保证了各应用的链接安全，通过内外网隔离和服务器隔离等手段来保障数据通信的加密。其主要针对云计算和互联网业务，如邮箱、官网预约和掌上智慧城市等应用，实施通信网络上的网页应用安全防护；重点加强通信传输中数据的完整性和机密性建设。

对于智慧城市中存在的用户通过互联网远程访问智慧城市的需求，可采用基于安全套接字层（SSL）协议的虚拟专用网络（virtual private network，VPN）的接入方式。这里可用 SSL VPN 网关，配合远程用户方的浏览器或 SSL VPN 客户端软件，对远程用户到智慧城市应用服务的访问进行加密和完整性的保护。

在骨干的宽带 IP 网络上构建虚拟专用网络，采用多协议标签交换的多协议标签交换虚拟专用网（multi-protocol label switching virtual private network，MPLS-VPN）技术，实现跨地域、安全、高速、可靠的数据、语音、图像多业务通信，并结合差别服务、流量工程技术，将公众网可靠的性能、良好的扩展性、丰富的功能与专用网的安全、灵活、高效结合在一起，为用户提供高质量的服务。

1）VPN 远程安全访问

采用 SSL VPN 的接入方式，对远程用户到智慧城市的访问进行加密和完整性的保护，重点实现以下的安全策略。

（1）通信机密性策略。VPN 在传输数据包之前将其加密，以保证数据的机密性，防止数据在通过互联网传输的过程中被窃听，造成信息泄露。

（2）通信完整性策略。VPN 在目的地要验证数据包，以保证该数据包在传输过程中没有被修改或替换，防止数据在通过互联网传输的过程中被篡改，造成信息失真，给业务带来损失。

（3）通信身份认证策略。VPN 两端要验证所有受 VPN 保护的数据包，特别是远程访问者的身份，确保只有那些合法身份才能建立远程连接。

（4）抗重放策略。VPN 能够防止数据包被捕捉并重新投放的可能，即目的地会拒绝老的或重复的数据包，这通过报文的序列号实现。

（5）集中管理策略。对于远程用户，通过 VPN 集中管理器统一分发证书，这样能够很好地保持证书在网络中的唯一性，确保建立远程隧道时身份鉴别的有效性，防止非法建立隧道并发起访问。

（6）无缝对接策略。在广域网，数据传输在通过 MPLS-VPN 进行隔离的场景下，通过 VPN 设备提供的 VPE 技术，实现 SSL 与 MPLS 的无缝对接。

2）网络数据防泄露系统（data leakage prevention，DLP）

DLP 采用先进的内容指纹匹配、计算机视觉、语义分析等核心智能算法，同时结合先进的多核高速数据包并发处理技术，最终实现关键字技术、正则表达式技术、内容指纹匹配技术、脚本检测技术、数据标识符检测技术等内容识别技术。通过部署 DLP设备，可以对数据进行保护，对泄露事件进行响应及审计。

2. 安全区域边界

为了更好地打造智慧城市信息系统的安全区域边界，可以使用区块隔离的方法来达到对网络边界的有效控制和防御，如在边界间增加可附加的防毒墙和入侵检测等设备。不同区域划清边界，通过应用服务、中间件、镜像文件和用户隐私鉴别等手段来跨越边界和数据互联。尤其在当下，云部署已经成为智慧城市普遍的建设方式，在云计算场景下，区域内的业务尽量采用虚拟化控制策略来防止非授权情况下的接入，例如，可以通过安装虚拟机防火墙防止病毒越界蔓延，以保证出现问题后风险最小化的控制原则。

具体的保障措施如下。

1）区域边界包过滤

（1）云平台病毒防御。云平台的网络防病毒与云主机的防病毒软件不同，主要是用来分析由外部进入网络的数据包，对其中的恶意代码进行查杀，使得病毒在未感染到云主机时，就可以过滤掉这些攻击数据包，从而防止病毒在网络及云平台内部传播。云平台的防火墙系统建设，除了具备基本的边界隔离和访问控制能力，还内置防病毒模块，可以从流量上对 SMTP、POP3、IMAP、HTTP 和 FTP 等应用协议进行病毒扫描和过滤，并同恶意代码特征库进行匹配，对符合规则的病毒、木马、蠕虫，以及移动代码进行过滤、清除或隔离，将其拦截在云平台网络区域之外。

（2）云平台入侵防御。依托云平台内的硬件防火墙资源和虚拟防火墙组件，实现对南北向、东西向网络入侵事件的检测；通过与访问控制策略和流量控制策略联动，实现符合国家规定的安全检测机制；并在网络层面上实现针对平台业务区的自动入侵防御和分析，以提高系统整体的安全性。通过监控网络中存在的网络行为来判定网络是否存在异常，如果存在异常则及时报警。网络入侵防御模块还支持自主智能学习模式，即一种检测未知威胁的新型技术，有别于基于特征检测的防火墙只能检测到库文件中已有威胁的"静态检测"，该技术通过不断收集历史流量数据，建立了流量和行为模型的"动态检测"能力。

2）区域边界安全审计

通过区域边界访问控制及包过滤设备，实时监控边界安全，通过特征库比对、未知威胁发现等技术手段，对边界流量进行深入分析，最终形成安全审计日志。下一代防火墙系统将具备本地留存审计日志的能力，同时具备将边界安全审计日志传输给管理中心的机制。

3）区域边界完整性保护

根据等级保护技术要求，系统的边界应当能够有效监测非法外联和非法接入的行为。考虑到智慧城市数据中心区域内的主机设备均为服务器，不会主动对外发起访问，因此，为实现边界完整性保护的要点，杜绝非法接入，可以在网络接入交换机端口上绑定媒体存取控制（media access control，MAC）地址。对于接入的非许可终端，由于其MAC 地址不能被交换机识别，从而有效防止非法接入。

4）云场景边界访问控制

（1）hypervisor 强制访问控制。

为了实现云平台中虚拟机通信场景下的强制访问控制和 hypervisor 系统加固，在

BLP（Bell-LaPadula）模型的基础上，遵循引用监控器（reference monitor，RM）思想和 Flask 安全体系结构，建立 hypervisor 强制访问控制模型，以控制上层虚拟机对系统资源的访问，以及虚拟机之间的通信。

由于虚拟机系统存在一些区别于非虚拟机系统的特征，因此需要对 BLP 模型中的模型元素、安全公理进行修改，重新设计安全规则。虚拟化强制访问控制模型包括主体、客体和安全规则，其中主体为虚拟机，客体则为虚拟资源，具体包括虚拟内存、虚拟中央处理器（central processing unit，CPU）、虚拟磁盘、虚拟设备、虚拟网络等。

（2）东西向访问控制与流量控制。

云平台内部的计算环境增加了虚拟机之间的虚拟交换组件，使得安全计算域的划分、域内的结构安全、访问控制、边界完整性和通信机密性等都变得较为复杂。针对虚拟局域网（virtual local area network，VLAN）数据隔离、过滤和基于 VLAN 的策略执行、虚拟机之间的隔离等，一般采用东西向安全服务链的模式，如云防火墙、云入侵防御、云杀毒等综合方案，来保证云内东西向的安全。

云防火墙：构建防火墙基本策略，实现虚机与虚机之间的微隔离，实现跨 VLAN 的安全访问控制，从而确保云租户、云服务方或第三方云资源的安全访问、使用和管理。制定访问控制策略时，应采取最小权限原则。

云入侵防御：对于云内主机，其底层和业务应用系统会不断被发现安全漏洞，给攻击者可乘之机。这些漏洞可能来自最基础的传输控制协议（transmission control protocol，TCP）/网际协议（internet protocol，IP）协议漏洞，也可能来自操作系统漏洞、数据库漏洞或应用程序漏洞。和传统网络类似，需要针对云内环境构建入侵防御安全策略，对访问云主机的流量进行分析、检测、过滤。防止 SQL 注入、跨站脚本攻击及其他的利用 Web 应用程序漏洞的攻击，对攻击行为进行识别和预警，从而发现网络攻击行为、识别网络攻击类型，并过滤网络攻击流量。

云杀毒：构建云环境下的无代理杀毒策略，可防止云计算环境中的病毒风暴、云主机之间的攻击等问题。云杀毒策略会同云主机自动形成绑定，不会因为漂移而丢失策略。云杀毒软件使用先进的杀毒引擎，并采用人工智能与机器学习的方法，不依赖某一个病毒或恶意代码的具体特征，而是依赖某一病毒族群恶意代码的共性特征来实现查杀，从而最大限度地识别病毒，保护云主机安全。云杀毒可以实时防护文件系统，对感染病毒的文件在虚拟机内部进行隔离。

3. 安全计算环境

安全计算环境的控制要点，规定了智慧城市信息系统本身需要达到安全要求的各个维度，同时，针对不同的视角维度，设定了相应的目标要求。例如，在智慧城市运用的身份鉴别中，可以部署两种组合的鉴别技术对用户身份进行鉴别，以达到身份认证维度的要求；在安全审计维度，对物理机、宿主机、虚拟机、数据库系统等进行计算安全控制。通过发挥网络计算环境中的安全框架，不仅满足了所有计算实体完整性的有效度量优势，同时也保证了用户终端在域间数据计算交互中的动态安全管控。

具体保障措施如下。

1）用户身份鉴别

用户终端在接入智慧城市应用系统时，需要对接入用户的身份进行鉴别，同时，用户的终端计算机如果不及时升级系统补丁和病毒库、私设代理服务器、私自访问外部网络、滥用禁用软件，一旦接入网络，就等于给潜在的安全威胁敞开大门。针对此现状，从控制用户终端安全接入网络的角度入手，整合网络接入控制与终端安全产品，通过安全客户端、安全策略服务器以及网络设备的联动，对接入网络的用户终端强制实施安全策略，严格控制终端用户的网络使用行为，有效地加强了用户终端的主动防御能力。

2）系统安全审计

日志审计系统为不同的网络设备、安全设备、服务器、应用系统提供了统一的事件管理分析平台，打破了不同设备存在的信息鸿沟。系统提供了强大的监控能力，实现从网络到设备直至应用系统的整体监控。在对事件监控信息的集中存储及关联分析的基础上，有效地实现了全网安全预警、入侵行为的实时发现、入侵事件的动态响应，并可以通过与其他安全设备的联动来真正实现动态防御。

智慧城市建设实践中，首先应开启操作系统、数据库、网络设备、安全设备自身的审计模块，其应用系统也应当开启审计功能，审计的范围应当详细包括登录、操作、结果、事件、用户名等信息。同时，利用日志审计系统，集中将操作系统、网络设备、安全设备等的日志信息传递到该平台，即使本地日志信息被恶意删除，也可以在统一的远程日志审计系统中恢复该记录。

3）数据库安全审计

数据库审计系统通过全面记录数据库服务器的连接情况，记录会话相关的各种信息和原始 SQL 语句，如来源计算机名称、IP 地址、MAC 地址、端口号、日期时间、通信量大小以及违规数量等，从而支持所有对数据库的访问协议的审计。

通过设计审计系统开启双向审计的功能，不仅可以审计应用服务器对数据库服务器的访问流量，对于数据库服务器针对应用服务器的访问而返回的结果也能进行审计。通过数据库审计系统提供的"事前＋事中＋事后"的链接监控功能，能够实时监控到数据库的所有链接情况。监控信息包括连接建立时间、IP、各业务系统用户名、非法操作（越权访问等）次数统计。对于非法链接或有非法行为的链接，管理员可以立即断开指定的可疑链接，确保数据库安全性不受进一步威胁。

4）主机运维安全与审计

针对运维用户的云主机访问，建设系统的、全面的事中、事后两种审计模式。事中审计可以方便系统管理员实时监控运维用户云主机的访问，并及时切断高危访问连接。事后审计为系统管理员提供了全面的审计记录，包括运维操作、命令记录和命令内容回放。通过事中审计和事后审计结合，可以为数据中心提供基于运维用户的全面系统运维审计记录。

5）入侵检测和恶意代码防范

为云主机提供无代理或轻代理云杀毒功能，其中无代理是指将杀毒客户端部署在虚拟监视层，轻代理是指将资源很轻的杀毒客户端部署在主机操作系统层。

通过云杀毒的部署，可对物理资源池、虚拟资源池、云资源池进行统一的安全防护与集中管理，对宿主机、虚拟机、虚拟机应用提供三层防病毒安全架构，从而具备对混合云平台、虚拟化资源池云平台应用环境的兼容防护能力。针对云计算环境中出现的病毒风暴、安全域混乱、宿主机安全、云主机之间的攻击等问题，可通过病毒查杀、云防火墙、云补丁、深度包检测、宿主机加固等产品功能，为各业务系统提供一套可跨多种平台、防护无死角的综合云杀毒方案。

6）应用安全保护

Web 应用防护：通过部署 Web 应用防火墙，提供 Web 应用安全防护能力。主要针对 Web 服务器进行 HTTP/HTTPS 流量分析，防止以 Web 应用程序漏洞为目标的攻击。并针对 Web 应用访问进行优化，以提高 Web 或网络协议应用的可用性、性能和安全性，确保 Web 业务应用能够快速、安全、可靠地交付。虚拟 Web 应用防火墙（Web application firewall，WAF）以虚拟化的方式进行部署，除了具备必要的 Web 应用防护能力之外，还可实现随虚拟机迁移、安全策略迁移、按需使用、快速部署等云上特性。

应用安全交付：随着智慧城市中各部门资源信息的整合，来自公共侧的访问压力越来越大，而且大部分的访问类型都是上载／下载文件、图片甚至包括音视频文件等，因此需要云内业务具备一定的高并发、高连续性的应用交付能力。同时，多运营商链路的接入问题，也是平台业务系统无法顺利交付应用的主要原因。因此，可以采用基于智能域名系统（domain name system，DNS）的多运营商链路接入设计，通过链路负载均衡，实现网络链路带宽资源的优化应用，以保障各业务系统用户访问的高效性和可靠性。同时，部署应用负载均衡，实现针对业务应用的弹性扩展和动态调配。

7）数据备份与恢复

智慧城市云环境面临各种各样的数据丢失风险，如硬件故障、软件故障、误删除等，云平台的运行需要一套稳定可靠的数据备份方案来进行护航和保障。在智慧城市建设中，可部署 IaaS 层面的数据备份方案以实现基于虚拟机颗粒度的数据备份，这样可以不用在每一个虚拟机内部署备份 Agent。

4. 安全管理平台

建设智慧城市安全管理平台，针对整体系统提出安全管理方面的技术控制要求，并通过相应手段来实现安全的集中化管理。为了保证智慧城市云平台的安全可靠，安全管理平台不仅囊括了针对传统数据中心及网络基础设施的管理能力，还重点加强了对网络结构、隔离设备和虚拟化终端的在线评估手段，做到日常运维管理与实时监控一体化。

具体的保障措施如下。

1）系统管理

资产集中管理：传统的数据中心管理方式，存在运维管理人员与设备账号一对多、多对一的问题。首先，运维管理人员、设备账号数量众多，造成管理复杂。其次，当数据中心增加设备时，需要建立一套新的账号管理系统，可扩展性差。通过运维安全管控系统的集中账号管理，可以对智慧城市数据中心的账号信息进行标准化管理，能够为数据中心各设备资源提供基础的用户信息源，并保证各业务系统用户的信息唯一性和同步更新。

资产单点登录：通过运维安全管控系统对运维管理人员进行资源授权后，运维管理人员登录系统,即可看到自己管理的所有软硬件资源。由于资源授权具体到设备资源的账号、密码,因此,运维管理人员只需单击资源列表中相应的资源项即可管理设备,不需要再次输入账号、密码,极大地提高了运维管理效率。

应用上线安全检查:向云平台迁移或新部署的应用在正式上线前,利用安全配置核查、漏洞扫描和代码安全检查等各种技术手段进行安全检查,确保已进行整改且没有发现漏洞之后,应用才能正式投入运行。通过这个环节从源头上降低应用的脆弱性,在安全防护上起到事半功倍的效果。

2)审计管理

运维安全审计:针对字符终端和图形终端的访问,运维安全管控系统提供事中审计和事后审计两种审计模式。事中审计可以方便审计管理员实时监控运维各业务系统用户的操作,一旦发现高危操作,可以及时阻断运维访问连接;事后审计可以提供完整的运维操作录像、命令记录等内容,完整再现运维操作过程。另外,系统提供的报表功能,可以更加形象化地展示各业务系统的用户访问、管理操作等记录,这些都为数据中心提供了非常完善的审计体系。

统一日志审计:通过部署日志审计系统,集中采集服务资源层面产生的各类系统安全事件、各业务系统的用户访问记录、系统运行日志、系统运行状态等各类信息,经过规范化、过滤、归并和告警分析等处理后,以统一格式的日志形式进行集中存储和管理。结合丰富的日志统计汇总及关联分析功能,实现对信息系统日志的全面审计,帮助管理员随时了解整个 IT 系统的运行情况,及时发现系统异常事件;同时,通过事后分析和丰富的报表系统,管理员可以方便高效地对信息系统进行有针对性的安全审计。遇到特殊的安全事件和系统故障,日志审计系统可以帮助管理员进行故障快速定位,并提供客观依据进行追查和恢复。

3)安全管理

在安全管理方面,可以通过添加 IP 地址策略,限制运维管理人员登录系统的 IP 地址;可以设置运维管理人员可访问系统的工作时间段策略;也可以设置运维管理人员访问设备资源时的命令策略,禁用高危系统命令,并发送邮件警告;还可以设置二次授权,对运维管理人员在关键操作时进行登录审批。通过一系列的安全访问策略,保证客户数据中心设备资源的安全访问和管理。

4)集中管控

安全事件监测:通过各类探针对攻击事件进行准实时分析,及时发现攻击行为,以及对信息系统的非授权使用。要确保信息系统监测活动符合关于隐私保护的相关政策法规。

数据泄露安全监测:对部署在智慧城市云平台上的应用数据安全进行监测,及时发现涉及数据安全的相关违规行为,防止数据出现泄露等安全事件。

恶意代码安全监测:在智慧城市云平台上实施恶意代码监测机制。当检测到恶意代码后,可采取阻断或隔离恶意代码、向管理员报警或采取其他举措。

5.安全管理体系

构建安全管理体系是网络安全工作协同、高效和有序的重要保障,与技术体系密切结合，共同保障业务系统的安全和高效运行。等级保护规范中安全管理体系的要求覆盖安全管理制度、安全管理机构、安全管理人员、安全建设管理和安全运维管理 5 方面内容。

从实践角度看，具体建设内容如下。

1）安全管理制度

在智慧城市安全建设过程中，为保证智慧城市业务系统长期稳定运行，以及业务数据的安全性，需要提高系统运维及人员管理的安全保障机制，实现网络安全管理的不断完善，制定网络安全工作的总体安全方针和策略，明确安全管理工作的总体目标、范围、原则和安全框架等。根据安全管理活动中的各类管理内容建立安全管理制度，并对管理人员或操作人员执行的日常管理操作建立操作规程，形成由安全策略、管理制度、操作规程等构成的全面的信息安全管理制度体系，从而指导并有效地规范各部门的网络安全管理工作。通过制定严格的制度规定并发布流程、方式、范围等，定期对安全管理制度进行评审和修订。

2）安全管理机构

安全管理机构可以从岗位设置、人员配备、授权和审批、沟通和合作、审核和检查这几个方面进行安全管理和控制。

岗位设置方面：网络安全管理工作应由网络安全工作委员会或领导小组来负责，其最高领导应由主管领导委任或授权，设置专职的安全主管、系统管理员、审计管理员、安全管理员等岗位并明确其职责。

人员配备方面：需要配备相应数量的系统管理员、审计管理员和安全管理员。

授权和审批方面：建立完善的授权和审批机制，明确各部门的授权审批事项、审批部门、审批人等，针对系统的变更、重要操作、物理访问等建立有效的审批程序，并且重要活动需要建立逐级审批制度。

沟通和合作方面：加强各类管理人员之间及组织内部的沟通与合作，定期召开协调会议，共同讨论并协作处理网络安全问题，建立外联单位联系列表等。加强和主管部门、监管单位、各类供应商、业界专家及安全组织的合作与沟通。

审核和检查方面：定期进行常规的安全检查，检查系统日常运行、系统漏洞、数据备份，以及安全技术的有效性和策略配置的一致性等，形成检查报告，并对检查情况进行通报。

3）安全管理人员

安全管理人员可以从人员录用、人员离岗、安全意识教育和培训、外部人员访问管理这几个方面进行安全管理和控制。

人员录用方面：指定或授权专门部门和人员负责人员录用，对其身份、背景、专业资格和资质、技术技能等进行审查和考核，签署保密协议和关键岗位人员的岗位责任协议。

人员离岗方面：技术终止离岗员工的访问权限，回收各种身份证件、钥匙徽章，以及软硬件设备等。

安全意识教育和培训方面：加强对各类人员进行网络安全意识培训和岗位技能培

训,明确告知安全责任和惩戒措施。

外部人员访问管理方面:外部人员在访问物理受控区域前进行书面申请,批准后由专人全程陪同并登记备案,外部人员离场前清除其所有访问权限。

4)安全建设管理

从系统安全建设管理角度出发,主要涉及定级备案、安全方案设计、产品采购和使用、自行软件开发、外包软件开发、工程实施、测试验收、系统交付、等级测评、服务供应商选择等方面。从网络安全管理与风险控制角度出发,需要建立完善的网络安全管理制度体系和过程控制安全机制,为系统全生命周期的安全提供管理保障。

定级备案方面:需要对智慧城市业务系统进行科学定级,在系统等级初步确定后需要邀请专家对定级的合理性进行评审,形成专家评审意见,报送主管单位审批后到公安机关进行备案登记。

安全方案设计方面:根据相应的系统保护等级选择基本安全保护措施,并依据风险分析的结果进行补充调整,对系统安全保护形成完整的安全规划设计方案。设计内容应包含密码技术相关内容,并由专家对方案及其配套文件的合理性和正确性进行论证审定,经过批准后才能正式实施。

产品采购和使用方面:在设备采购中,确保相关网络安全产品、密码产品和服务符合国家的有关规定和国家密码主管单位的要求。预先对产品进行严格的选型测试,确定产品的候选范围,并定期审定和更新候选产品名单。

自行软件开发方面:确保开发测试环境与生产环境进行物理隔离,保证测试数据和测试结果受到控制,同时,应在软件开发过程中对安全性进行测试,在软件安装前对可能存在的恶意代码进行检测。

外包软件开发方面:对于外包交付的软件代码,在交付时应进行严格的恶意代码检查,防止恶意代码插入及后门,并且要求外包方提供完整的软件设计文档和使用指南。

工程实施方面:指定或授权专门的部门或人员负责工程实施的管理工作,制定健全的工程实施方案和工程过程安全控制机制。

测试验收方面:制定完整的测试验收方案,根据测试验收方案形成测试验收报告;在系统上线前进行安全性测试,并提供安全性测试报告,安全性测试报告需要包含密码应用安全性测试。

系统交付方面:制定清晰的交付清单,对所交接的设备、软件和文档进行清点;定期对负责运维的技术人员进行相应的技能培训,确保系统在建设过程中和指导人员进行运行维护的相关文档能够被完整提供。

等级测评方面:定期进行等级测评,发现不符合相应等级保护标准要求的要及时整改。在系统发生重大变更或级别发生变化时需重新进行等级测评,应选择具备国家相关技术资质和安全资质的测评单位进行等级测评。

服务供应商选择方面:首先要确保服务供应商的选择符合国家有关规定,与服务供应商签订相关协议,明确整个服务供应链各方需要履行的信息安全义务。

5)安全运维管理

安全运行维护与管理主要涉及环境管理、资产管理、介质管理、设备维护管理、漏洞和风险管理、网络和系统安全管理、恶意代码防范管理、配置管理、密码管理、变更管理、备份与恢复管理、安全事件处置管理、应急预案管理、外包运维管理等方面。

环境管理方面：指定专门部门或人员进行机房安全的管理，对机房的供电、温湿度、消防等进行实时监控和维护管理。通过机房安全管理规定，对机房的访问、物品的进出，以及机房运行环境等进行严格控制，重要区域不接待来访人员，敏感信息的纸质文档和移动介质禁止随意乱放，敏感信息设置专门的存储区域并进行妥善保管。

资产管理方面：编制保护对象的资产清单，包括资产的责任部门、重要程度以及所处位置等。

介质管理方面：确保介质的存储环境安全，对各类介质进行控制和保护，指定专人管理并定期进行介质目录盘点，对介质传输过程中的人员选择、打包、交付等情况进行监控，对介质的规定和查询等进行登记记录。

设备维护管理方面：对各种设备包括冗余备份的设备、线路，指定专门的部门或人员进行维护管理，并建立配套的软硬件维护方面的管理制度，明确维护人员责任、维修和服务的审批、维修过程的监督控制等。

漏洞和风险管理方面：识别安全漏洞和隐患，在评估其可能的影响性后进行修复。定期进行安全测评并形成测评报告，对发现的安全问题采取整改措施。

网络和系统安全管理方面：划分不同的管理员进行网络和系统的运维管理，明确其岗位职责。指定专门的部门或人员进行账号管理，对账号的申请、建立、删除等进行控制。建立完善的网络和系统安全管理制度，对安全策略、账户管理、配置管理、日志管理、日常操作、升级与补丁、口令更新周期进行规定。制定重要设备的配置和操作手册，并根据手册进行安全配置和优化。记录运维操作日志，包括日常巡检工作、运行维护记录、参数的设置和修改等内容。

恶意代码防范管理方面：提高员工的恶意代码防范意识，对接入系统的设备进行恶意代码检查，对恶意代码防范工具的使用、恶意代码库的升级、恶意代码定期查杀等进行规定，确保恶意代码防范措施的有效性。

配置管理方面：记录和保存网络拓扑结构、设备安装的软件组件、软件组件的版本和补丁信息、各个设备或软件组件的配置参数等。

密码管理方面：使用经过国家密码管理局认证核准的密码技术和产品。

变更管理方面：明确变更需求，制定变更方案且经过评审、审批后才能实施。

备份与恢复管理方面：识别定期备份的重要业务信息、系统数据及软件系统，明确备份信息的备份方式、频率、存储介质和保存期等。定期对重要业务信息、系统数据、软件系统等进行备份，根据数据的重要性和数据对系统运行的影响，制定数据备份策略和恢复策略、备份程序和恢复程序等。

安全事件处置管理方面：向安全管理部门及时报告发现的安全弱点和可疑事件，制定安全事件报告和处置管理制度。明确不同类型安全事件的报告、处置和响应流程。规定安全事件的现场处理、事件报告和后期恢复的管理职责。在安全事件的报告和响应处理过程中分析和鉴定事件产生的原因，收集证据，记录处理过程，并总结经验教训。

应急预案管理方面：规定统一的应急预案框架，包括启动应急预案的条件、应急组织构成、应急资源保障、事后教育和培训等内容。制定重要事件的应急预案,包括应急处理流程和系统恢复流程。

外包运维管理方面:选择符合国家有关规定的外包运维服务商,与外包商签订服务协议并明确外包运维的范围和工作内容。

总体来看,智慧城市安全建设依据"等保 2.0"中的基本要求、设计要求和测评要求,综合考虑安全、流程、制度和人员等相关方面的内容,通过合规性检查加强安全管理规范;通过配置安全设备和设定防御策略有效阻断内外攻击和实现数据保护;通过定期灾难演练提升应急处理能力,从而形成"一个中心、三重防护"的一体化防护体系架构。

第5章 "密评合规"是智慧城市安全建设的基石

5.1 "密评"推进智慧城市密码应用合规建设

密码技术是保障网络与信息安全的核心技术和基础支撑，通过加密保护和安全认证两大核心功能，可以完整实现防假冒、防泄密、防篡改、抗抵赖等安全需求。密码是国家的重要战略资源，是解决网络与信息安全问题最有效、最可靠、最经济的手段。密码工作是党和国家的一项特殊工作，直接关系到国家的政治安全、经济安全、国防安全和信息安全。商用密码技术作为国家自主可控的核心技术，在维护国家安全、促进经济发展、保护人民群众利益中发挥着不可替代的作用。

随着智慧城市安全建设的稳步展开，云计算、大数据、物联网等主流技术已实现广泛应用，在新技术带来开放、便利、高效服务的同时，也随时面临着身份假冒、重要信息内容篡改、敏感信息泄露等安全风险。在智慧城市中做好密码技术的研发、创新与应用是城市安全工作的重要抓手，推动商用密码在智慧城市中更好地落地也是智慧城市平稳、有序、正常运行的重要保障。智慧城市安全建设需要做好商用密码应用的规划、建设和管理工作，打造智慧城市密码保障体系。

商用密码应用安全性评估（简称密评）是指在采用商用密码技术、产品和服务集成建设的网络和信息系统中，对其密码应用的合规性、正确性和有效性进行评估。

密评的发展历程可以追溯到 2007 年，国家密码管理局在 11 月 27 日发布 11 号文件《信息安全等级保护商用密码管理办法》，要求信息安全等级保护商用密码测评工作由国家密码管理局指定的测评机构承担。这个文件的发布，标志着商用密码应用安全性评估制度的初步建立。

2009 年 12 月 15 日，国家密码管理局又印发了管理办法实施意见，进一步明确了密评的相关要求。这一文件的发布，对于商用密码应用安全性评估工作的实施和规范起到了重要的推动作用。

2017 年 4 月 22 日，国家密码管理局印发《关于开展密码应用安全性评估试点工作的通知》，标志着密评试点工作的正式启动。试点工作在 7 个省份、5 个行业中开展，对于商用密码应用安全性评估的实践和经验积累具有重要意义。

2017 年 9 月 27 日，国家密码管理局又印发了《商用密码应用安全性测评机构管理办法（试行）》《商用密码应用安全性测评机构能力评审实施细则（试行）》《信息系统密码应用基本要求》和《信息系统密码测评要求（试行）》，这些文件初步建立了商用密码应用安全性评估的制度体系。

2019 年，对首批密评试点机构进行了评估，这对于规范和提升密评试点机构的工作质量和水平起到了积极的推动作用。

2019 年 10 月，启动了第二批密评试点工作，进一步扩大了密评试点范围，为商用密码应用安全性评估的全面推广打下了坚实的基础。

2021 年 3 月，国家市场监督管理总局、国家标准化管理委员会发布了密评的关键标准《信息安全技术信息系统密码应用基本要求》（GB/T 39786—2021），这一标准的发布对于商用密码应用安全性评估的标准化和规范化起到了重要的推动作用。

商用密码应用安全性评估的发展历程是一个从初步建立到逐步完善的过程。

《中华人民共和国密码法》第二十七条中明确提出"法律、行政法规和国家有关规定要求使用商用密码进行保护的关键信息基础设施，其运营者应当使用商用密码进行保护，自行或者委托商用密码检测机构开展商用密码应用安全性评估。"

国办发〔2019〕57 号《国家政务信息化项目建设管理办法》（以下简称《办法》），《办法》提出："项目建设单位应当落实国家密码管理有关法律法规和标准规范的要求，同步规划、同步建设、同步运行密码保障系统并定期进行评估；对于不符合密码应用和网络安全要求，或者存在重大安全隐患的信息系统，不安排运行维护经费，项目建设单位不得新建、改建、扩建信息系统。"

国密局函〔2020〕119 号《国家密码管理局关于请进一步加强国家政务信息系统密码应用与安全性评估工作的函》要求进一步加强非涉密国家信息系统密码应用与安全性评估工作。

总体来说，密评经过了多个阶段的发展和积累，已经建立起了较为完善的评估制度体系，也成为智慧城市安全建设中需要重点考虑的合规建设要求。

5.2 智慧城市密码应用现状与问题

智慧城市是一个复杂的系统，包含了物联感知、数据汇聚与共享、政务协同、惠民服务、城市公共设施管理、城市监管与科学决策等方方面面的应用，其安全保障需求也更加复杂。当前，密码技术在智慧城市的一些网络信息系统中发挥了数据保护、实体认证、签名验签等作用，同时国家也出台了相关的密码标准规范。但从实际建设情况看，智慧城市密码保障仍存在缺乏完整、规范的体系规划、密码应用的广度和深度需要提升等问题。具体问题主要表现在以下几个方面。

1. 智慧城市安全和密码应用顶层设计不足

国内一线、部分二线及省会城市都对智慧城市的建设进行了顶层规划和方案设计，主要集中在物联感知、城市公共设施智能化和政务惠民应用方面，但对密码应用缺少体系化的顶层设计牵引。

2. 智慧城市密码应用产业支撑能力不强

现有的密码技术和产品不能完全支撑智慧城市的安全需求，在物端的轻量级密码应用、城市公共基础设施的密码应用、城市高带宽融合通信网络的密码应用、跨领域数据安全汇聚和共享交换等方面的需求尤其突出。

3. 智慧城市密码管理保障和推进措施不力

国内智慧城市的建设尚未严格按照"同步规划、同步建设、同步实施、同步运行"制定强有力的管理保障和密码应用推进措施。建设方主要按照等级保护制度的基本要求和管理要求进行安全管理和建设推进，未能结合智慧城市的复杂情况制定有针对性的保障措施，并强化多部门、多实体的协同联动。

4. 智慧城市建设领域主动应用密码意识不够

城市建设方对智慧城市业务建设非常重视，从顶层设计到建设再到运营，对业务投入了大量的资源。但对安全重视不足，通常将通过等级保护这一基本要求作为安全的最终要求，尤其是在海量异构的城市网络空间实体可信、数据全生命周期安全保护、数据隐私保护和安全共享交换、密码应用的态势监管等方面，对于在智慧城市复杂网络情况下的体系化密码主动应用意识不够。

5.3　智慧城市"密评合规"建设内容

《信息安全技术 信息系统密码应用基本要求》（GB/T 39786—2021），从物理和环境安全、网络和通信安全、设备和计算安全、应用和数据安全4个层面提出密码应用技术要求，保障信息系统实体身份的真实性、重要数据的机密性和完整性、操作行为的不可否认性。同时，从信息系统的管理制度、人员管理、建设运行和应急处置4个方面提出密码应用管理要求，为信息系统提供管理方面的密码应用安全保障。信息系统密码应用基本要求框架如图5-1所示。

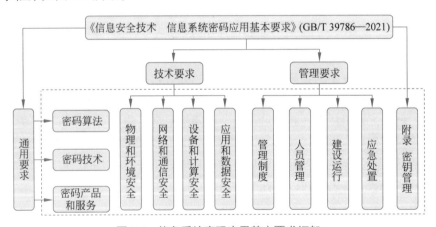

图 5-1　信息系统密码应用基本要求框架

在智慧城市建设过程中，需要严格遵守"密评合规"的建设要求，推进密码应用安全落地。具体要求和建设内容包括以下几个方面。

1. 物理和环境安全

物理和环境安全方面，主要考虑被测系统所在机房的访问控制及记录数据的保护情况，涉及的测评对象主要为所在机房的电子门禁系统（如有）和视频监控系统，涉及的安全风险包括以下内容。

（1）人员进出机房未采用密码技术进行身份鉴别，存在非授权人员进入，从而对机房内软硬件设备和数据进行直接破坏的风险。

（2）人员进出记录和视频监控记录未采用密码技术进行完整性保护，存在记录数据受到恶意篡改，以掩盖非法人员进出的情况，导致发生安全事件无法有效溯源的风险。

因此，智慧城市物理机房建设，需要部署符合《采用非接触卡的门禁系统密码应用技术指南》（GMT 0036—2014）标准要求的电子门禁系统，对进出机房的人员进行身份鉴别；需要采用符合密码相关的国家、行业标准要求的服务器密码机或签名验签服务器，对电子门禁记录和视频记录进行完整性保护，防止记录数据被非授权篡改导致数据不可信，以提高记录数据的真实可靠性。

2. 网络和通信安全

网络和通信安全方面，主要考虑在数据传输过程中的安全接入和控制，涉及的测评对象为信息系统与网络边界外建立的网络通信信道，涉及的安全风险包括以下内容。

（1）身份鉴别：管理人员跨网访问云平台内的设备或者应用系统时，未采用密码技术进行通信实体间的身份鉴别，存在非法设备从外部接入内部网络而导致非授权访问的风险。

（2）完整性：云平台网络边界未采用密码技术保证访问控制信息的完整性，存在非授权用户、非授权设备进入内部网络的风险，容易导致网络链路受到攻击进而导致业务系统全部瘫痪等，严重危害平台及所承载业务的安全；访问云平台时，未采用合规的密码技术进行通信数据完整性保护，存在通信过程中数据被非授权截取、非授权篡改的风险。

（3）机密性：管理人员跨网访问云平台内的设备或者应用系统时，未采用合规的密码技术进行数据传输机密性保护，存在通信数据在传输过程中泄露的风险。

因此，智慧城市密码应用安全性建设内容包括以下内容。

（1）在管理接入区部署符合密码相关的国家和行业标准要求的 SSL VPN 安全网关，平台管理员通过 SSL VPN 访问到平台内部，实现对网络安全设备、服务器、数据库等进行远程管理，并基于密码技术实现平台管理员与 SSL VPN 服务端之间通信实体的身份真实性，防止与假冒实体进行通信；在通信过程中建立安全的传输通道，保护通信过程中重要数据的完整性和机密性，防止数据被非授权篡改，防止敏感数据泄露。

（2）在网络接入区部署符合密码相关的国家和行业标准要求的 SSL VPN 代理网关，实现云平台管理系统页面的 SSL 反向代理，远程访问云管理平台系统时采用 HTTPS 基于国产密码协议建立安全的传输通道，保护通信过程中重要数据的完整性和机密性，防止数据被非授权篡改，防止敏感数据泄露。

（3）在不同系统间的边界接入区分别部署符合密码相关的国家、行业标准要求的互联网络层安全协议虚拟专用网（internet protocol security virtual private network，IPSec VPN），实现通信前通信双方的身份鉴别，并建立安全的数据传输通道，保护通信过程中重要数据的完整性和机密性，防止数据被非授权篡改，防止敏感数据泄露。

（4）基于密码技术保护云管理平台，管理用户与平台之间的网络边界设备中的访问控制信息的完整性，防止被非授权篡改。

3. 设备和计算安全

设备和计算安全方面，主要考虑设备的身份鉴别、远程管理通道安全及相关数据的安全防护，测评对象主要为通用服务器（如应用服务器、数据库服务器）、数据库管理系统、整机类和系统类的密码产品、堡垒机、各类虚拟设备等，涉及的安全风险包括以下内容。

（1）身份鉴别：在网络安全设备及服务器等通过堡垒机进行统一登录的场景下，访问堡垒机、服务器、网络安全设备等均采用用户名+口令的方式进行认证。如果未采用密码技术实现身份鉴别，用户名及口令则可能被恶意暴力破解，导致设备被非授权人员登录的风险。

（2）远程管理通道安全：在远程运维管理时，设备通过自身的 HTTPS 或安全外壳（secure shell，SSH）方式访问，采用强度不足或者不合规的密码算法和协议建立运维管理通道，存在数据泄露、数据被篡改等风险。

（3）完整性：服务器、数据库、堡垒机、安全设备等访问控制信息、日志记录，如未采用合规的密码技术实现完整性保护，重要程序或文件在生成时未使用密码技术进行完整性保护，使用或读取这些程序和文件时未对其进行完整性校验，将存在因数据或程序等被非授权篡改而导致数据不可信的风险。

（4）重要信息资源敏感标记完整性：服务器、数据库、网络安全设备等不存在敏感信息标记，无敏感信息标记完整性保护的问题。

因此，智慧城市密码应用安全性建设内容包括以下几点。

（1）在云平台管理员的办公终端部署安全浏览器，并配发智能密码钥匙（含管理员合法可信身份证书）。运维管理区部署签名验签服务器，基于公钥密码算法的数字签名技术对登录平台设备的各类管理员的身份真实性进行识别和确认，防止假冒人员登录。

（2）基于密码技术保证各类管理员在对平台设备进行运维管理时，使用安全的管理通道进行管理，保证管理数据在传输过程中的机密性和完整性，防止非法人员对平台设备和软件进行非授权的管理和操作。

（3）通过部署符合密码相关的国家和行业标准要求的服务器密码机或签名验签服务器，基于密码技术保护服务器、数据库、网络安全设备等的日志记录、系统资源访问控制信息的完整性，防止被非授权篡改。

（4）基于密码技术对需要安装的重要可执行程序来源的真实性和完整性进行验证，防止非可信程序的安装和部署。

4. 应用和数据安全

应用和数据安全是指在业务应用系统中，对涉及的系统管理数据、身份鉴别数据、日志数据、业务数据等，应保障其机密性和完整性。当前，智慧城市云平台应用和数据层面可能存在的风险包括以下内容。

（1）身份鉴别：登录云管理平台时，管理员使用用户名+口令的方式进行身份鉴别，云管理平台存在身份被冒用或非授权访问的风险，无法保证登录云管理平台人员身份的真实性。

（2）访问控制信息和重要信息资源安全标记完整性：云管理平台的访问控制策略、数据库表访问控制信息等未进行完整性保护，存在被非授权篡改的风险。

（3）数据传输机密性：云管理平台的管理数据、鉴别数据、个人信息等进行传输时，应用系统未采用符合相关国家标准、行业标准的密码技术措施来保证数据的机密性，在数据传输过程中存在被窃听而导致信息泄露的风险。

（4）数据存储机密性：云平台中的用户数据、鉴别数据、个人信息、快照文件等均明文存储，未采用符合相关国家标准、行业标准的密码技术来保证存储过程的机密性，存在因数据被窃取而导致泄露的风险。

（5）数据传输完整性：云管理平台的管理数据、鉴别数据、个人信息、虚拟机镜像文件、快照文件、虚拟机迁移等，未采用符合相关国家标准、行业标准的密码技术来保证数据传输过程的完整性，存在因数据完整性受到破坏或被恶意非授权篡改而导致数据不可用的风险。

（6）数据存储完整性：云管理平台的管理数据、鉴别数据、审计数据、虚拟机镜像文件、快照文件等未采用符合相关国家标准、行业标准的密码技术来保证数据的完整性，存在数据在存储过程中被非授权篡改而导致数据不可用的风险。

（7）抗抵赖：云管理平台的关键操作（如虚拟机的删除、更改、创建等）存在法律风险或责任认定需求，目前未采用密码技术来保证数据操作行为的不可否认性，无法防止抵赖行为的发生。

因此，智慧城市密码应用安全性建设内容包括以下几点。

（1）向云管理平台管理员 PC 端配发智能密码钥匙（存储符合国密要求的数字证书），服务端采用签名验签服务器，基于数字签名的方式进行云管理平台管理员的身份鉴别，防止非授权人员登录。

（2）在云平台运维管理区部署符合密码相关的国家、行业标准要求的签名验签服务器和服务器密码机，对访问权限控制列表、配置文件等进行完整性保护，防止应用资源被非授权用户篡改。

（3）在云平台运维管理区部署符合密码相关的国家、行业标准要求的服务器密码机，在重要数据存储和读取的过程中进行加解密处理和完整性校验，保证数据存储的机密性和完整性，防止数据泄露给非授权的个人、进程，或被非授权的个人、进程进行非法篡改等。

（4）对云管理平台进行国密改造，使用国密版本的 SSL 证书，运维终端安装安全浏览器，通过 HTTPS 协议进行数据传输，保证重要数据在传输过程中的机密性和完整性。

（5）在云平台运维管理区部署符合密码相关的国家、行业标准要求的签名验签服务器及时间戳服务器，基于密码技术实现云管理平台的关键操作（如虚拟机的删除、更改、创建等）及关键数据发送和接收的不可否认性，确保发送方和接收方对已经发生的操作行为无法否认，实现对平台管理员和平台租户关键操作的不可否认性保护，防止抵赖行为的发生。

5.密码服务支撑

考虑到云平台所承载的租户业务应用系统在密码资源上的需求，应同步建设密码资源池，为租户提供密码应用支撑。

当前，智慧城市云平台大多未建立密码资源池，无法为云上租户的应用系统提供基于密码技术的身份认证、数据加解密、数字签名验签、电子签章、时间戳等必要的密码应用支撑服务，存在云上租户业务应用系统无法满足密码应用的安全需求，导致面临身份冒用、数据泄露、数据篡改，甚至关键操作行为抵赖等风险。

因此，智慧城市密码应用安全性建设时，应在智慧城市云平台部署密码资源池，为云平台所承载的租户业务应用系统提供密码应用支撑服务，为云上租户提供身份认证、数据完整性保护、数据机密性保护、关键数据发送和接收操作的不可否认性等服务。

6.管理制度保障

管理制度是密评建设的一个重要方面，建立完善、科学、高效的密码管理制度是密评建设的重要保障。

智慧城市云平台及其主管运营单位，如果不具有密码相关的管理制度、人员管理、建设运行及应急处置等密码管理安全措施，将存在密码应用建设情况无法满足国家相关的合规要求、相关人员无法响应密码应急事件、无法有效地提升平台的整体防护水平等风险。

因此，智慧城市密码应用安全性建设时，密码应用能否正确有效地发挥作用依赖于密码技术和密码管理措施并举。智慧城市云平台管理责任单位应基于《信息安全技术 信息系统密码应用基本要求》（GB/T 39786—2021）中关于密码管理安全方面的要求，建立各项与密码相关的管理制度，储备和任命密码相关管理人员。在平台建设和运行阶段，同步建设和落地执行密码应用相关制度和要求，建立应急策略和安全事件上报流程，降低管理不到位的风险。

5.4 密码体系对智慧城市安全的价值

1.统一网络信任服务能力

为智慧城市的机构实体、用户实体、应用系统、安全设备、物联网设备等各种实体分配唯一的数字身份，实现对各实体资源的统一管理。基于唯一的网络身份标识，对网络实体在接入智慧城市网络时进行身份认证；对实体在网络中的访问行为进行授权管理；对网络行为进行全程追溯，覆盖实体在智慧城市中的所有网络行为，以保障网络实体身份可信、保障网络权限可管控、保障网络责任全程可溯。

2.统一密码服务能力

利用资源池化技术整合硬件密码设备的计算资源，对智慧城市云平台所承载的智慧政务、智慧交通、智慧医疗、智慧教育等应用的需求，提供弹性、按需的数据签名与验签、数据加密与解密、散列与验证等统一的密码运算服务，满足关键、敏感或涉及个人隐私的数据加密与解密、通道安全防护等密码需求，通过密码中间件，为上层智慧业务调用密码资源提供服务。

3.统一数据安全共享交换服务能力

通过智慧城市统一数据安全共享交换服务，实施数据交换方的身份认证，确保共享交换双方身份互认，防止第三方非法操作数据，保证数据的真实性；实施对数据的访问控制，防止隐私信息泄露；加强数据机密性保护，加密敏感数据资源，防止有用信息被破解；强化数据完整性保护，避免错误数据带来的影响；保证数据的抗抵赖性，防止事后抵赖和推诿；实现对数据交换流转的监控，对异常行为进行预警和处置。

第 6 章 "数据安全合规"是城市数字化发展的重要保障

数据于 2020 年被中央首次正式纳入生产要素，成为推动数字经济高速发展的核心引擎。随着数据创新应用和产业优化升级，全社会的数据量呈指数级增长，随之而来的数据安全问题也日益严峻。数据安全作为国家安全能力的重要组成，已经成为政府乃至国家安全的重中之重。

智慧城市作为城市级智慧应用数据管理的核心单位，承载了国家、政府、城市、个人等核心数据资产，其数据安全密切关系到国家和社会的稳定。随着 5G、大数据、人工智能、云计算等信息技术的发展应用，以及国家相继出台的各种法规政策的要求，新型智慧城市在满足国家与行业数据安全合规性要求的同时，还要实现全网数据安全的全面、统一、高效管控，解决敏感数据泄露问题。因此，政府亟须构建智慧城市一体化数据保障体系，以保证数据在全生命周期得到妥善保护及开发利用，满足智慧城市长期、持续性数据安全需求。

本章重点对智慧城市数据安全合规需求和建设思路进行分析和总结。数据安全的整体建设和实践落地，将在后续章节详细描述。

6.1 智慧城市数据安全现状

6.1.1 智慧城市数据安全的特点

智慧城市建设过程日趋复杂，数据安全是真实物理世界和数字信息世界深度融合的基础。"城市大脑"等智慧城市枢纽项目的建设，需要不断采集汇聚城市地理信息、交通数据、视频监控数据、人口数据，以及环境监测数据等敏感信息，使得国家、政府、城市、企业、个人等全域数据都在"城市大脑"进行存储运行，经"城市大脑"的调动，在各领域及各部门间智能联通，实现数据的创新融合与整合打通，并通过数据资源的开放共享，向政府相关部门、企事业单位及个人提供便捷的访问。其过程涉及大量的数据访问及复杂的接口调用，囊括海量数据的交换节点及存储节点，由于城市数据管理人员、访问人员、使用人员、运维人员构成复杂，导致数据暴露的途径多、泄露风险极高。智慧城市运行数据作为核心的国有资产，其安全性关系着智慧城市建设的基础，是国家和社会稳定运行的基石。

智慧城市建设依托技术创新，而新技术在为智慧城市建设带来发展机遇的同时，也带来了新的风险。在 5G 云网基座层面，边缘计算因其将 CT 与 IT 能力结合来实现计算能力下沉的特点，正被广泛应用于 5G 智慧城市建设。而边缘计算作为新技术也面临着如空口监听、非法访问存储数据、边缘节点数据损毁、应用安全漏洞等新的安全问题，需要通过边缘计算安全技术完善边缘计算服务的安全防护能力。在智脑引擎层面，人工智能被用于智能决策，对智慧城市建设起到了积极的作用。而人工智能也被不法分子用于网络诈骗、黑客攻击、生物信息伪造等方面，给通信、银行等各行业带来新的风险，传统的防御策略和安全能力难以及时识别和应对威胁，需要将人工智能技术用于智能防护，成为智慧城市建设的"安全保护者"。在智慧应用层面，生物特征识别技术在诸多领域得到广泛应用，越来越多的生物特征数据被采集、储存和使用。生物特征数据一旦被泄露，会对用户的财产安全造成危害，需要不断加强生物识别技术的安全防护，以保障公民的隐私安全。

数据在智慧城市建设的各个层面智能流通，如 5G 云网基座、数据智脑引擎、智慧应用。智慧城市智能运行中心包含了数据采集、数据传输、数据存储、数据交换、数据共享等全生命周期，打造数据安全智能防护体系对智慧城市建设至关重要。

6.1.2　国家高度重视智慧城市数据安全

随着数据安全风险日益严峻，我国近年来陆续出台多项数据安全及智慧城市领域数据安全的法律法规和标准规范，强调数据安全是"数字中国"重要战略举措的根本保障，必须全面推动智慧城市建设过程中数据的全生命周期安全。

在法律法规层面，2020 年 4 月，中共中央、国务院出台《中共中央 国务院关于构建更加完善的要素市场化配置体制机制的意见》，首次明确数据成为继土地、劳动力、资本和技术之外的第五大生产要素。

2021 年 6 月，第十三届全国人大常委会第二十九次会议通过《中华人民共和国数据安全法》，提出国家将对数据实行分级分类保护、开展数据活动必须履行数据安全保护义务承担社会责任等。2021 年 8 月 20 日，第十三届全国人大常委会第三十次会议通过《中华人民共和国个人信息保护法》，该法规规定了个人信息的收集、使用、处理、保护等方面的要求，旨在保护个人信息不被非法获取、泄露、滥用等，适用于所有处理中国境内个人信息的组织。至此，《中华人民共和国数据安全法》与《中华人民共和国个人信息保护法》《中华人民共和国网络安全法》构建起数据保护领域的"三驾马车"，从法律、制度、条例、标准等多个层面对运营单位的网络安全提出了更高要求。

2021 年 12 月 21 日，国务院办公厅发布《要素市场化配置综合改革试点总体方案》（国办发〔2021〕51 号），要求完善公共数据开放共享机制、建立健全数据流通交易规则、拓展规范化数据开发利用场景、加强数据安全保护。

2021 年 12 月 24 日，国家发展改革委、国家网信办、市场监管总局等 9 个部门联合发布《关于推动平台经济规范健康持续发展的若干意见》（发改高技〔2021〕1872 号），要求强化数据安全管理工作，推动平台企业深入落实网络安全等级保护制度，探索开展数据安全风险态势监测通报，建立应急处置机制。

2022年1月12日，国务院发布《"十四五"数字经济发展规划》，部署了八项重点任务，在数字经济安全体系方面，提出了三个方向的要求，一是增强网络安全防护能力，二是提升数据安全保障水平。三是切实有效防范各类风险，并系统阐述了网络安全对于数字经济的独特作用及重要性。

2022年1月22日，工业和信息化部、国家发展改革委联合印发《关于促进云网融合 加快中小城市信息基础设施建设的通知》，明确将面向城区常住人口100万以下的中小城市（含地级市、县城和特大镇）组织实施云网强基行动，增强中小城市网络基础设施承载和服务能力，推进应用基础设施优化布局，建立多层次、体系化的算力供给体系。

2022年3月25日，中共中央、国务院发布《关于加快建设全国统一大市场的意见》，旨在从全局和战略高度加快建设全国统一大市场。该意见要求加快培育数据要素市场，建立健全数据安全、权利保护、跨境传输管理、交易流通、开放共享、安全认证等基础制度和标准规范，深入开展数据资源调查，推动数据资源的开发利用。

2022年6月22日，中央全面深化改革委员会第二十六次会议召开，审议通过了《关于构建数据基础制度更好发挥数据要素作用的意见》，指出数据基础制度建设事关国家发展和安全大局，要维护国家数据安全，保护个人信息和商业秘密，促进数据高效流通使用、赋能实体经济，统筹推进数据产权、流通交易、收益分配、安全治理，加快构建数据基础制度体系。

2022年6月23日，国务院印发《关于加强数字政府建设的指导意见》，提出加强自主创新，加快数字政府建设领域关键核心技术攻关，强化安全可靠技术和产品应用，切实提高自主可控水平。

2022年8月31日，国家互联网信息办公室发布《数据出境安全评估申报指南（第一版）》，对数据出境安全评估的申报方式、申报流程、申报材料等具体要求做出了说明。数据处理者因业务需要确实需要向境外提供数据，符合数据出境安全评估适用情形的，应当根据《数据出境安全评估办法》规定，按照申报指南申报数据出境安全评估。

2022年10月5日，国务院办公厅发布《关于扩大政务服务"跨省通办"范围进一步提升服务效能的意见》，确定了扩大"跨省通办"事项范围、提升"跨省通办"服务效能、加强"跨省通办"服务支撑三方面政策措施，要求增强"跨省通办"数据共享支撑能力，充分发挥政务数据共享协调机制的作用，强化全国一体化政务服务平台的数据共享枢纽功能，推动更多直接关系企业和群众异地办事、应用频次高的医疗、养老、住房、就业、社保、户籍、税务等领域数据纳入共享范围，提升数据共享的稳定性、及时性。依法依规有序推进常用电子证照全国互认共享，加快推进电子印章、电子签名应用和跨地区、跨部门互认，为提高"跨省通办"服务效能提供有效支撑。加强政务数据共享安全保障，依法保护个人信息、隐私和企业商业秘密，切实守住数据安全底线。

2022年10月28日，国务院关于数字经济发展情况的报告提请十三届全国人大常委会第三十七次会议审议，强调全面加强网络安全和数据安全保护，并在下一步工作安排中明确指出要"全面加强网络安全和数据安全保护,筑牢数字安全屏障"。报告提出,以数据为关键要素,以推动数字技术与实体经济深度融合为主线,以协同推进数字产业化和产业数字化、赋能传统产业转型升级为重点,以加强数字基础设施建设为基础,以完善数字经济治理体系为保障,不断做强做优做大我国的数字经济。

2022 年 10 月 28 日,国务院办公厅印发《全国一体化政务大数据体系建设指南》,明确"坚持整体协同、安全可控"的基本原则,提出"安全保障一体化"的任务,并强调该任务是"以'数据'为安全保障的核心要素",要"形成制度规范、技术防护和运行管理三位一体的全国一体化政务大数据安全保障体系"。

2022 年 12 月 8 日,工业和信息化部正式发布《工业和信息化领域数据安全管理办法(试行)》,主要内容包括界定工业和信息化领域数据和数据处理者概念,明确监管范围和监管职责;确定数据分类分级管理、重要数据识别与备案相关要求;针对不同级别的数据,围绕数据收集、存储、加工、传输、提供、公开、销毁、出境、转移、委托处理等环节,提出相应的安全管理和保护要求等 7 个方面的内容。

2022 年 12 月 19 日,中共中央 国务院印发《关于构建数据基础制度更好发挥数据要素作用的意见》(简称"数据二十条"),正式拉开了我国数据基础制度建设的大幕,对加快培育数据要素市场具有划时代的里程碑意义。该文件提出了构建 4 项基础性制度,即数据产权制度、流通交易制度、收益分配制度、安全治理制度。

2023 年 1 月 3 日,工业和信息化部等 16 个部门联合发布《关于促进数据安全产业发展的指导意见》,强调数据安全产业是为保障数据持续处于有效保护、合法利用、有序流动状态提供技术、产品和服务的新兴业态;需要进一步推动数据安全产业高质量发展,提高各行业各领域数据安全保障能力,加速数据要素市场培育和价值释放,夯实数字中国建设和数字经济发展基础。

数据安全相关的法规政策,为保护个人及国家关键领域的数据资源安全提供了法律依据,也为智慧城市建设及运营过程中的数据安全提供了坚实的保障基础。我国数据安全相关法律法规体系持续完善,为后续立法、执法、司法相关实践提供了重要的法律依据,为数字经济的安全健康发展提供了有力支撑。

6.2　智慧城市数据安全发展趋势和建议

随着智慧城市建设迅速发展,城市数据作为政府核心资产的重要性日益凸显,衍生的数据安全风险也随之增加,智慧城市的数据安全产业将迎来更大的发展空间,有望在多方面实现创新与突破。

6.2.1　智慧城市数据安全的发展趋势

1. 主动防御的安全大脑将加速完善

智慧城市体系涵盖各类智能计算、分析与流程功能,包含应用中台、数据中台、智能中台、城市智慧模型平台等多个复杂平台。各类平台之间存在大量的信息交互与数据流动，数据采集、数据存储加工等各个环节都存在安全风险，而且经常需要将新技术与传统系统集成，面临大多数传统系统不具备新型安全能力的问题。基于海量、多元的城市大数据，泛在感知、主动防御、自我发展的安全大脑平台将加速建设并不断优化完善，以提高安全事件的前瞻性预测能力，并利用自动化响应能力提高安全事件的处置效率，全面保障新型智慧城市建设中一体化数据的安全。

2. 融合共享的一体化数据安全体系将加快构建

随着云计算、大数据、人工智能等信息技术在智慧城市建设中的广泛应用，智慧城市建设体系日益庞大且复杂。集成感知控制、数据集成、建模分析、人机交互等多种技术，对海量、多元的数据融合供给、数据资源有序治理、数据价值高效开发利用提出了更高要求，数据采集、传输、存储、加工处理等各环节的数据安全面临更严峻的挑战。独立模块的数据安全已经不能满足新型智慧城市的建设需求，亟须建立覆盖端、网、云、数、用的一体化数据安全，全方位赋能客户数据可视、可管、可控，实现客户数据在全生命周期的立体化安全。

3. 数据安全防御手段不断升级

一方面，随着信息技术的快速发展，各行业数字化进程不断推进，数字攻击手段日趋复杂与多样，传统的防御策略和安全能力不足以识别和应对威胁。另一方面，随着科技发展与社会进步，社会运行效率不断被优化和提升，各应用行业对数据实时性的要求日益增加，需要快速、实时的数据安全采集、安全存储和安全分析处理。基于人工智能、区块链等技术的创新防御手段及数据安全防护产品体系将加速应用落地，全面提升新型智慧城市的自动化防御水平，实现对威胁事件的快速响应和有效防御。

4. 自主可控的数据安全体系建设成为必然

智慧城市体系庞大且复杂，从底层基础设施、硬件设备、操作系统到数据库、应用系统，任何一层的数据一旦遭受攻击、窃取、非法使用等安全风险，都会对城市运行安全甚至国家安全构成致命威胁。目前，我国数据安全的底层技术与产品依然高度依赖国外进口或专利，存在较大的安全隐患。"十四五"时期，在国家高度重视科技自立自强和产业链安全稳定的背景下，各地各部门都将加大智慧城市建设国产化软硬件产品的替代力度和范围，基础设施、数据中台、城市大脑等关键领域软硬件的自主创新力度将持续加大，全国产化的数据安全体系将加快构建，以支撑智慧城市建设安全稳定地运行。

5. 数据安全标准化将助力新型智慧城市建设

在智慧城市建设过程中，社会各部门、企业都产生并积累了大量信息和数据，但各类信息和数据之间并未进行有效的汇聚融合及高效的开发利用，"信息孤岛""数据烟囱"等问题依旧存在，严重制约了城市的高效协同运转。我国已经出台了以数据为中心的数据安全类标准及政务行业的数据安全技术要求，但是尚未出台"智慧城市数据安全"国家级规范标准，缺少统一的数据安全标准作为指引，智慧城市建设难以实现安全高效的数据共享、开放与流通。国家级"智慧城市数据安全"的要求、规范、指南等标准，将成为加速构建智慧城市数据安全建设体系的重要指引，以助力新型智慧城市高效、安全地数据共享与开发利用。

总体来看，智慧城市的数据安全建设是一个立体多维的复杂工程，应当基于新型数字基础设施,围绕数据安全生命周期,实现从城市物理实体到数字虚拟空间的准确映射。从智能感知、万物互联、安全感知、智能决策、统一管理等维度,严格遵循"管理与建设并重"思路,围绕数据安全核心技术、数据安全运营、数据安全管理,打造智慧城市数据安全建设体系。

6.2.2 智慧城市数据安全的发展建议

1. 加强安全大脑的能力建设

加强自主可控、主动防御的安全大脑建设,实现全网态势感知,实现"风险感知、定位、决策和处置"的快速闭环,以提高整体运营效率。打造全网协同防御体系,守护智慧城市"神经系统"。通过人工智能、大数据等技术,对复杂海量的多源输入数据实现智能感知、精准定位、高效决策、快速处置;从物理设施安全、IT 基础设施安全、政府及行业应用安全几方面进行全面管控,实现对各类安全风险的实时监测、预警以及应急指挥响应。

2. 打造云网数用端一体化的数据安全

融合新技术,构筑云网数用端一体化数据安全防护体系。"端"侧,重点打造物联网环境下的智能终端接入安全、准入安全,从数据采集层面保障智慧城市智能感知维度基础数据采集过程中的数据安全。"网"侧,重点将网络能力与业务相结合,实现全网态势感知,从数据传输层面实现网络传输过程中的数据安全。"云"侧,构筑云安一体的多云异构能力,从数据存储层面保证智慧城市各行业数据的稳定可靠。"数"侧,重点将算力、模型、数据管理等与行业应用相结合,从安全管理、安全技术、安全运营三个方面实现数据全生命周期安全,从数据处理加工层面实现数据资产体系化管理的数据安全目标。"用"侧,重点研究智慧城市创新型大数据应用场景,从数据发布及应用层面为行业应用提供数据安全保障。

3. 注重数据安全新技术与应用

注重通过新技术与应用场景相结合的方式赋能智慧城市数据安全建设。例如,通过区块链技术的不可篡改性和可追溯性,可在电子证照、市民消费券、城市物联网设施管理、食品药品溯源等多个行业领域逐步发挥作用,为政务服务的有效落地、民生安全进一步赋能;通过人工智能技术,对智慧城市全域威胁及异常数据访问行为进行快速有效的感知、预判、响应和防御;通过安全多方计算技术与行业场景的紧密结合,可契合各参与方保护自身数据隐私的需求,在安全的前提下实现数据价值的有效挖掘;通过量子通信技术,可在信息和密钥传输层面为智慧城市数据安全带来新的亮点。

4. 加强数据安全产品的信创能力建设

积极开展信创实验室建设,扩大学术研究与产业的深度合作,形成信创生态优势。加强打造智慧城市数据安全体系的信创产品,为客户提供数据安全产品的服务器、操作系统、数据库、中间件等各个核心模块的国产化替代方案,并提高各种组合信创环境调优能力,保障现有数据安全体系产品基于国产化平台的全栈安全可控。同时,注重信创产品的数据安全能力建设,围绕国产化 CPU 硬件设备、操作系统、数据库、中间件等各个模块,加强相应的数据安全产品及服务,全方位保证信创环境下的数据安全。

5. 加强数据安全标准制定

目前，"智慧城市数据安全"国家标准体系尚未建立，需加强推进相关标准规范的制定。从智慧城市的基础设施、网络传输、中枢平台、智慧应用、可视化展示等全方位出发，以实现数据采集、传输、存储、处理、交换、发布的全流程数据安全为目标，对智慧城市数据安全规划建设管理提出明确的规范和要求。做好信息保护、分级分类、技术要求、全生命周期安全规范、安全影响评估等基础标准，并深入推动新型智慧城市数据安全国际标准化工作，持续提升我国在城市大脑领域的国际化地位。

6.3 智慧城市数据安全合规体系建设

6.3.1 数据安全合规体系建设思路

数据安全合规体系是智慧城市网络安全合规体系的一部分，但是相对于网络安全又有其特殊之处，数据安全与业务和管理的结合更紧密。随着数据安全法的颁布，各智慧城市应该提前布局，开始构建数据安全合规体系，不仅要应对现有的数据安全法律法规，还要具有一定的前瞻性，通过合规驱动数据安全治理体系的建设，游刃有余地应对越来越严格的数据安全监管要求。

智慧城市需要通过建立一套有效的数据安全合规体系来防范数据安全风险，避免遭受法律制裁和监管处罚，财产减少和名誉损失。具体的建设思路可以概括为：统一共识、分析差距、识别风险、评估建议、合规治理、成果评价、持续改进。

1. 统一共识

智慧城市建设方、承建方自上而下地对合规工作的意义达成统一共识。

首先，将数据安全合规当成一种长期投资，虽然合规需要投入很多资金，但是长远来看能让智慧城市业务走得更稳、更远。数据安全合规不能完全避免数据安全风险的发生，但是可以减少违规发生的风险，一旦发生数据安全事件，如过度采集数据、数据泄露、违规访问等，智慧城市运营者通过数据安全合规体系可以减轻，豁免甚至民事责任抗辩等。

其次，数据安全合规体系有效落地，离不开人的推动和执行，需要建设方、承建方高层的重视，组建专门的数据安全管理合规团队。由于数据安全与业务关联度高，团队成员可包括高层领导、业务部门、信息化部门、风控部门和法务部门等，并制定清晰的数据安全合规岗位责任，将合规体系融入整个安全管理体系之中。

最后，数据安全合规不仅仅是法律法规及标准规范的简单应对，而是要有一定的高度，通过合规驱动数据安全建设，从数据的安全风险评估、监测预警、应急处置和安全审查等多个方面，将真正有效的安全措施落地执行，以主动应对安全事件的发生。

2. 分析差距

首先，分析立法现状。国际和国内出台了许多数据安全相关的法律法规，如国际上有名的《通用数据保护条例》（general data protection regulation，GDPR）、《加利福尼亚消费者隐私法》(California consumer privacy act，CCPA)、《儿童在线隐私保护法》(Children's online privacy protection act，COPPA) 等，国内出台的《中华人民共和国数据安全法》和《中华人民共和国个人信息保护法》，结合之前颁布的《中华人民共和国网络安全法》和等级保护制度等相关法律法规、标准等，将之前乱象丛生的数据安全行业纳入一个合规性的规则和标准框架之下。

其次，分析智慧城市运营现状。面对"数字化"的趋势，数据成为新的生产要素，需分析并明确智慧城市支撑业务边界，根据国家或行业相关分级分类标准，确认数据的类别和级别。在数据分类分级边界明晰的情况下，智慧城市将在数据安全合规体系下提供智慧业务支撑，进而保障数据全生命周期的安全。

最后，全面梳理出应该遵循的义务，以及目前已完成的现状，找出两者之间的差距，形成数据安全合规差距分析报告。

3. 识别风险

智慧城市数据安全合规体系要深入结合智慧城市业务，围绕业务识别出数据安全风险。风险识别具体可以从人员、架构、流程和数据 4 个维度对业务建模。

人员：与业务系统相关联的个人，常见使用者、维护者、管理者和监管者等，梳理出这些人员的业务职能和权限。

架构：承载业务系统运行的网络系统结构，如常见的网络架构、软件架构和功能架构等。

流程：业务系统人员之间的业务关系、作业顺序和管理信息流向的图表，常用业务流程图和功能流程图表示。

数据：系统运行本质上是数据的加工和流转，数据是系统运行的血脉。要了解业务系统中存储哪些类型数据、这些数据存储在什么地方、哪些人有权限访问数据、这些数据如何流转和处理等。

在了解智慧城市业务模型后，根据数据生命周期各阶段所面临的威胁，结合业务自身的脆弱性和实际应用场景进行分析，识别出数据安全风险。

4. 评估建议

评估数据安全合规风险是在识别合规风险的基础上，对合规风险进行分析与评价。数据安全合规风险分析，考虑不合规发生的原因、产生的后果及发生的可能性等因素，最终形成合规风险清单。对合规风险的分析，其内容描述应包括以下要点：按照数据安全生命周期简要描述可能存在的威胁源，智慧城市业务系统本身的脆弱性，可能在什么场景下以什么方式发生风险的概率、影响范围和主要影响。

风险评估是利用风险分析过程中获得的风险认知，对未来的行动进行决策。将合规风险分析结果与智慧城市可能承受的风险进行比较，确定风险的级别。合规团队通过已发生的安全事件、基于安全专家和业务专家的经验，采用头脑风暴等方式给出风险处置建议，常见的风险处置建议有风险消除、缓解、转移和接受等。

5. 合规治理

在数据风险识别和合规风险评估之后，需要考虑如何根据整改建议制定合理的治理方案。

数据安全治理需要从风险评估结果出发，通过对组织制度建设、数据资产梳理、安全策略制定、安全风险监测、用户行为进行审计和持续整改，不断寻找合规路径，落实合规政策，以满足业务数据保护和安全合规为目标，让数据使用更方便、更安全。

具体措施，如建设合规组织架构。确认最高责任机构，制定合规管理的目标、方针和政策，统领智慧城市合规管理工作；构建协调机构，在合规委员会之下设合规管理小组，负责内部资源协调；制定数据安全合规管理制度，合规管理制度一般包括合规行为准则、制度规范、合规专项管理办法、合规管理流程、合规管理表单；落实数据安全技术措施，通过采取一系列技术措施，如加密、访问控制、备份等，确保数据的安全性、完整性和可用性，同时保障业务的连续性，降低安全风险，提高合规性。

6. 成果评价

数据安全合规性评价是数据安全合规体系的一项重要要求，定期对数据安全相关法律法规的遵从情况进行评价。《中华人民共和国数据安全法》目前规定支持数据安全检测评估、认证等专业机构依法开展服务活动，但是相关评估标准和制度尚未完善，暂时可以参考等级保护、关键基础设施保护和其他行业相关监管制度等。

7. 持续改进

数据安全合规文化是数据安全风险防范的最后一道防线，数据安全合规文化包括合规价值认同、全员意识培养和高层领导认可和推动等内容。要打造数据安全合规文化，就要在智慧城市建设运行过程中推行数据安全管理制度和行为规范。

树立正确的数据安全合规价值观，认同并相信数据安全合规所带来的巨大价值。合规部门自上而下地进行宣传和讲解合规的价值、管理制度和行为规范，让每个成员都知道合规底线和基线，最终实现数据安全的深入落地。

6.3.2　数据安全合规体系建设要点

构建智慧城市数据资源全生命周期的安全保障体系，需要建立统一规范、互联互通、安全可控的智慧城市运行环境，推动数据利用共享，共同营造开放、安全的数字新生态。具体建设要点包括以下几方面。

1. 数据分类分级管理

根据业务属性及数据域模式进行划分，同时考虑数据特征、数据从属等共性关系，以及数据资产的关键属性、重要性及数据资产泄露对国民经济的影响程度，制定内部分级分类标准。构建数据安全管理平台的同时制作数据识别模型和规则，使数据资产安全管理平台获得分类分级的能力，发现、监测系统中存储和流转的敏感数据。

2. 全生命周期的数据安全管理

基于数据视角，对数据的全生命周期进行梳理，从数据生命周期的各个关键环节，包括数据采集、存储、使用、共享、传输、销毁等，进行监测和防护，动态监控数据流向，确保数据全生命周期安全可控。

3. 敏感数据的安全防护

利用数据检查系统对服务器、数据库、应用系统、网络流量等进行敏感数据资产分布情况、涉密数据存储情况检测分析。梳理并发现单位敏感数据，清晰了解敏感数据总体的安全流转状况并发现潜在的安全风险。同时，通过数据脱敏系统，将需要与第三方共享的数据进行去标识化处理，防止敏感内容的外泄。

4. 规范内部数据使用

从数据的流转和访问维度进行监控，对智慧城市中的异常行为进行监测和判断，规范用户的业务操作行为，避免因为不规范的操作造成数据的安全风险。

5. 强化安全合规意识

建立健全数据安全管理制度，定期对智慧城市相关管理人员开展数据安全培训，加强重要数据和个人信息的安全风险意识；让数据安全合规贯彻落实到日常工作中，减少安全事件发生，提升安全管理效率。

6. 满足监管合规检测要求

合规是安全防护中最重要的基础工作，加强对相关法律法规、政策的学习，对标《中华人民共和国网络安全法》《中华人民共和国数据安全法》等相关法律，识别数据安全合规风险，发现问题并及时修复，以满足监管部门要求的安全条件，确保智慧城市的数据安全合规。

第7章 "关基保护合规"全面落地
国家网络空间安全战略

《关键信息基础设施安全保护条例》明确指出："关键信息基础设施，是指公共通信和信息服务、能源、交通、水利、金融、公共服务、电子政务、国防科技工业等重要行业和领域的，以及其他一旦遭到破坏、丧失功能或者数据泄露，可能严重危害国家安全、国计民生、公共利益的重要网络设施、信息系统等。"

智慧城市在实际建设中，将会涉及公共通信和信息服务、能源、交通、水利、金融、公共服务、电子政务等各个领域，这些领域都被明确列为关键信息基础设施。这些领域的重要网络设施、信息系统等需要受到更加严格的保护，以确保它们的安全稳定运行，为城市的智慧化建设提供基础保障。

7.1 《信息安全技术关键信息基础设施安全保护要求》正式实施

2022年10月12日，国家市场监督管理总局（国家标准化管理委员会）批准发布国家标准《信息安全技术 关键信息基础设施安全保护要求》（GB/T 39204—2022）（以下简称《关保要求》）。

《关保要求》作为继《关键信息基础设施安全保护条例》发布后首个正式发布的针对性标准，为健全我国关键信息基础设施安全标准体系起到了承上启下的关键作用，也为关键信息基础设施保护工作部门开展监管、运营者开展安全保护、检测评估机构开展测评奠定了坚实的基础。

《关保要求》于2023年5月1日起正式实施，其承接了《中华人民共和国网络安全法》《中华人民共和国数据安全法》《关键信息基础设施安全保护条例》等国家法律法规，在网络安全等级保护的基础上，为全面开展"关保"提出了更加全面、更加细致的操作性要求。

1. 保护范围明确

在2021年9月1日正式发布实施的《关键信息基础设施安全保护条例》的基础上，此次正式实施的《关保要求》进一步明确，关键信息基础设施安全保护，是在国家网络安全等级保护制度基础上，借鉴我国相关部门在重要行业和领域开展网络安全保护工作的成熟经验，吸纳国内外在关键信息基础设施安全保护方面的举措，结合我国现

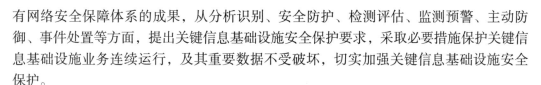

有网络安全保障体系的成果，从分析识别、安全防护、检测评估、监测预警、主动防御、事件处置等方面，提出关键信息基础设施安全保护要求，采取必要措施保护关键信息基础设施业务连续运行，及其重要数据不受破坏，切实加强关键信息基础设施安全保护。

《关保要求》的正式实施，适用于指导运营者对关键信息基础设施进行全生命周期的安全保护，也可供关键信息基础设施安全保护的其他相关方参考使用。

2. 保护原则清晰

《关保要求》明确提出，关键信息基础设施安全保护应在网络安全等级保护制度基础上，实行重点保护，应遵循三个基本原则。

一是以关键业务为核心的整体防控。关键信息基础设施安全保护以保护关键业务为目标，对业务所涉及的一个或多个网络和信息系统进行体系化安全设计，构建整体安全防控体系。

该原则体现了以业务安全为导向的体系化安全建设思路。通过整体防控，将分析识别、安全防护、检测评估、监测预警、主动防御、事件处置六大环节安全能力聚合，打造业务安全闭环，实现业务安全综合管理。

二是以风险管理为导向的动态防护。根据关键信息基础设施所面临的安全威胁态势，进行持续监测和安全控制措施的动态调整，形成动态的安全防护机制，及时有效地防范应对安全风险。

该原则体现了以持续监测为基础的主动安全建设思路。以安全保护智能化、流程化、自动化、一体化为目标，提升风险威胁建模、安全信息感知、安全分析预警及安全事件应急处置等能力，全力构建主动安全体系。

三是以信息共享为基础的协同联防。积极构建相关方广泛参与的信息共享、协同联动的共同防护机制，提升关键信息基础设施应对大规模网络攻击的能力。

该原则体现了以共享联动为核心的可持续安全建设思路。抓住信息和人才两大核心要素，构建信息共享、协同联动机制，逐步提高通报预警、信息共享、统一指挥、快速调度和处置等工作的效率，最终实现跨部门、跨行业、跨地域的整体防控和联防联控。

3. 保护要求细化

针对防护内容和要求层面，《关保要求》在等级保护制度的基础上，重点从分析识别、安全防护、检测评估、监测预警、主动防御、事件处置6个方面，对关键信息基础设施安全保护提出了更高的、更加具体的要求。

（1）分析识别：围绕关键信息基础设施承载的关键业务，开展业务赖性识别、关键资产识别、风险识别等活动。本活动是开展安全防护、检测评估、监测预警、主动防御、事件处置等活动的基础。

从具体要求来看，为提升分析识别能力，强化提升安全风险管控能力，需要从管理和技术措施两个方面开展工作，既要明确开展分析识别工作的管理和要求，又要提升分析识别的技术措施。

（2）安全防护：根据已识别的关键业务、资产、安全风险，在安全管理制度、安全管理机构、安全管理人员、安全通信网络、安全计算环境、安全建设管理、安全运维管理等方面，实施安全管理和技术保护措施，确保关键信息基础设施的运行安全。

从具体要求来看，该部分除了在等级保护制度要求基础上的进一步细化以外，重点突出了数据安全和供应链安全要求，进一步规范了数字化发展和可信可控背景下的安全能力保障。

（3）检测评估：为检验安全防护措施的有效性，发现网络安全风险隐患，应建立相应的检测评估制度，确定检测评估的流程及内容等，开展安全检测与风险隐患评估，分析潜在安全风险可能引发的安全事件。

从具体要求来看，检测评估的范围、内容、周期等要求需要进一步细化和明确。尤其在检测评估内容方面，将对等级保护和密评等强合规要求的满足情况，作为重要的评估依据。

（4）监测预警：建立并实施网络安全监测预警和信息通报制度，针对发生的网络安全事件或发现的网络安全威胁，提前或及时发出安全警示。建立威胁情报和信息共享机制，落实相关措施，提高主动发现攻击的能力。

安全监测预警是关键信息基础设施保护工作的重点，也是严峻的网络安全形势下，有效应对高级、持续威胁的重要手段。从具体要求来看，提升监测预警能力，全面、精准地发现攻击行为，并精准预警响应，是监测预警的核心所在。

（5）主动防御：以应对攻击行为的监测发现为基础，主动采取收敛暴露面、捕获、溯源、干扰和阻断等措施，开展攻防演习和威胁情报工作，提升对网络威胁与攻击行为的识别、分析和主动防御能力。

从具体要求来看，通过攻防对抗和实战演练，迭代提升攻防博弈能力，验证现有安全控制措施，构建威胁情报共享机制，促进安全防护水平迭代提升，是提升主动防御综合能力的重点。

（6）事件处置：运营者对网络安全事件进行报告和处置，并采取适当的应对措施，恢复由于网络安全事件而受损的功能或服务。

从具体要求来看，需要从管理和技术两个层面，着力提升事件处置能力，提高联防联控的智能化、自动化、流程化水平。

7.2　关键信息基础设施安全保护要点

智慧城市作为城市关键信息基础设施，在基础安全合规体系建设的基础上，应进一步以《关保要求》为指导，多维度提升城市网络空间安全保障水平，着力构建整体防控、动态防护、协同联防的主动安全保障体系。

整体建设的核心要点包括以下几个方面。

1.落实网络安全等级保护制度2.0要求

智慧城市管理部门应按照《中华人民共和国网络安全法》《关键信息基础设施安全保护条例》的要求，认真落实国家网络安全等级保护制度，依据《网络安全等级保护基本要求》《网络安全等级保护安全设计技术要求》《网络安全等级保护测评要求》等国家标准，开展网络安全技术设计、网络安全建设整改和等级测评，健全完善网络安全管理制度，构建智慧城市综合防御体系，不断提升城市网络空间安全保护能力。

2. 落实智慧城市安全保护责任

智慧城市管理部门要明确一名领导班子成员分管智慧城市安全保护工作，并确定承担具体工作的责任单位。严格落实《党委（党组）网络安全工作责任制实施办法》，主要负责人对智慧城市安全保护负总责，并明确一名领导班子成员作为首席网络安全官分管安全保护工作，设置专门的网络安全管理机构。同时，要建立健全网络安全管理和评价考核制度，加强网络安全统筹规划和贯彻实施。

3. 强化智慧城市供应链安全

智慧城市管理部门要高度重视涉及的信息技术产品和服务等供应链安全。应优先采购安全可信的网络产品和服务，并对智慧城市设计、建设、运行、维护等服务环节加强安全管理。采购网络产品和服务，应按照有关规定与网络产品和服务提供者签订安全保密协议，并对其责任、义务的履行情况进行监督。

4. 加强智慧城市重要数据安全保护

智慧城市运营者要全面梳理掌握重要数据底数和安全保护状况，对重要系统和数据库进行容灾备份，并采取国产密码保护、可信计算等关键技术防护措施，切实保护数据在采集、存储、传输、应用、销毁等环节的安全，确保其全生命周期的安全。

5. 积极配合公安机关开展网络攻防演习和网络安全执法检查

按照中央要求和法律赋予的职责任务，公安机关每年组织开展网络攻防实战演习、网络安全执法检查、技术检测和渗透测试，组织开展网络安全专项整治行动。智慧城市运营者应积极配合公安机关开展有关工作，不断提升攻防对抗能力，以及与公安机关的协同配合能力，提高国家整体应对网络威胁的能力。

6. 建立健全智慧城市网络安全事件报告和应急处置机制

智慧城市运营者应不断健全完善网络安全应急预案，定期组织应急演练。应该与公安机关建立网络安全事件报告制度和应急处置机制，一旦发生网络安全事件或者发现重大网络安全威胁，智慧城市运营者应第一时间向受理备案的公安机关报告，保护现场和证据，开展应急处置，协助配合公安机关开展调查处置和侦查打击。

7. 加强实时监测和信息通报预警机制建设，落实常态化措施

智慧城市管理部门应在国家网络与信息安全信息通报中心的指导下，建立健全智慧城市网络安全信息通报预警制度。智慧城市运营者应建设网络安全应急指挥中心，落实 7×24 小时值班值守机制，利用网络安全态势感知平台，大力开展网络安全实时监测、威胁情报、通报预警、应急处置、指挥调度等工作，大力提升网络安全突发事件的应对能力。

8. 建立智慧城市网络安全态势感知平台

智慧城市管理部门、运营者应按照公安部要求，建设智慧城市网络安全态势感知平台，并与公安部平台对接，形成纵横联通、协同作战的立体化国家关键信息基础设施安全保护大系统，构建国家关键信息基础设施安全综合防御体系。

9. 大力加强高端人才培养，选好用好特殊人才

智慧城市管理部门、运营者应建立特殊人才发现、选拔、使用机制，与公安机关密切配合，通过培训和训练，提升网络安全人才的实战化能力。

10. 保障经费和人员投入

智慧城市运营者应配备足够的专业人员，设置网络安全专项经费，保障智慧城市开展等级测评、风险评估、攻防演练、安全建设整改、安全保护平台建设、教育培训等的经费投入，加强信息化手段建设，提高技术管网能力。

总体来看，以上要点都是为了在《关保要求》的指导下，更好地实现智慧城市综合安全能力的提升。同时，需要不断地调整和完善，以适应不断变化的安全威胁和业务需求。

7.3 关键信息基础设施安全保护措施

7.3.1 重点加强组织领导体系建设

1. 建立关键信息基础设施安全保护工作的组织领导体系，落实网络安全责任制

保护工作部门要建立健全网络安全工作的组织领导体系，强化"一盘棋"思想，认真落实网络安全责任制和责任追究制度；要明确一名领导班子成员分管关键信息基础设施安全保护工作，并确定具体负责的责任部门。

运营者要严格落实《党委（党组）网络安全工作责任制实施办法》，并明确一名领导班子成员作为首席网络安全官，分管关键信息基础设施安全保护工作；设置专门安全管理机构，确定关键岗位。同时，要建立健全网络安全管理和评价考核制度，加强网络安全统筹规划和贯彻实施。

2. 动态掌握关键信息基础设施的基本情况及安全保护状况，做到底数清、情况明

保护工作部门和运营者应按照关键信息基础设施识别认定指南，分析、识别和认定国家关键信息基础设施并报公安部；在此基础上，组织开展摸底调查，梳理排查关键信息基础设施建设、运行、管理情况及安全保护状况，全面掌握网络基础设施、重要业务系统和重要数据等资源底数和网络资产，建立档案并动态更新。

保护工作部门要定期组织对本行业已确认的关键信息基础设施进行审查评估。当关键信息基础设施发生较大变化时，运营者要及时报告保护工作部门。

3. 建立关键信息基础设施核心岗位人员管理制度，加强专门机构和人员管理

运营者要加强关键信息基础设施专门安全管理机构在人力、财力、物力方面的投入和保障，建立专门工作机制，明确专门安全管理机构在关键信息基础设施安全保护计划、能力建设、应急演练、事件处置、教育培训、安全管理、评价考核等方面的职责，确保专门安全管理机构有效运转。

加强关键信息基础设施核心岗位人员管理，建立健全各项管理制度，强化专门安全机构的负责人及关键核心岗位人员管理，组织对其进行安全背景审查，审查时应征求公

安机关、国家安全机关的意见, 审查情况应报送保护工作部门。

加强对关键信息基础设施设计、建设、运行、维护等服务实施安全管理, 采购安全可信的网络产品和服务, 确保供应链安全。采购的产品和服务可能影响国家安全的, 应按照国家有关规定通过安全审查。

7.3.2 多维度提升安全保护能力

1. 制定关键信息基础设施安全保护规划及安全建设方案, 组织开展安全建设试点示范

保护工作部门应结合关键信息基础设施安全需求, 按照"实战化、体系化、常态化"的保护要求, 组织制定并实施本行业关键信息基础设施安全保护总体规划和安全防护策略, 加强网络安全和业务发展的统筹协调, 创造有利于业务发展的网络安全环境, 确保安全保护措施与关键信息基础设施"同步规划、同步实施、同步运行"。

运营者应按照关键信息基础设施安全保护规划, 组织制定安全建设方案, 确保安全规划任务目标有效落实。安全保护规划和安全建设方案应通过国家关键信息基础设施安全保护专家组的评估审议。

2. 全面深入开展关键信息基础设施安全建设, 大力提升安全防护能力

运营者应按照《中华人民共和国网络安全法》和国家网络安全等级保护制度的要求, 依据《网络安全等级保护基本要求》《网络安全等级保护安全设计技术要求》等国家标准, 开展相应等级的网络安全建设。健全完善网络安全管理制度, 加强技术防护, 建设关键信息基础设施综合防御体系。

在落实网络安全等级保护制度的基础上, 按照《关保要求》和行业特殊要求, 强化整体防护、监测预警、应急处置、数据保护等重点保护措施, 合理分区分域, 收敛互联网暴露面, 加强网络攻击威胁管控, 强化纵深防御, 积极利用新技术开展安全保护, 构建以密码技术、可信计算、人工智能、大数据分析等为核心的网络安全保护体系, 不断提升内生安全、主动免疫和主动防御的能力。

3. 认真组织开展演习演练、安全检测和风险评估, 及时发现深层次问题隐患和威胁

关键信息基础设施安全建设完成后, 保护工作部门、运营者应增强忧患意识, 防范风险隐患, 定期组织开展自查自纠。按照国家有关工作部署要求, 针对关键信息基础设施开展网络攻防实战演习和应急演练; 组织技术检测力量定期对关键信息基础设施进行全面、深度渗透测试; 开展专项风险评估, 聚焦重点、抓纲带目、综合施策、攻防相长, 及时发现关键信息基础设施安全保护工作的薄弱环节; 从管理和技术层面挖掘关键信息基础设施深层次的安全风险隐患, 防微杜渐, 不断提升关键信息基础设施安全风险隐患的主动发现能力和攻防对抗能力。

4. 针对问题和风险隐患认真组织开展安全整改加固, 及时消除和化解重大安全风险

针对主动发现和公安机关通报反馈的各类安全问题隐患及风险威胁, 运营者应建立清单台账, 逐一制定安全整改方案, 及时开展整改加固。针对突出的安全隐患, 运营者要立行立改, 不能立即整改到位的, 要采取有效的措施管控安全风险; 完善安全保护措

施，确保发现的问题隐患及时整改清零销账；及时消除和化解威胁关键信息基础设施安全的重大风险，着力防范各类风险隐患联动交会、累积叠加，守住安全底线，不断提升关键信息基础设施安全保护能力。

5. 加强数据安全和新技术新应用风险管控

运营者应对核心业务系统所承载和处理的数据进行深入梳理和排查，确认数据类型和资产情况，全面摸排数据资产并进行分级分类管理；对数据采集、存储、处理、应用、提供、销毁等环节，全面进行风险排查和隐患分析；加强新技术、新应用的安全保护和风险管控，配合公安机关打击整治针对新技术、新业态的网络违法犯罪，打造自主可控的安全防护体系。

数据处理者应落实网络安全等级保护制度，开展数据定级备案、安全建设整改、检测评估等工作，及时消除风险隐患，确保数据全生命周期的安全。针对供应链安全、邮件系统安全、网站安全、数据安全、新技术新应用网络安全等方面存在的突出问题，保护工作部门应适时组织开展专项整治行动，整改突出问题，及时排除重大安全风险隐患。

7.3.3 提高通报预警和应急处置能力

1. 建设网络安全监控指挥中心，落实常态化实时监测发现机制

保护工作部门和运营者要调动各方资源力量，建设网络安全监控指挥中心，全面加强网络安全监测，对本行业、本领域的关键信息基础设施、重要网络等开展 7×24 小时实时监测，形成立体化的安全监测预警体系。严密监测网络运行状态和网络安全威胁等情况，一旦发现异常、网络攻击和安全威胁，立即采取有效措施，严密防范网络安全重大事件发生。

2. 建设并应用关键信息基础设施安全保护平台，大力开展网络安全监测预警和应急处置

要加强网络新技术的研究和应用，研究绘制网络空间地理信息图谱，实现挂图作战。保护工作部门、运营者要按照公安部的要求，建设本行业、本单位的网络安全保护平台，通过布设探针、数据推送等多种方式，汇聚各类网络安全数据资源，建设平台智慧大脑，依托平台和大数据开展实时监测、通报预警、应急处置、安全防护、指挥调度等工作。

同时，各保护工作部门和运营者的安全保护平台应与公安机关相关工作平台对接联动。配合公安机关布设探针，利用人工智能和大数据分析技术，依托平台和大数据构建联合预警、协同防御体系，形成纵横联通、协同作战的立体化关键信息基础设施安全保护大平台。

3. 健全完善网络与信息安全信息通报机制，大力开展信息通报预警

保护工作部门要进一步建立健全本行业、本领域的关键信息基础设施安全通报预警机制。加强通报预警力量建设，及时收集、汇总、分析各方网络安全信息；加强威胁情报工作，掌握关键信息基础设施运行状况和安全态势。保护工作部门应及时将有关安全

漏洞、威胁及事件等信息汇总并报送国家网络与信息安全信息通报中心，及时通报预警网络安全威胁隐患。

运营者要深入开展网络安全监测预警和信息通报工作，及时接收、处置来自国家、行业和地方的网络安全预警通报信息；发生重大和特别重大网络安全事件，或者发现重大网络安全威胁时，应按规定及时向保护工作部门和备案公安机关报告，快速处置突发事件并及时通报预警。

4. 制定网络安全事件应急预案并定期开展应急演练，提高应急处置能力

保护工作部门和运营者要立足于主动预防，提升网络安全预知、预警和预置能力，加强网络安全事件应急指挥能力、应急力量建设和应急资源储备。保护工作部门要统筹规划网络安全应急处置体系建设，针对关键信息基础设施可能遭受的网络攻击、数据泄露等突出情况，按照国家网络安全事件应急预案要求，建立健全本行业、本领域的网络安全事件应急预案，完善应急处置机制，定期组织应急演练；指导运营者做好网络安全事件应对处置，并给予技术支持和协助。运营者应按照应急预案积极开展应急演练，熟练掌握处置规程，不断提升应对、处置突发网络安全事件的能力和水平。

5. 及时处置网络安全突发事件，配合公安机关开展事件调查和溯源固证

保护工作部门、运营者应与公安机关建立网络安全事件报告制度和应急处置机制。关键信息基础设施一旦发生重大网络安全事件，运营者应第一时间向保护工作部门和公安机关报告，并立即组织分析研判，启动指挥调度机制，开展应急处置工作；同时，按照有关操作规程保护现场、留存相关记录线索，并配合公安机关开展事件调查处置和侦查打击等工作。保护工作部门应加强对应急处置工作的指导，优化事件处置方案，并根据运营者的需要提供技术支持和协助，必要时协调国家网信部门、公安机关、工业和信息化部门等提供技术支持。保护工作部门和运营者应保护事件现场，配合公安机关开展事件侦查调查和立案打击工作。

7.3.4 提高应对大规模网络攻击的能力

1. 加强网络安全威胁情报工作，提高主动发现威胁风险的能力

保护工作部门、运营者应加强网络安全威胁情报体系建设，组织开展关键信息基础设施威胁情报搜集工作。保护工作部门应指导运营者建立情报分析研判机制，调动技术支持单位的资源力量，培养威胁情报专业人才。围绕本行业、本领域关键信息基础设施安全保护工作，主动获取和分析挖掘威胁情报、行动性线索，及时发现对关键信息基础设施和重要网络进行攻击窃密和破坏的动向，提升威胁情报搜集和分析研判能力。

保护工作部门、运营者与公安机关要建立威胁情报共享机制，充分发挥各方优势，拓宽情报来源，及时整合分析各方情报线索，提高主动发现和处置威胁风险的能力。

（1）建立威胁情报共享机制，加强主动防御。

（2）加强情报搜集，构建一体化的网络安全威胁情报共享机制，及时发现苗头动向、及时预警防范、及时追踪溯源、及时开展反制。

（3）依托大数据分析技术，实现安全数据、环境数据、情报数据的关联分析，精准

发现设备、系统、数据间的内在线索，挖掘大数据背后隐藏的众多网络安全事件，定位攻击源，溯源事件过程和攻击路径。

（4）将网络安全与业务工作深度融合，化繁为简，由内向外，联动通报处置事件。

2. 加强网络安全实战演习演练，检验并有力促进网络安全综合防御能力和对抗能力

保护工作部门和运营者要针对本行业、本领域的关键信息基础设施，开展网络攻防演练及比武竞赛，及时发现并整改网络安全深层次的问题隐患，检验网络安全防护的有效性和应急处置能力；以攻促防，增强保护弹性和网络攻防技术的对抗及谋略斗争能力；平战结合，立足应对大规模网络攻击威胁，强化合成作战。

演练时，要以本行业运营者作为防守方，将关键信息基础设施设为攻击目标，组建安全可靠、技术过硬的攻击队伍、应急处置队伍、技术支持队伍，模拟多种形式的攻击手法进行攻防演练。同时，保护工作部门和运营者要密切配合公安机关组织开展的攻防演习，不断提炼、总结实战经验，促进实现网络攻防演习常态化，以不断提升关键信息基础设施的综合防御能力和对抗能力。

开展攻防对抗演练，有力提升攻防对抗能力：

一是创新完善网络攻防演习的内容和方式，构建形成多层次、体系化、常态化的演习机制，适时开展对抗演习，并在行业内部组织红蓝队伍，定期开展网络攻防对抗，以提高技术对抗、智慧较量、谋略对抗能力；

二是专注攻击技术研究，持续进步，在加强防护的基础上，深入收集并研究攻击者常用的工具和方法，做到对内发现漏洞、补齐短板，对外展示能力、形成震慑；

三是坚持练战结合，积极探索将攻防演习的手段和方法应用于关键信息基础设施的日常监测、通报预警，优化并完善网络安全防护方法，坚持底线思维，提升安全防护能力，防范化解重大网络安全风险。

3. 充分调动社会力量，共同建立关键信息基础设施综合防御体系

保护工作部门、运营者要统筹资源和力量，充分发挥行业技术支持力量、网络安全科研机构、网络安全企业等的积极性、主动性和创新性，重点参与网络安全核心技术攻关、网络安全试点示范、总体规划、安全建设方案制定等工作。

4. 收敛互联网暴露面，加强攻击点管控

一是缩减、集中互联网出入口。各重要行业部门分支机构在设计互联网出入口时，应向上或就近归集管理，减少互联网出入口的数量，在互联网出入口部署安全防护设备；对采用 VPN 方式归集的，应落实流量控制、身份鉴别等安全措施。

二是压缩网站数量，加强域名管理。梳理互联网网站，排查历史域名，及时清除废弃域名，确保在线应用系统全部可管、可控。

三是加强终端控制。部署终端统一管控措施，及时修补漏洞；强化用户管理，集中管控用户操作行为日志，加强特权用户设备及账号的自动发现、申领和保管。

四是清理老旧资产。建立动态资产台账，掌握资产分布与归属情况；关停老旧和废弃系统，下线过期资产，清理无用账户。

五是加强 App 管理。根据移动业务需求，厘清现有移动端 App 状况，按照最小化原则，归集建设与压缩；加强 App 和应用后端的安全检测与防护，严格控制信息外泄。

5. 梳理网络资产，开展重点防护和加固

一是对核心系统进行精准防护。对于云平台、堡垒机、域控服务器等核心系统，在其主机层部署防护手段，实现主机内核加固、文件保护、登录防护、服务器漏洞修复、系统资源监控等安全防护功能。

二是对网络实施精细化管控。将混杂的流量分成管理、业务、应用等维度进行管理；通过设备指纹、人机识别保障业务正常开展，精准拦截各种攻击。

三是强化邮件服务器安全管控。加强邮件系统安全认证；梳理与邮件系统相关联的系统，严格控制访问策略，禁止敏感文件通过邮箱发送和存储，定期清理邮件信息。

四是及时发现漏洞并修复。实时跟进漏洞预警，加强各类漏洞的检测发现、巡查修补；建立白名单访问机制，拦截超出白名单的访问行为，防范零日漏洞。

6. 网络架构合理分区分域，加强纵深防御

一是网络分区。根据业务和安全需要、现有网络或物理地域状况等，将网络划分为不同的安全区域。

二是域间隔离。根据系统功能和访问控制关系，对网络进行分区分域管理；每个区域设置独立的隔离控制手段和访问控制策略。

三是纵向防护。在安全防护纵深上采用认证、加密、访问控制等技术措施，实现数据的远距离安全传输及纵向边界的安全防护，防止网络被层层突破、直捣核心。

7.3.5 健全安全保障体系和创新机制

1. 加强网络安全专门机构建设和人才培养，大力提升网络安全队伍的实战能力

运营者要根据关键信息基础设施安全保护需求，在人才选拔、任用、培训方面形成有效的机制，坚持培养和引进并举；加强专门机构建设和人才培养，根据实际需求，突出实战实训，建立健全教学练战一体化的网络安全教育训练体系。

保护工作部门、运营者要组织行业专业力量，积极参加国家层面的网络安全比武竞赛，并组织开展行业内部的网络安全比武竞赛，以赛代练、以赛促防，不断发现、选拔、培养行业网络安全专业人才，壮大人才队伍，大力提升网络安全队伍的实战能力。

加强专业人才培养，打造实战化队伍：

一是设置网络安全管理专门机构，配备专职人员，加强人才培养和教育训练，加强科技攻关和信息化手段建设；

二是通过组织实战演习、举办网络安全大赛，建立特殊攻防人才的发现、选拔、使用机制；

三是各重点单位与公安机关密切配合，通过培训和实战训练，大力提升关键安全岗位人员的实战化能力；

四是要深入开展网络安全知识技能的宣传普及，提高普通人员的网络安全意识和防护技能。

2. 加强管理和技术创新，充分利用新技术、新手段提升网络安全综合保护能力

保护工作部门、运营者要加强信息技术创新融合发展，依托大数据、人工智能、区

块链、可信计算等新技术新应用，大力开展关键信息基础设施安全保护工作，在安全产品、工具研发、渗透测试、追踪溯源、情报搜集等方面实现技术突破。通过机器学习、网络空间地理测绘等新技术新应用，综合汇聚分析各方网络安全数据资源，形成关键信息基础设施的基础数据资源池。

同时，依托信息化手段建设应用管理平台，强化数据信息分析处理能力，加强关键信息基础设施的全流程管控，堵塞管理盲点漏洞，提升网络安全综合保护能力和效能。

3. 加强网络安全经费保障和信息化手段建设，大力提升网络安全技术保护能力

保护工作部门、运营者要加强关键信息基础设施安全保护工作的经费保障，通过现有经费渠道，保障关键信息基础设施开展等级测评、风险评估、密码应用安全性检测、演练竞赛、安全建设整改、安全保护平台建设、运行维护、监督检查、教育培训等的经费投入。

运营者应保障网络安全经费足额投入，在做出网络安全和信息化有关决策时应有网络安全管理机构人员参与。保护工作部门、运营者要加强信息化手段建设，开展网络安全技术产业和项目，支持网络安全技术研究开发和创新应用，推动网络安全产业健康发展。

4. 加快实施安全可信工程，有效防范和化解供应链带来的网络安全风险

保护工作部门、运营者要加快推进关键信息基础设施领域安全可信工程的实施，梳理排查关键信息基础设施供应链的安全风险。加强风险管控，从芯片、操作系统、数据库等基础软硬件，以及防火墙、入侵检测设备等网络安全专用产品方面逐步进行安全可信升级替代，制定替代方案，从源头上解决关键信息基础设施的安全隐患，有效防范和化解供应链带来的网络安全风险。

第8章 其他安全合规要求

在充分考虑以上国家层面强合规要求的基础上，智慧城市安全体系建设还应该基于实际需要，参考多维度安全合规要求和标准，不断完善安全合规体系，以最终实现城市网络安全综合保障体系更好地落地。

8.1 云计算服务安全评估

在智慧城市具体实践中，相关应用服务系统一般通过云计算模式进行建设落地。同时，通常情况下指挥城市作为重要的政务服务系统，"云计算服务安全评估"也成为重要的合规建设要求。

早在2014年中央网信办即发布《关于加强党政部门云计算服务网络安全管理的意见》，推出了云计算服务网络安全审查机制。2019年7月，为了进一步提高党政机关、关键信息基础设施运营者采购、使用云计算服务的安全可控水平，国家互联网信息办公室、国家发展和改革委员会、工业和信息化部及财政部四部门联合发布《云计算服务安全评估办法》，云计算服务网络安全审查升级为云计算服务安全评估。

《云计算服务安全评估办法》主要参照国家标准《信息安全技术 云计算服务安全指南》（GB/T 31167—2014）和《信息安全技术 云计算服务安全能力要求》（GB/T 31168—2014），对向党政机关、关键信息基础设施提供云计算服务的云平台进行安全评估。启动评估之前，首先申请安全评估的云服务商需对照新修订的GB/T 31168标准形成系统安全计划，并提交业务连续性报告、供应链安全报告、数据可迁移性报告等材料；启动评估后，专业技术机构依据GB/T 31168标准形成第三方评价，继而由云计算服务安全评估专家组综合评价；然后提交云计算服务安全评估工作协调机制审议、国家互联网信息办公室核准，最后发布评估结果并开展持续监督。

1. GB/T 31168标准全面升级

随着云计算服务评估工作推进、云计算技术发展，以及采购云计算服务形式的多样化，原始标准存在评估周期长、责任划分难度增加、安全要求重点不突出等问题。为有效支撑云服务安全评估工作，指导云服务商建设安全的云计算平台，迫切需要结合新趋势、新问题对两项标准进行修订，并做好与网络安全等级保护、关键信息基础设施保护相关标准的衔接。2019年9月开始，全国信息安全标准化技术委员会（TC260）通过两项云计算标准修订立项并推进形成标准修订工作，并于 2023 年 5 月 23 日发布 GB/T 31168—2023。

GB/T 31168—2023 标准的主要技术变化包括以下几个方面。

一是调整标准适用范围。标准适用于云服务商提供云计算服务时，所应具备的安全能力要求，不再仅限于为党政部门和关键信息基础设施运营者提供的云计算服务。

二是增加高级安全要求。每类安全要求分别对应一般要求、增强要求和高级要求。新增的高级要求可满足关键信息基础设施业务和数据迁移上云的安全需求，即承载敏感类信息的关键业务，应选择能达到高级安全能力的云服务。

三是考虑不同云能力类型和部署模式的需求，对标准进行裁剪并描述标准具体的实现情况。将云服务模式改为云能力类型，主要包括应用能力类型、平台能力类型和基础设施能力类型。

四是明确重点评估内容。依据《云计算服务安全评估办法》第三条，应重点评估云服务商的征信与经营状况、安全管理能力和业务连续性、人员背景与稳定性、云平台供应链安全及防护情况等。

五是调整安全能力要求。增加了"数据保护"安全能力类，确保系统迁移数据过程中的业务连续性和数据完整性；增加云管理平台、Web 访问、应用程序编程接口（application programming interface，API）访问等方面的安全要求；细化模糊性条款，减少赋值和选择操作，解决标准实施过程中发现的问题等。

2. 高级安全要求的技术依据

具体而言，高级要求主要适用于存在以下场景的云计算平台，包括云平台体量大、租户多的情形；云平台运维外包服务商较少并且对运维人员的要求较高的情形；供应链风险高的情形，如供应商来源单一、存在关键资产且安全漏洞要求高；存在多资源池、异构资源池的情形；业务连续性要求高的情形；以及承载重要数据、核心数据的情形等。

高级要求提出的原因主要包括：①借鉴美国云安全基线高级要求；②总结云计算安全评估工作经验，将原增强要求中要求偏高的内容调整到高级保护要求；③参考关键信息基础设施安全保护相关标准，补充适用于云计算平台的要求，如关键信息基础设施保护有关供应链保护、日志留存期限等；④参考其他云计算安全标准中较高的技术要求，如金融行业云对灾备的要求等。

总体来说，云计算服务安全评估是网络安全工作中的重要抓手，是提升云计算服务安全防护能力的关键一环。通过持续的安全评估可及时发现和排除安全隐患，提升云计算服务的可控性和安全性。云计算服务安全评估是依据国家云计算服务安全评估办法和相关标准规范，对云计算服务从系统开发与供应链安全、系统与通信保护、访问控制、配置管理、维护、应急响应与灾备、审计、风险评估与持续监控、安全组织与人员、物理与环境安全等方面进行综合评估。在智慧城市建设过程中，也需要重点关注。

8.2　区域及行业类安全要求

由于各地的智慧城市建设模式、场景存在差异，因此其他可参考的合规要求需要根据实际情况进行评估。大体可以分为以下几个层面。

1.行业类安全合规要求

智慧城市建设一般是由政府牵头，并承载政务相关领域的业务应用。因此，通常需要重点遵循政府行业网络安全相关要求，如电子政务安全系列标准。另外，针对相关细分行业（如交通、教育等）的政策要求，也需要多维度考量。

2.区域类安全合规要求

随着数字中国建设的不断推进，各地政府结合本地区实际业务需求，也制定了部分网络安全相关政策要求，如《浙江省公共数据条例》《河南省政务数据安全管理暂行办法》《重庆市电子政务云平台管理暂行办法》等。在智慧城市建设过程中，需要结合各地区的具体情况，进行安全合规建设考量。

3.智慧城市安全建设相关标准

在智慧城市网络安全方面，我国也出台了相关标准以实现有针对性的建设指导，如《信息安全技术　智慧城市建设信息安全保障指南》（GB/Z 38649—2020）、《信息安全技术　智慧城市安全体系框架》（GB/T 37971—2019）、《新型智慧城市评价指标》（GB/T 33356—2016）等，也是智慧城市实际落地时重要的参考依据。

总之，安全合规不是目的，而是多方面网络安全建设成熟经验的参考和借鉴。同时，我们要时刻保持融合、创新的精神，将安全与智慧城市业务深度融合，以业务驱动安全为核心动力，全面构建智慧城市网络安全保障体系。

8.3　新型智慧城市评价指标

《新型智慧城市评价指标》（GB/T 33356—2022）（以下简称《评价指标》）经国家市场监督管理总局（国家标准委）正式批准发布，于 2023 年 5 月 1 日起正式实施，并替代《新型智慧城市评价指标》（GB/T 33356—2016）。其体系框架如图 8-1 所示。

《评价指标》是在国家新型智慧城市建设部际协调工作组（简称"工作组"）统一部署下，由国家信息中心（新型智慧城市建设部际协调工作组办公室秘书处）负责具体组织，并联合国家智慧城市标准化总体组、全国信息技术标准化技术委员会编制完成的。

《评价指标》按照"以人为本、成效引导、客观规范、成熟可测、注重时效"的原则，规定了面向地级及以上城市的新型智慧城市评价指标体系、指标说明和指标权重，共包含 9 项一级指标，29 项二级指标，62 项二级指标分项。同时，《评价指标》首次针对县及县级市的新型智慧城市建设给出了可参考使用的评价指标。《评价指标》适用于新型智慧城市评价工作，并可用于指导新型智慧城市的规划、设计、实施、运营与持续

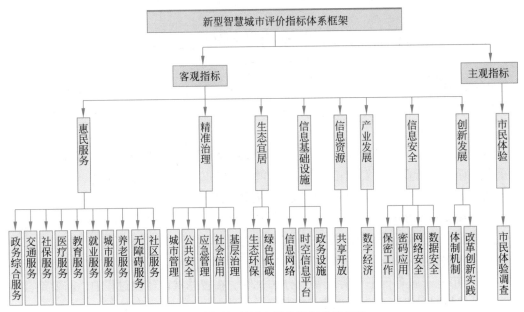

图 8-1　新型智慧城市评价指标体系框架

改进等活动。

《评价指标》的发布与实施，将更好地支撑开展新型智慧城市评价工作。开展新型智慧城市评价可以科学地衡量各地新型智慧城市建设的成效，总结典型的实践经验，实现"以评促建，以评促改，以评促管"，助力新时期新型智慧城市高质量发展。

该标准以评价指标的形式明确了新型智慧城市重点建设内容及发展方向，指导各级政府清晰了解当地建设现状及存在的问题，有针对性地提升智慧城市建设的实效和水平。以评价工作为抓手，可以促进智慧城市建设经验的共享和推广，及时发现不同地区、不同层级、不同规模智慧城市建设的优秀案例、实践经验和共性问题，总结提炼出一批可复制、可推广的最佳实践，使智慧城市的最佳实践得以固化，为其他城市的智慧城市建设提供指导。

以面向地级及以上城市的新型智慧城市评价指标为例，总体体系框架中共包含 9 项一级指标，29 项二级指标，62 项二级指标分项。其中，信息安全作为一级指标中的重要一环，涉及保密工作、密码应用、网络安全和数据安全共 4 个方面的评价要求。具体要求见表 8-1～表 8-4。

表 8-1　保密工作评价指标

指标编号	指标名称	计算方法	数据要求
L7P1-A1	失泄密事件（案件）情况（最高减 2 分）	（1）未按照"谁主管，谁负责"原则，在相关数据发布或输入非涉密网络前，未依据有关规定进行保密审查的，最高减 0.5 分 （2）在智慧城市建设过程中，发生失泄密事件的，发生每起事件（案件）减 0.3 分，最高减 1.5 分	数据取某一时间点的统计数据，如评价开始前的月末数据

表 8-2　密码应用评价指标

指标编号	指标名称	计算方法	数据要求
L7P2-A1	密码应用情况（最高减 2 分）	关键信息基础设施、信息安全等级保护三级及以上信息系统和政务信息系统未落实密码应用"三同步一评估"要求的，每个系统减 0.2 分，最高减 2 分	数据取某一时间点的统计数据，如评价开始前的月末数据

表 8-3　网络安全评价指标

指标编号	指标名称	计算方法	数据要求
L7P3-A1	网络安全等级保护定级备案情况（最高减 1 分）	基础信息网络及重要信息系统备案率，要求全部完成梳理和备案，覆盖政府党政机关和社会企事业单位的关键信息系统、云平台基础网络、物联网、互联网、工控系统等。对于备案率小于 60% 的，减 1 分；备案率小于 80% 且大于或等于 60% 的，减 0.5 分；备案率大于或等于 80% 的，不减分	数据取某一时间点的统计数据。如评价开始前的月末数据
L7P3-A2	网络安全等级保护测评整改情况（最高减 1 分）	按要求完成风险评估和等级测评整改，对于未完成的减 1 分	数据取某一时间点的统计数据。如评价开始前的月末数据

表 8-4　数据安全评价指标

指标编号	指标名称	计算方法	数据要求
L7P4-A1	数据分类分级情况（最高减 1 分）	完成关键数据资产的分类分级，并形成重要数据清单名录，数据开放访问的条件权限定义清晰，完成率低于 70% 的，减 1 分；完成率小于 90% 但大于 70% 的，减 0.5 分；完成率大于 90% 不减分	数据取某一时间点的统计数据，如评价开始前的月末数据
L7P4-A2	数据安全防护情况（最高减 1 分）	建立关键数据资产的安全防护能力，覆盖数据全生命周期不减分；未全面覆盖，减 1 分	数据取某一时间点的统计数据，如评价开始前的月末数据

　　该评价指标体系，将成为评估智慧城市建设水平的重要标尺，客观准确地评价城市建设和发展水平。在智慧城市网络安全建设实践中，可以以各项指标要求为依据，及时发现问题并采取相应措施，从而提高智慧城市的整体安全管理水平。

第 3 部分
业务安全保障是关键

保障业务安全是智慧城市网络安全建设中的关键。在基础安全能力得以有效落地的同时，必须聚焦智慧城市实际业务和场景安全风险，多维度提升业务安全保障能力。

首先，保障业务安全可以提升智慧城市的整体安全性。智慧城市业务涉及众多领域，如医疗、教育、金融、交通等，这些领域都涉及大量的个人信息、数据和资产，因此，保障业务安全就等同于保护了城市的重要资产。

其次，保障业务安全可以提升智慧城市的可靠性。智慧城市的核心在于利用信息技术提升城市管理和服务效率，如果业务安全无法得到保障，将直接影响城市管理和服务的可靠性。

最后，保障业务安全可以提升智慧城市的用户满意度。智慧城市建设的根本目的是服务市民，如果业务安全无法得到保障，可能会引发市民的不满和抱怨，进而影响市民对智慧城市的满意度。

本部分主要聚焦智慧城市的核心业务安全需求场景，详细阐述业务安全保障能力的建设内容和建设方式。总共涵盖三个章节，具体内容包括：一是，针对"云网安融合"趋势，聚焦新兴技术场景，关注网络安全能力与业务场景的融合，实现安全能力对业务的深度赋能；二是，以实践为指引，打造"业务驱动"的城市数据安全治理体系，实现城市业务数据的安全交互和流转；三是，打造"零信任安全"的城市应用服务体系，保障智慧城市应用服务的稳定性和可靠性。

总之，保障业务安全对于智慧城市的建设至关重要，它不仅关系到智慧城市的安全和稳定，还影响着智慧城市的普及和发展。需要从业务场景融合、数据安全保障和应用服务安全等多个层面出发，制定相应的安全标准和规范，采取先进的安全技术手段和管理措施，确保业务系统的长期、安全、稳定运行，最终实现智慧城市的可持续发展和广泛应用。

第9章 打造"云网安融合"的城市数字化底座

9.1 "云网安融合"推进城市数字化转型

9.1.1 智慧城市数字化发展带来安全新挑战

随着城市数字化的快速推进,新兴技术如云、大数据、物联网和移动互联网等得到了广泛应用,为用户带来了前所未有的新体验。然而,这些新兴技术的普及也带来了新的安全问题。近年来,不断发生着诸如外部高级持续性威胁攻击和内部人员违规操作导致的大规模数据泄露等恶性事件。大家逐渐意识到,传统的边界防护手段存在很多局限性,已无法满足新形势下的网络安全需求。

1. 城市业务云化,数据频繁共享,业务边界消失,安全防护难度进一步加大

智慧城市建设已经呈现出业务云化的趋势,数据资源不断催生出有价值的城市服务,逐渐实现数据驱动的城市创新发展。数据共享和流通成为刚性业务需求,原来相互隔离的业务网络也打破了安全边界走向融合,泄密风险进一步扩大。传统的基于边界隔离的安全防护体系已不能满足数据流动下的安全需求,亟须构建新的安全防护体系。

2. 万物互联,泛在接入,访问边界被打破,智慧城市被攻击的机会增多

在万物互联,泛在接入的时代,智慧城市通过互联网实现了设备的连通性和信息的交互性。这种连接性和交互性带来了许多便利,但同时也带来了新的安全风险。万物互联使网络攻击面扩大,每个设备都可能成为攻击者的攻击目标;同时,每个设备也都可能成为一个潜在的入口点,使得防护策略难以实施。攻击者可以利用这些设备的漏洞,潜入并控制它们,从而进行大规模的网络攻击。因此,我们需要采取积极的防护措施,如强化设备自身安全防护、使用加密技术保护数据安全传输、制定严格的安全政策限制未经授权的访问等,来降低万物互联带来的安全风险。

3. 新兴技术应用催生网络攻击新形式,攻击更灵活、过程更隐蔽、威胁检测难度增大

一方面,新兴技术的应用带来了新的被攻击点。例如,随着物联网、云计算和人工智能等技术的应用日益广泛,攻击者可以针对这些技术中的漏洞进行攻击。另一方面,攻击者也可以利用新兴技术进行攻击,这往往会使攻击过程更加难以被发现和追踪。例如,利用云计算技术进行分布式拒绝服务(distributed denial of service,DDoS)攻击,可以使攻击流量更加分散,难以被检测和定位。攻击者也可以利用人工智能技术,通过

深度学习等方式，对网络流量进行模拟和伪装，从而逃避检测。传统的威胁检测技术通常是基于规则和特征的，这些检测技术往往难以有效应对新兴技术的攻击。我们需要加强对于新兴技术的安全研究，提高网络安全防护的整体水平。

9.1.2 以"云网安融合"思路构建城市数字化安全底座

面对新型智慧城市网络安全的挑战，需要以融合和创新的思路进行有效的应对。一方面需要从融合的视角，做到安全与城市数字化体系的深度融合，实现业务驱动安全的精准落地。另一方面需要从创新的视角，做到安全与城市数字化体系的同步发展，实现安全与业务的互相促进、共同发展。

智慧城市"云网安融合"架构倡导"统一管理、统一监测、统一分析、统一联动"的理念，摒弃了传统安全防护的静态、被动和孤立的策略，旨在建立一体化、智能化的网络安全架构。整体架构以融合和创新为指引，最终目的是实现风险的实时检测、对威胁进行主动判断，以及实施全局性的智能一体化防护措施。

1. 统一管理

云网安统一管理，是一种创新的网络安全管理方法，通过集中化的平台，实现了网络设备、安全设备、云计算资源的统一管理；以深度融合的方式，实现云网安一体化部署实施，并可以提供更加高效、智能的安全防护能力。

2. 统一监测

通过集中化的安全监测平台，全面采集云、网络、终端、安全设备等多维数据，实现对网络中更广范围数据的实时监测，以及监测数据的呈现和预警信息的发布。

3. 统一分析

构建安全运营中心，通过精准的智能算法对云网安多维度信息进行综合分析和研判，并基于智能威胁分析模型进行大数据关联分析、综合分析和研判，提升威胁告警准确率，减少误判。

4. 统一联动

云网端全局攻击溯源，针对识别到的威胁，通过管理层、调度层、资源层之间的云网安设备一体化协同联动，实现威胁源分钟级快速定位、分钟级近源快速处置的能力，彻底消除当前的威胁，有效提升运维效率。

9.1.3 "云网安融合"的核心优势

实践证明，"云网安融合"能够充分发挥云计算和网络技术的优势，提高智慧城市安全建设的灵活性、可扩展性、成本效益、性能和效率，以及可恢复性和可用性。

1. 更高的灵活性和可扩展性

将云网安融合可以更好地应对不断变化的需求，并能够根据需求动态调整资源。这意味着安全能力可以更灵活地调配和编排，以适应新型智慧城市场景下业务的快速变化。

2. 更高的安全性

"云网安融合"使得云计算和网络技术自身可以具备多种安全保障措施，如加密、身份认证、访问控制等。基于业务本身,实现进一步增强安全保障措施的效果,提升融合安全性。例如,在数据传输过程中,业务系统通过加密技术可以直接保护数据的机密性和完整性;在访问控制方面,业务系统通过身份认证技术可以限制用户的访问权限,防止未经授权的访问。

3. 更低的成本

云计算的计费方式是按需付费,这意味着企业只需要支付所使用的资源,而不需要承担高昂的设备和维护成本。同时,网络技术也可以通过优化路由等方式来降低成本。因此,通过云网安融合,可以实现安全建设更低的成本和更高的效益。

4. 更好的性能和效率

"云网安融合"可以更充分地利用云计算和网络技术的优势,以高弹性、高可扩展性和灵活性等优势,提高数据安全处理、传输和存储的性能和效率。

5. 更强的可恢复性和可用性

"云网安融合"通过优化数据存储和计算资源,增强了数据备份和恢复的能力,提高了系统的可靠性,并进一步提升了安全的可恢复性和可用性。

9.2　构建"云网安融合"的智慧城市云安全体系

在智慧城市建设过程中,云计算已经得到了广泛的应用,为城市管理和发展带来了许多优势,也是未来智慧城市发展的重要方向。从安全建设角度来看,在以安全合规为指引的智慧城市云平台安全体系建设基础上,如何更好地面向云中业务应用实现安全赋能成为实际建设中所关注的重点问题。

实践证明,以"云网安融合"为思路,通过软件定义安全的方式,将安全能力和云平台深度融合,并按需、灵活地分配给虚拟层业务应用,实现云安全能力的资源化、服务化、运营化,是保证业务应用安全最有效的方式。

9.2.1　以"软件定义安全"构建云安全融合体系

1. "安全虚拟化技术"让安全与智慧城市业务融合成为可能

随着云计算和虚拟化的普及和深入,软件定义正在成为行业企业和技术厂商追逐的热点。软件定义通过虚拟化将软件和硬件分离开,将服务器、存储和网络三大计算资源池化,最终实现这些池化虚拟资源的按需分割和重新组合。在云安全领域,通过安全虚拟化技术实现安全资源池化、按需申请、动态扩容,实现安全产品的自动化、服务化。

网络功能虚拟化(network functions virtualization,NFV)技术是安全虚拟化的一种重要方式。NFV 是为了解决网络硬件繁多、部署运维复杂、业务创新困难等问题而提出的。借助 NFV,服务提供商可以在标准硬件设备(如 x86 服务器)上运行网络功能。由于网络功能已经虚拟化,因此可以在单个服务器上运行多个功能。这就意味着所需的物理硬件得以减少,故而可以进行资源整合,以降低物理空间占用、功耗和总体成本。随着 NFV 的不断推广,网络安全领域也推出了众多虚拟化安全产品,如虚拟防火墙（vFW）、虚拟负载均衡（vLB）、虚拟 Web 应用防火墙（vWAF）等。

随着技术的发展，容器技术成为更加轻量化的虚拟化方案。在一台服务器上创建 NFV 所需虚拟机的时候，每台虚拟机都需要安装操作系统，操作系统需要占用大量的计算资源。而容器技术由于复用宿主机的操作系统，极大程度地减少了资源浪费，实现了在一台服务器上启动更多容器。随着容器技术的推广与云原生技术的普及，越来越多的应用使用容器化的部署方式，安全产品的容器化也随之应运而生。容器化的安全产品占用空间更少、启动速度更快、支持秒级部署，同时结合了容器编排功能，可以支持更多复杂场景的安全能力需求。

安全虚拟化技术为软件定义安全提供了核心能力支持，通过网络功能虚拟化及安全产品容器化等众多虚拟化技术，在节省资源的同时，更重要的是，让安全能力与智慧城市云场景下不同业务应用灵活的安全需求深度融合成为可能。

2."安全流量编排技术"实现了安全能力基于业务的灵活调度

随着企业应用上云，也给网络安全带来一些新的问题。首先，云上业务网络是虚拟化的网络，云上的网络安全没有了明确的物理边界，带来安全业务资源如何部署的问题。其次，网络业务资源的动态分配与回收，使得安全资源的生命周期也变得不再确定，带来了安全资源灵活控制和流量按需调度的问题。

安全资源池是利用虚拟化技术实现软件定义安全的重要落地方式。为了满足动态的安全业务资源需求，可以通过部署安全资源池实现物理资源的多业务共享，提高资源利用率，并向业务屏蔽各类安全资源的形态差异，同时提供业务间灵活的隔离控制能力。

安全资源池提供了多种措施来保证安全业务资源的高可靠性。

首先，虚拟化的方式使安全业务资源不与物理资源绑定，当原来的承载实体不可用时，可以快速在新的可用实体上恢复虚拟安全业务资源。其次，安全资源池可以将两个虚拟安全设备组合成一对主备关系的备份组，主备之间实时同步业务信息，实现单点故障时主服务节点的快速切换，使上层业务对故障无感知，目前采用的技术方案有智能弹性架构（intelligent resilient framework，IRF）、远端备份管理（remote backup management，RBM）协议等。最后，安全资源池也可以配合上层业务应用，利用动态路由协议，如边界网关协议（border gateway protocol，BGP）、开放最短路径优先（open shortest path first，OSPF），或虚拟路由器冗余协议（virtual router redun-dancy protocol，VRRP），将两个同等规格的安全业务资源组合成主备设备组，解决单点故障的风险。

其次，针对待防护的业务，很多时候需要经过多个安全防护服务（如访问某个业务的流量需经过防火墙、入侵检测、Web 应用防护等）。针对自定义安全访问路径的需求，流量编排技术应运而生。

软件定义网络（software defined network，SDN）技术，是目前实现虚拟层流量调度的重要方式。SDN 以其控制和转发分离的特性，基于对基础网络的虚拟化和逻辑抽象，通过网络集中控制部件（SDN 控制器）的控制，可以引导流量按需自动穿过各安全服务节点，实现拓扑无关、灵活、便捷、高效、安全地调配流量到服务节点，完成安全业务的处理，从而形成 SDN 定义的 overlay 虚拟网络中的服务链（service function chaining，SFC）。

最后，随着网络技术的不断升级，SRv6 技术成为流量编排的更高效技术保障。SRv6 是基于 IPv6 转发平面的分段路由协议（segment routing，SR）技术，SR 技术是 SDN 进化下的产物，其核心思想是将报文转发路径切割为不同的分段，并在路径起始点往报文中插入分段信息，中间节点只需要按照报文里携带的分段信息转发即可。SRv6 具有网络路径、业务、转发行为三层可编程空间，使得其能支撑大量不同业务的不同诉求，契合了业务驱动网络的大潮流。并且 SRv6 完全基于 SDN 架构，可以跨越应用和网络之间的鸿沟，将应用程序的信息带入网络中，可以基于全局信息进行网络调度和优化，成为"云网安融合"的重要技术支撑。

总体来说，基于"安全虚拟化技术"和"安全流量编排技术"的支撑，以"云网安融合"的方式，可以实现基于云服务的统一业务视图，用户可以在云平台上描述其完整的逻辑网络拓扑和安全业务需求。云平台将网络与安全业务分别分解到网络控制器和安全控制器，网络与安全控制器基于一致的 overlay 网络方案实现云网安统一联动，并最终实现业务应用与安全能力的自动化开通和高效管理。

9.2.2　聚焦城市业务实现安全灵活、按需赋能

"安全能力统一管理"是实现业务灵活赋能的关键。在安全虚拟化和安全流量编排技术的基础上，围绕城市业务安全保障的云安全管理平台建设成为有效解决云计算场景下各类安全风险与管理需求的关键。云安全管理平台配合云安全资源池，通过不断地汇聚云安全能力，可以构建一个统一管理、弹性扩容、按需分配、安全能力完善的云安全保障体系，快速应对云上的安全问题，为用户提供一站式立体化的云安全综合解决方案，有针对性地解决业务上云后所面临的难点与痛点。

在"云网安融合"背景下，面向云计算环境的云平台管理软件，除了用于集中管理云基础设施以外，更能针对云内各类软硬件安全产品，实现云安全服务服务化、流量编排、策略管理、计量计费、态势呈现等诸多功能，为云上业务提供灵活、高性能的安全能力。

以"云网安融合"的方式构建云安全管理平台，此时，云安全管理平台作为云管理核心组件，与云基础设施完全融合，全面构建云原生安全体系，并最终实现以下目标。

（1）部署一体化。云安全管理平台与云基础设施紧密融合，租户、账户、资产信息天然同步，而且无须额外的物理资源。

（2）服务目录一体化。云安全管理平台能够直接实现对云上各类安全服务的资源管理、策略管理、资源监控等，可配套形成更加完善的服务目录。

（3）调度一体化。同云内其他业务一样，云安全管理平台也可以直接调度 SDN 控制器，对安全服务进行引流、编排和配置下发，实现调度一体化。

以"云网安融合"的方式构建云安全管理平台的核心优势如下。

1. 统一管理

以"云网安融合"的方式构建云安全管理平台可实现安全管理平台与现网云平台的统一和融合。不但符合"等保 2.0"中"一个中心"的建设思想，同时也能实现安全能

力在云端统一展现，便于云上资源的统一调配和协同处置，解决云存储、计算、网络资源管理和安全管理割裂的问题。

2．信息同步

以"云网安融合"的方式构建云安全管理平台可有效解决账户信息同步的问题。无论是云平台安全还是云租户安全，安全的防护对象应与云计算平台的角色分配保持一致。在"云网安融合"方案中，云安全管理平台可以直接使用云计算平台的账户信息，不需要二次对接开发，保障了时效性的同时也保证了代码的稳定可靠。

3．网络关联性

以"云网安融合"的方式构建云安全管理平台可解决网络部署关联性问题。可保证在创建时即可将防火墙、WAF 等安全组件和租户网络关联好，不但缩短了业务流量的处理流程，降低业务延时，同时还能避免引流之后所带来的故障风险问题。

从发展的视角来看，多云部署、一体化运营成为未来智慧城市发展的方向。云安全管理平台在支持多样化软硬件安全资源统一管理、满足云网安整体运营的同时，北向需要支持与云端威胁情报中心联动，让威胁情报纵向、横向裂变扩散，进一步提升安全运营效率；南向需要提供标准化接口，支持与多源安全能力进行对接，实现产业内安全能力的融合。最终面向智慧城市业务安全需求，打造一个"主动感知、敏捷智能、精准预警、全时可用"的云网边端一体化安全防护体系。

9.3　构建安全可靠的智慧城市物联感知体系

9.3.1　万物互联成为智慧城市的重要特征

万物互联是智慧城市发展的重要方向，它借助物联网、大数据和人工智能等先进科技，为市民提供更便捷、更安全、更环保的生活环境。

在万物互联的智慧城市中，各种设备和传感器成为主角。它们不断地收集并交换数据，为城市管理和决策提供实时信息。例如，交通信号灯可以根据实时交通流量调整红绿灯时间，以缓解拥堵；智能垃圾桶能够自动检测垃圾量，并在垃圾填满时通知清洁工人进行处理；人们走在城市大街，漫步于公园社区，随处都可以见到视频监控摄像机，当人们遇到交通事故、财产损失、各种纠纷时都会想到通过四周的摄像头记录实现取证。

与此同时，大数据和人工智能也在智慧城市中发挥着越来越重要的作用。在城市数据大量汇聚的背景下，人工智能不仅可以帮助人们分析和解读大量数据，提供更准确的决策支持，还可以预测未来的城市需求。例如，通过人工智能分析交通流量数据，可以预测未来的交通状况，提前制定交通规划。

然而，万物互联的智慧城市也给网络安全带来了新的挑战，被攻击的风险也随之增加。具体风险包括以下几个方面。

（1）物联网络终端设备数量庞大，全天候在线，安全防护薄弱，极易被黑客攻击或控制，形成大规模的僵尸网络，对外发起 DDoS 攻击、挖矿等违法行为。因此，必须加强物联网终端设备的漏洞管理，提高防御能力，确保物联感知系统的安全稳定运行。

（2）用户安全意识薄弱，终端设备往往长期使用出厂设置，不进行密码修改或密码设置过于简单，导致存在弱口令隐患，容易遭受攻击。因此，必须制定严格的安全管理制度，提升用户安全意识，同时加强对于终端设备的统一监控和管理。

（3）物联终端常处于无人值守的环境，缺乏有效监管，容易被未经授权的人员移除、替换或随意接入，从而产生诸多安全问题。因此，必须采用技术手段提高物联终端设备接入的管理能力。

（4）远程明文传输控制报文和数据报文，极易被截取，通过简单的数据处理就可以提取设备认证口令或者还原原始数据。因此，必须加强城市感知数据的安全传输保障能力。

总体来说，智慧城市物联感知体系的建设需要重视网络安全，着力构建安全可靠的城市感知体系，这样才能真正实现智慧城市的可持续发展。

9.3.2　构建安全可靠的城市物联感知体系

构建安全可靠的城市物联感知体系，需要聚焦智慧城市感知终端和互联网络，以网络接入认证、数据深度分析技术为基础，全面采集物联感知系统的资产信息并纳入集中安全管理，具备针对物联终端的脆弱性扫描和安全防护能力，支持对于弱口令的防暴力破解。同时，可对网络数据流进行主动、实时、动态分析，全面透析数据交互行为，通过内置的白名单、协议规则等安全机制有效防范物联感知设备和系统的安全威胁，确保物联设备接入可信、行为可控、故障可查、事后可追溯。

1. 城市物联感知终端的资产发现、管理与准入

资产扫描识别：通过资产探测系统获得接入的前端物联设备资产信息，包括 IP 地址、MAC 地址、设备类型、厂商信息、应用协议、产品型号等。

资产统一管理：资产探测系统与安全管理平台配合，详细记录前端资产类型、名称、IP 与 MAC 地址、生产厂商、隶属交换机、在线状态等信息，实现物联感知资产的统一管理。

资产统一准入：针对前端资产统一准入管控，对于录入的可信终端可直接更新至白名单库进行管理，并支持对前端设备的合法和非法标记。对非法设备做手动/自动的联动阻断，实现前端设备 "非授权不合法，非合法不准入"。自动发现资产的异常情况，包括前端的设备替换、新增设备接入、设备离网等情况，支持对异常情况的告警和联动阻断。

深度协议过滤：基于接入终端的协议进行过滤，支持过滤非法协议，仅允许合法协议入网，并支持对协议做白名单/黑名单处理。

2. 城市物联感知终端脆弱性检测与检验

漏洞检查和验证：在进行资产信息扫描的同时，对终端进行漏洞检查。支持对发现的漏洞进行概念验证（proof of concept，POC）漏洞验证。

资产弱口令检测：支持对物联终端进行弱口令检测，包括对物联终端的出厂默认口令和简单口令进行扫描检查、对物联系统使用的数据库系统进行简单口令检查、对物联网络相关服务器开启的 FTP、SSH 及远程桌面协议（remote desktop protocol，RDP）进行简单口令检查，同时支持对弱口令的自定义配置。

脆弱性攻击安全防护：支持对前端物联感知设备的脆弱性进行安全防护，保护前端设备的安全，包含但不仅限于漏洞利用攻击防护、设备账号暴力破解防护、高危端口和协议防护等能力。当发现有攻击者利用漏洞、弱口令进行网络攻击时，及时阻断攻击行为，并进行告警。

3. 物联网络流量分析和安全防护

流量带宽检测分析：支持对物联终端的网络流量异常进行分析，包括流量带宽的大小检测，避免视频流量过大而产生的拥堵。同时，具备网络链路质量监测能力。

入侵防御检测：针对物联感知流量，深入 4～7 层进行分析与检测，实时阻断网络流量中隐藏的病毒、蠕虫、木马、间谍软件、网页篡改等攻击和恶意行为，实现对网络应用、网络基础设施和网络性能的全面保护。

病毒防护能力：支持智能流引擎查毒技术，从而可以迅速、准确查杀网络流量中的病毒等恶意程序。支持大规模病毒识别，具备高识别率和高处理性能。

攻击防御能力：全面适配网络多样性安全需求，同时支持 IPv4、IPv6 及 IPv6+ 相关特性，针对异常报文攻击（如 LAND、smurf、Fraggle、WinNuke、ping of death、Teardrop、TCP 报文标志位不合法）、地址欺骗攻击（如 IP spoofing）、扫描攻击（如 IP 地址攻击、端口攻击）、泛洪攻击（如 ACK Flood、DNS Flood、FIN Flood、HTTP Flood、ICMP Flood、ICMPv6 Flood、reset Flood、SYN/ACK Flood、SYN Flood、UDP Flood）等，均能够提供有效防护。

4. 物联感知体系安全统一安全管理

全网数据采集：通过多种数据采集方式，实现对物联感知应用系统、安全系统、通用安全设备 / 系统数据的全面采集。

数据处理分析：基于大数据和人工智能等技术，对系统风险、攻击趋势、异常流量、异常行为和异常资产进行多维度智能分析。实现威胁检测（事件监测、脆弱性监测、策略管理、安全分析预警、安全事件管理）和态势感知（资产态势、风险威胁态势、违规行为态势、安全事件态势、脆弱性态势）。

安全预警处置：当检测到安全事件时，及时生成告警信息，并通过弹窗、邮件等多种方式对用户进行告警。支持形成安全事件工单，持续跟踪安全事件的处置情况。实现通报预警（事件分级、事件通报、预警通告、通报反馈、信息报送）和应急处置（应急预案管理、应急任务管理、联动响应编排、应急响应处置、应急处置统计）。

可视化大屏与分析报表：安全管理中心支持可视化大屏展示，可实现资产态势、资产态势、风险威胁态势、违规行为态势、安全事件态势、脆弱性态势的展示。

多级管理：根据智慧城市实际的建设需求，支持管理平台多级化部署，实现上下级系统之间的事件上报、报表同步和工单推送流转。

9.4 新技术、新场景下的智慧城市新安全

随着新技术和新场景的不断涌现，持续赋能智慧城市建设的同时，也使得智慧城市面临着全新的安全挑战。以往的安全措施已经无法满足智慧城市在新时代下的安全需求，因此，我们需要探讨新技术、新场景下的智慧城市新安全。

以下将对目前智慧城市中一些典型的新兴场景安全问题，以及创新的安全技术防护手段进行分析，聚焦智慧城市的业务创新和发展需求，积极研究和探索智慧城市新安全。

9.4.1 新场景催生安全防护新思路

1. 云原生安全

云原生是一种新型的云计算技术体系，也是云计算技术发展的成果和未来趋势，不仅包括构建和运行应用程序的方法，还提供了一套技术体系和方法论。正如"原生"两个字所描述的，应用程序从设计之初就考虑到了云的环境，原生为云而设计，在云上以最佳的姿态运行。具体来看，所谓云原生，并不是将传统应用迁移上云就是云原生了；而是应用都是专门针对云环境而设计开发的，能够充分利用和发挥云平台的各种优势，如敏捷、弹性扩展、高可用等。云原生包括的技术很多，如容器技术、Devops、微服务等，这也是云原生常说的"三驾马车"。

云原生技术给城市数字化带来了巨大的技术支撑，能够更好地助推城市数字化底座的构建，支撑城市数字化业务的发展，实现从最初的上云到用好云、管好云。目前，云原生技术无处不在，在具体的智慧城市实践中也都在积极地部署和应用，并直接改变了智慧城市系统的开发方式、运营方式和管理模式，也对智慧城市的组织与协作方式产生了重大的影响。

1）云原生技术的安全风险

云原生技术作为城市数字业务应用创新的原动力，在进入生产环境实现云原生应用全生命周期管理、发挥数字业务快速交付与迭代优势的过程中，也带来了新的安全风险和挑战。

云原生安全并不独特，传统 IT 环境下的安全问题在云原生环境下仍然存在，如 DDoS 攻击、内部越权、漏洞攻击、数据篡改、数据泄露等。同时，由云原生架构的多租户、虚拟化、快速弹性伸缩、业务应用微服务化带来的软件架构复杂度的大幅提升；内部网络流量、服务通信端口、容器等的出现；业务微服务化后大量服务认证、访问授权控制机制的自动配置管理；开发测试和生产环境中持续集成和持续交付的自动化流水线各环节的安全保护；以及未能及时跟上云原生技术的快速发展而缺位的云原生安全策略和防护工具等问题，都使运行在云原生环境下的业务应用和数据面临潜在的安全风险。

实践证明，云原生安全风险主要包括以下几个方面。

（1）镜像安全风险：容器作为云原生的三驾马车之一，是虚拟化的主力军、业务平台的基石。通过容器可以轻松实现"一次构建，随处运行"。容器是基于镜像而创建的，即容器中的进程依赖于镜像中的文件。镜像本身就是一个只读模板，包含独立的文件系统和预置的应用，可以方便、批量地创建容器。目前，智慧城市建设中所应用的容器大部分是来自第三方的镜像库。因为它们很多是定制的、开源的，所以很大可能存在漏洞，或者被提前嵌入恶意代码。随着导入生产环境运行，就很有可能成为攻击者的"跳板机"，对内部环境发起攻击。

（2）运行时的安全风险：在云原生架构中，一个容器内只有一个应用，简单来说就是为每个业务创建单独的容器环境，这些应用可独立地进行开发、管理，互不影响。多个容器之间通过 API 进行通信，这就导致调用关系较为复杂，资源调整较为动态，给运行时的安全检测和防护带来了挑战。逃逸漏洞就是最典型的一个漏洞，黑客利用某些漏洞或管理员的配置问题，可以从容器环境中跳出而获得宿主机的权限。因此，一旦单个容器环境存在逃逸漏洞，可能就会导致整个集群沦陷。针对容器运行时安全的防护，同样值得安全人员警惕。

（3）配置错误风险：如果与云相关的系统、工具或资产配置有误，就会出现配置错误，进而危及系统，使其面临攻击或数据泄漏隐患。根据《2020 年云安全报告》，配置错误是云的头号威胁，68% 的公司表示配置错误是他们最担心的问题，例如，使用默认密码或无密码访问管理控制台，就是较为常见的问题。虽然"默认密码或无密码访问"这一现象仅凭常识就可以避免，但要确保整个云基础设施都能正确配置则较为复杂。

（4）应用安全风险：众所周知，云原生的应用也源自传统的应用，所以，传统的应用风险自然也被继承了下来，如失效的对象级授权、失效的用户身份认证、注入攻击、过度的数据暴露、使用含有已知漏洞的组件、不足的日志记录和监控等。只是云原生更加云化，使用了大量的开源组件。从某些应用中，黑客可以找到公布的或未公布的多个漏洞进行利用，所以说开源组件的代码漏洞正在成为云原生环境中常见的风险，由此为云原生应用的安全带来了更多不确定性。

2）云原生安全建设思路

在云原生安全防护体系建设的过程中，可以从多个方面进行安全能力的提升。

（1）安全左移：传统的安全防御体系更多地关注交付运维后，但发现安全漏洞和问题，再修复的过程是很痛苦的，而且成本也较高。所以，在云原生的安全架构中更强调"早发现、早预防、早处理"。从应用的开发阶段，安全就要介入，也就是所谓的"安全左移"。在 DevSecOps（开发—安全—运维）组织模式中，左移意味着在软件开发生命周期的传统线性流程中将安全流程向左移动，最常见的就是测试左移和安全左移。

通过左移，摒弃了传统模式中，应用开发完成后安全团队才进行各种测试的场景。这样，在应用程序开发过程中就可以更早地发现问题和修复漏洞，从而缩短开发周期，提高交付质量。安全左移，意味着在整个开发生命周期内实施安全措施，而不是在开发周期结束后才开始实施。其目标就是设计具有内生安全最佳实践的软件，并在开发过程中尽早检测出和修复潜在的安全问题和漏洞，从而更容易、更快速、更经济地解决安全问题。

（2）持续监控和响应：DevOps 是一个自动化流程，可以有效地融合开发、质量和运维三个团队的工作，加速应用程序的迭代。随着部署在云上的应用程序逐渐增多，安全问题也备受关注。所以，需要通过持续监控和响应的机制来跟踪和定位安全问题，给安全人员提供处理问题的必要数据，并提供有关问题的反馈，辅助安全人员进行分析并及时采取行动来处理安全问题。这对于实施和优化各种安全措施尤为重要，如安全事件的响应、威胁评估、数据库取证及根本原因分析等。

（3）工作负载可观测：在云原生的环境内，运行着多种应用软件、Web 服务数据库等，复杂程度不言而喻。所以，梳理好云原生环境的工作负载，有助于安全人员了解已运行的各种应用和数据库。将工作负载之间的访问关系可视化，有助于进一步了解业务之间的调用关系。最终，通过这样的安全观测，可以为开发和安全团队提供统一的上下文可见性，使其安全地构建、部署和运行现代动态环境中的可扩展应用程序。

（4）容器运行时行为的聚焦：容器具有体量小、平均生命周期短、变化较快的特点。因其源于镜像，在运行时来自同一镜像的容器其行为具有相似性，如容器的用户、进程及数量、文件路径、CPU/内存资源使用等。通过对容器的行为进行画像、分析和规格匹配，若出现异常的新用户、新路径、CPU 偏高等情况，即可以获取高置信度的告警信息。

（5）最小权限原则：在宿主机、容器、编排集群、DevOps，以及微服务管理中，多种访问关系错综复杂，用户和服务认证授权方面的错误配置和漏洞非常容易被利用。因此，要尽量明确组件间边界的划分、细化控制权限的粒度、合理限制组件的权限，确保组件只执行被授权的行为，限制容器对基础设施和同存的其他容器的干扰和影响，保证容器与其所在宿主机的隔离，避免攻击者恶意越权访问，从而最终保证数据或功能不会遭到恶意破坏。

总体来说，云原生安全将是未来云安全的主要发展方向。随着城市数字化进程的快速推进，云原生技术与基础设施相互融合也逐步成为趋势。在部署基础设施和应用系统时需要充分考虑云原生相关的风险和威胁，并建立体系化的安全防护手段，实现基础设施和服务的内生安全，更好地为业务保驾护航。

2. 5G 安全

5G 作为新一代信息通信技术发展升级的重要方向，是实现万物互联的关键设施、经济社会数字化转型的重要驱动力量。5G 技术与智慧城市的融合应用，为城市发展各领域带来全方位、深层次的影响。

从安全角度来看，5G 作为移动通信技术发展过程中重要的里程碑节点，面临着前几代移动通信技术所固有的安全风险，如终端的非授权接入、链路传输的保密性问题等。更重要的是，5G 中新技术的引入，以及新型的业务应用模式，更是带来了前所未有的安全挑战。

一方面，从新技术角度来看，各种新技术在 5G 中的应用，将传统 IT 领域的安全问题引入进了通信技术（communications technology，CT）领域，同时与 5G 特有的技术相融合，产生了很多之前从未遇到的安全需求，如 5G 网络服务化架构、网元虚拟化、网络能力开放、网络切片特性等，导致 5G 面临着用户访问安全、信令安全、数据安全等众多安全问题。

另一方面，随着 5G 大流量、高可靠低时延、高并发的特性与各种智慧城市应用场景的融合，使得安全需求的范畴有了更大的突破和延伸，也对安全防护的灵活性提出了挑战，如大流量场景下的安全检测能力、低时延场景下的安全时延问题、高并发场景下的认证机制，都需要进一步优化。

从安全保障角度来说，5G 安全是一个系统性工程，着眼 5G 整体安全，大致由三个维度的安全需求构成：

一是 5G 基础设施安全维度，即构成 5G 网络所需要的各种物理和虚拟基础设施的安全，如整体组网安全、通用主机和系统安全、虚拟化安全等；

二是 5G 基础业务安全维度，即实现 5G 网络自身正常运转的各类业务网元和交互流程的安全，如终端入网接入的认证鉴权、网络切换的安全上下文管理等；

三是 5G 业务应用安全维度，即面向 toC、toB 用户，满足具体业务应用场景的应用安全，如 toC 场景下的 5G 消息安全，以及 toB 场景下的智慧交通、智慧能源应用安全等。

为了保证 5G 能够安全地落地和应用，在 5G 自有安全机制的背景下，还需要从以下各个维度进行安全能力的补充和提升，以最终实现对 5G 安全挑战的全面应对。

1）基础设施安全是 5G 安全的基石

基础设施作为信息化建设的基础部分，原则上不属于 5G 本身需要重点关注的方向，因此在 5G 相关的原生标准中涉及不多。但作为 5G 实现落地和应用的基础，基础设施的安全问题又将可能导致 5G 成为无源之水，无本之木。

因此，在 5G 的整体建设和应用过程中，需要重点关注 5G 基础设施安全建设，着力加强物理层面、网络层面、边界层面、主机层面，以及流量和数据层面的基础安全能力建设。同时，还需要重点关注由于 5G 中新技术应用带来的安全问题，加强针对移动边缘计算（mobile edge computing，MEC）、SDN、NFV、网络切片、网络能力开放等技术的安全研究和安全防护，实现基础设施安全与 5G 的发展保持同步。

2）基础业务安全需要进一步完善和提升

基础业务安全是 5G 相关原生标准重点关注的方向，如第三代合作伙伴计划（3rd generation partnership project，3GPP）标准中对 5G 的各类网元安全、交互流程安全等各个方面进行了详细的规定，保证了 5G 基础业务能够安全、稳定地运行。

但通过分析以往移动通信的安全问题可以发现，在整体网络依据相关规范的实际运转过程中，仍然存在落地层面及行为层面的安全或违规问题需要解决，如具体场景下信令交互的违规和异常、电信卡的挪用或滥用等。在 5G 实现 IT 和 CT 的高度融合过程中，以上基础业务问题将继续存在并更加凸显。因此，需要结合现有的安全和分析技术手段，着力完善和提升 5G 基础业务的安全能力。

3）业务应用需要与应用场景适配的安全能力

一方面，业务应用场景的多样性决定了安全需求的灵活性和实现的复杂性，也导致在 5G 相关的原生标准中明确表示：该部分的安全保障能力由应用提供商负责。另一方面，业务应用与用户直接相关，针对业务应用的安全防护是用户最直接的安全需求。

实现业务应用的安全，主要可以从以下几个层面来考虑：业务系统安全能力建设，如业务系统抗攻击、抗入侵能力建设；业务应用自身安全管理能力建设，如业务用户安全管理、业务信息安全管理；业务逻辑安全能力建设，如针对账户风险、交易风险、业务流程风险的防护等；通信管理安全能力建设，如违法、诈骗行为的管理等；信息安全能力建设，如业务安全审计、日志留存、不良信息管理等；数据安全能力建设，如数据采集、传输、存储、处理、交换、销毁，全生命周期的安全管理。

另外，在针对业务应用的安全防护过程中，需要重点关注与具体业务场景的适配，如加解密机制对业务终端计算能力的影响、认证授权机制对业务时延的影响等。最终，通过灵活、适配的安全能力建设为多样化的业务应用保驾护航。

总体来看，5G 的应用，尤其与智慧城市业务的融合应用，正在逐步成熟。5G 安全的发展趋势将更加注重安全性、可靠性、创新性和合作性。未来，需要从业务应用的安全出发，深入地研究 5G 安全问题，以应对日益严峻的网络安全挑战。

3. 工业互联网安全

工业互联网技术是将传统工业与互联网相结合，实现生产过程的智能化和信息化。在智慧城市发展的过程中，工业互联网技术对城市的数字化转型起到了积极的推动作用。例如，可以通过工业互联网平台，将城市的各个领域，如能源、交通、医疗等纳入其中，实现城市数据的全面采集和监控。这些数据可以为城市管理提供更全面、更准确的信息，从而帮助城市管理者做出更精准的决策，提高城市运行效率。

近年来，我国工业互联网的发展态势良好，有力提升了产业融合创新的水平，加快了制造业数字化转型的步伐，有力推动了实体经济高质量发展。工业互联网包括网络、平台、安全三大体系。其中，网络体系是基础，工业互联网将连接对象延伸到了工业全系统、全产业链、全价值链，可实现人、物品、机器、车间、企业等全要素，以及设计、研发、生产、管理、服务等各环节的泛在深度互联。平台体系是核心，工业互联网平台作为工业智能化发展的核心载体，实现了海量异构数据的汇聚与建模分析、工业制造能力标准化与服务化、工业经验知识软件化与模块化，以及各类创新应用的开发与运行，支撑生产智能决策、业务模式创新、资源优化配置和产业生态培训。安全体系是保障，建设满足工业需求的安全技术体系和管理体系，增强设备、网络、控制、应用和数据的安全保障能力，识别和抵御安全威胁，化解各种安全风险，构建工业智能化发展的安全可信环境。

从安全风险来看，工业互联网的网络是指工厂内的有线网络、无线网络，以及工厂外与用户、协作企业等实现互联的公共网络。由于 IT 与操作技术（operation technology，OT）的融合，使原有的工厂内外的网络边界变得模糊；由于产业模式的创新发展，工厂内外的信息传递更加频繁，这将使黑客更容易入侵到工厂内的网络，攻陷生产设备和系统，给生产造成巨大损失。

因此，工业互联网安全目前面临着传统网络安全与工控系统安全融合的需求。同时，随着工业领域中一些新应用，如工业云、工业大数据等的普及，工业互联网的业态也必将发生一些变化，而网络安全技术与新的业态融合时，必然需要与业务进行融合。

从工业互联网安全体系建设角度来看，总体的建设思路可以归纳为以下几个方面。

1）提升工控系统内生安全防御水平

一方面，快速推进国产化进程，优化工控设备的芯片与操作系统，提升工控设备本身的安全防御能力，从源头上预防和阻止安全攻击。另一方面，进一步加强工控系统边界安全、安全监测、工业主机安全等纵深防御体系的建设。

2）建立工业安全监测与防护体系

以工业安全数据全方位采集为基础，利用安全大数据分析技术，构建多层次、全方位的工业安全监测体系，实现网络威胁的及时发现、预警和分析，也为响应和处置提供有力支撑。

3）建设工业安全运营服务平台

以安全监测平台的分析、监控、预警、响应和恢复等综合能力为基础，通过集中管理和协调安全策略、流程和工具，同时以专业安全服务为根本，持续提升安全运营的效率和效果。

4）建立工业数据安全治理体系

通过制定和执行严格的数据安全政策、标准和最佳实践，保护重要工业数据不被泄露、滥用或破坏，确保工业生产安全、稳定和高效。

新形势下，工业互联网安全不仅是应对网络安全新挑战的客观要求，更是助力数字经济快速发展的现实需要，关乎着国家安全和社会稳定的大局。积极推进工业互联网安全，必将能够在城市高质量发展上实现新突破。

4. 车联网安全

随着车联网技术的快速发展，智慧交通的未来图景正在徐徐展开，也成为智慧城市建设的一个重要部分。当前，智能网联汽车行业快速发展，新型安全问题日益凸显，保障网络安全已成为智能网联汽车安身立命的根本。

实践发现，车联网安全风险主要包括以下几个方面。

（1）车联网体系存在网络安全问题。车联网技术依赖于大量的传感器、网络通信和数据处理技术，这些设备和技术可能存在漏洞和被恶意攻击的风险。黑客可以通过网络攻击、病毒植入等方式篡改车辆控制系统的指令，导致车辆失去控制或者发生其他危险情况。

（2）车联网系统可能存在数据安全风险。车联网设备需要采集和处理大量的数据，包括车辆位置、速度、加速度、横纵向加速度等运动状态数据，以及车辆的运行状态、油量、电量等车辆状态数据。这些数据一旦被非法获取或者遭到篡改，就可能会对车辆的安全运行和车主的隐私造成威胁。例如，黑客可以通过获取车辆的行驶轨迹和停车地点等数据，推断出车主的个人生活习惯和隐私信息。

（3）车联网系统可能存在软件应用安全风险。智能化创新、个性化服务成为车联网发展的重要特点，车联网设备中的软件系统和应用可能存在漏洞和恶意代码，如病毒、木马、后门等。这些漏洞和恶意代码一旦被利用，也将导致车辆被远程控制或者重要数据被窃取。

为了应对车联网的这些安全风险，需要采取一系列的安全措施。例如，加强车联网系统的网络安全防护，建立完善的网络安全管理制度和技术防范体系；加强数据的安全保护和管理，采用加密技术、访问控制等措施确保数据的机密性和完整性；加强软件系统的安全检测和漏洞管理，及时发现和处理漏洞和恶意代码。同时，政府和相关部门也需要加强监管和管理，建立完善的安全监管机制和支撑体系，保障车联网系统的安全、稳定运行。

在车联网安全建设的具体实践中，可以以工信部的车联网安全标准体系建设指南为指引，以"主动安全"理念为核心，着力打造"四体系，两平台"，全面保障车联网"云—管—边—端"一体化安全，并为车联网的安全运营和人才培养做好支持，赋能车联网安全的"技术—管理—流程—人"的各个环节。

1）构建四大安全体系，"云—管—边—端"全方位保障

（1）蜂窝车联网（cellular vehicle-to-everything，C-V2X）安全防御体系：为车路协同方案提供终端、云、通信、数据等多重安全保障。

（2）数据安全体系：覆盖数据存储、流转和使用环节，保障复杂环境下的数据安全。

（3）智能网联汽车（intelligent connected vehicle，ICV）主动防御体系：外部、域间、信号、数据四层纵深防御，确保电子电气（electrical electronic，EE）系统架构安全。

（4）汽车安全合规检测体系：支持整车、零部件检测，车辆渗透和漏洞挖掘，覆盖空中激活（over the air，OTA）升级、pkey 安全等众多场景。

2）构建两大管理平台，支持安全综合运营和人才培养

（1）车联网安全运营管理平台：依托车辆安全态势感知引擎、云控数据分析引擎、整体服务供应商（total service provider，TSP）安全分析引擎，满足终端、平台、网络等多重安全需求。

（2）车联网安全人才培养平台：支持培训教学、赛事举办、车检运营等业务，通过发挥安全靶场的攻防演练、靶场仿真、态势推演等平台功能，深入培养汽车安全攻防测试、车联网安全运营等高素质人才。

总体来看，车联网是汽车产业未来发展的新方向，也是智慧城市未来的重要业务场景，我们需要做好全面拥抱出行模式重构的准备，并积极做好安全能力实践与积累，共同推动车联网产业升级，打造车联网安全一体化交付、支撑、服务，助力智慧城市车联网业务安全、健康、有序地发展。

5. 区块链安全

随着区块链技术的快速发展，越来越多的智慧城市开始关注和应用区块链技术。然而，区块链技术在带来诸多优势的同时，也面临着诸多安全风险。

1）区块链安全风险分析

（1）数据安全风险：区块链技术的核心是分布式账本，所有的交易记录都被存储在链上，任何人都可以查看。这使得数据的安全性成了一个重要的问题，一旦数据被篡改或者泄露，将给企业和个人带来巨大的损失。

（2）系统安全风险：区块链技术的运行依赖于大量的节点，这些节点需要相互协作才能保证系统的正常运行。然而，由于节点之间的信任关系并不完全可靠，黑客可能会

利用这一点进行攻击，从而导致系统瘫痪。

（3）法律风险：区块链技术的应用涉及很多法律问题，如数字货币的合法性、智能合约的法律效力等。这些问题尚未得到明确的解决，给区块链的应用带来了很大的法律风险。

（4）隐私保护风险：虽然区块链技术具有很高的透明度，但这也意味着用户的隐私信息很容易被泄露。此外，智能合约的自动执行功能也可能使得用户在不知情的情况下暴露自己的隐私信息。

（5）技术成熟度风险：区块链技术尚处于发展阶段，许多技术细节尚未得到充分的研究和验证。这可能导致一些潜在的安全问题无法及时发现和解决。

2）区块链安全防护思路

针对上述安全风险，可以从以下几个方面进行防护。

（1）数据加密和完整性保护：为了保护数据的安全性，可以采用加密技术对数据进行加密处理，确保数据在传输和存储的过程中不被泄露。同时，通过哈希算法对数据进行完整性校验，确保数据在传输过程中不被篡改。

（2）系统安全防护：为了防范系统安全风险，需要采取一系列措施来提高系统的安全性。首先，可以通过引入多重签名机制，确保交易的合法性和安全性。其次，可以加强病毒检测、入侵防御等技术手段，防止黑客的攻击。最后，可以通过建立完善的审计和监控机制，及时发现和处理异常情况。

（3）法律合规性保障：为了确保区块链技术的合规性，需要密切关注法律法规的动态，以确保应用符合相关法规的要求。这不仅有助于避免法律风险，还可以确保应用能够合法、合规地运行。

（4）隐私保护技术应用：为了保护用户隐私，可以采用零知识证明、同态加密等隐私保护技术，确保用户隐私信息在不泄露的情况下得到处理和验证。此外，还可以通过设置访问权限、限制智能合约的功能等方式，降低用户隐私泄露的风险。

（5）技术研究和验证：为了提高区块链技术的安全性，需要加强对区块链技术的研究和验证。一方面，可以关注国际上的技术动态，学习借鉴先进的技术和方法。另一方面，可以开展有针对性的技术研究，解决实际应用场景中的安全问题。

总之，在关注区块链技术诸多优势的同时，更需要重点关注其可能带来的安全风险，采取有效的防护措施，确保区块链技术的安全应用。同时，还需要加强区块链技术的研究和验证，不断提高其安全性和可靠性，为区块链技术的发展创造一个良好的环境。

9.4.2　新技术推进安全防护新手段

1. 高级持续性威胁防护

研究表明，高级持续性威胁（advanced persistent threat，APT）正在不断发展，针对我国的 APT 行动将持续加剧且更加隐秘，关键信息基础设施的破坏和攻击会越发泛滥。智慧城市作为城市关键信息基础设施，运营中会涉及大量的数据采集、集中存储、共享交换和数据分析等场景，也成为 APT 攻击的重要目标。

面对 APT 攻击，传统的以特征检测、边界防护为主的安全防护手段几乎无能为力，需要通过镜像网络流量，利用软件虚拟运行、沙箱逃逸对抗等技术对恶意行为的真实意图进行深度剖析，才能发现常规手段无法检测到的 APT 攻击等高级恶意威胁。

实践证明，针对 APT 攻击的防护可以借助以下技术和手段。

1）全面的流量解析

具备独立的流量分析和文件还原能力，支持 IPv4 和 IPv6 双栈协议解析，支持虚拟扩展本地局域网（visual extensible local area network，VxLAN）流量识别，可以深度解析 HTTP、SMTP、POP3、IMAP、FTP、SMB/CIFS 等应用层协议，并能够还原出协议载荷中承载的各种类型的应用文件。

2）全面的系统和应用覆盖

支持对主流操作系统进行模拟，包括 Windows、Linux 和 Android 等操作系统，支持对各种格式的应用文档进行威胁检测，支持对多级嵌套压缩文件进行深入检测，支持对 Windows 7、Windows 8、Windows 10 等操作系统环境中文件的未知威胁进行检测。

3）全面的威胁检测

基于高性能动态沙箱、AV 检测引擎、YARA 检测引擎、入侵检测引擎、威胁情报检测引擎和机器学习检测引擎，可实现既能对流量中的威胁进行检测，也能对文件中的威胁进行检测；既能检测已知威胁，也能检测未知威胁；既能对实时发生的网络威胁进行检测，也能基于通信特征对部署前已感染的网络威胁进行检测，覆盖威胁的全生命周期。

4）全面的网络仿真技术

为避免因产品部署环境缺少恶意文件运行所需的网络资源而导致不能完全诱发恶意文件运行的问题，需要采用网络仿真技术，能够在不连接外部网络的情况下，仿真内部网络环境、Web 服务器、DNS 服务器、文件服务器、邮件服务器，从多个维度保证恶意代码的网络行为都能展现出来。

5）强大的逃逸对抗能力

通过沙箱模拟真实的物理机环境，利用各种逃逸技术（如虚拟机特征检测、系统时间检测、用户交互检测等）自动满足逃逸样本的环境检测要求，欺骗具有逃逸能力的样本继续正常运行，进而捕获其行为并进行威胁检测。

6）强大的关联分析能力

基于行为模式分析引擎和复杂状态机的关联分析引擎，对各类数据包括沙箱行为日志、各类网络日志、各类基础事件、威胁情报等进行多维度的关联分析和相似事件归并，有效提高了安全事件告警的准确性，并降低了安全管理员需要关注和处理的告警数量。

7）优异的溯源取证能力

需要能够记录监控范围内的网络流量会话日志、HTTP 日志、DNS 日志、邮件日志，支持 HTTP 代理追溯，支持全量记录并保存原始网络流量，也可以按需记录指定 IP 或威胁相关的网络流量，支持可视化分析和交互式分析，能够对所有基础安全事件和关联分析产生的安全事件，以及流量审计日志提供多要素混合检索及字段级详细查询，能够有效地支撑威胁分析和溯源取证需求。

总体来看，APT攻击不断发展而且攻击技术手段越来越复杂。因此，需要加强对于APT攻击的防御措施，提高网络安全意识，以应对智慧城市场景下日益严峻的APT攻击威胁。

2. 勒索攻击防护

勒索攻击是一种网络犯罪行为，攻击者通过恶意软件感染受害者的计算机或网络设备，加密其重要文件，然后要求受害者支付赎金以获取解密密钥。近年来，勒索攻击在全球范围内呈现出快速增长的趋势，给个人和企业带来了巨大的经济损失和安全风险，智慧城市作为城市关键信息基础设施，也成了勒索攻击的主要战场。

整体分析当前勒索攻击的现状，主要表现出以下特征。

（1）攻击手段多样化：勒索攻击的手段不断更新，从最初的简单加密病毒发展到如今的复杂勒索软件，如WannaCry、Petya等。这些勒索软件往往具有较强的传播能力，能够在短时间内感染大量计算机。

（2）攻击目标广泛：勒索攻击的目标不再局限于个人用户，越来越多的企业、政府机构和关键信息基础设施成为攻击目标。例如，2017年WannaCry勒索软件在全球范围内爆发，感染了超过20万台计算机，涉及医疗机构、政府部门、大型企业等。

（3）攻击规模扩大：勒索攻击的规模不断扩大，攻击范围从局部区域扩展到全球范围，影响更加严重。例如，2018年NotPetya勒索软件在欧洲多个国家和地区爆发，导致多家企业的生产系统瘫痪，造成严重的经济损失。

（4）攻击成本降低：随着勒索软件的普及，攻击者可以更容易地发起勒索攻击，降低了实施攻击的成本。这使得更多的黑客和技术爱好者加入勒索攻击的行列，导致勒索攻击的数量和规模不断扩大。

（5）赎金支付风险高：即使受害者支付了赎金，也不能保证能够获得解密密钥，甚至可能面临二次勒索的风险。这使得受害者在遭受勒索攻击后往往陷入两难的境地，既担心数据丢失，又担心支付赎金后无法恢复数据。

针对勒索攻击的现状，可以从以下几个方面进行防护。

（1）加强网络安全意识：提高个人和企业对网络安全的重视程度，定期进行网络安全培训，提高防范意识。这包括了解勒索攻击的常见手段和特点，学会识别可疑邮件、链接和附件，避免点击不明来源的信息等。

（2）定期更新系统和软件：及时更新操作系统、浏览器、防火墙等软件，修补已知的安全漏洞，降低被攻击的风险。同时，关闭不必要的服务和端口，减少受攻击面。

（3）安装安全软件：安装专业的安全软件，如杀毒软件、防火墙等，实时监控网络流量，发现并阻止恶意软件的传播。同时，定期进行安全软件的升级和扫描，确保其具备最新的安全防护能力。

（4）数据备份和恢复：定期备份重要数据，并将备份数据存储在与互联网隔离的外部存储设备上，以防数据被加密。同时，建立数据恢复机制，确保在遭受勒索攻击后能够迅速恢复数据。此外，可以考虑使用云存储服务进行数据备份，以便在多个设备之间同步和恢复数据。

（5）限制访问权限：对敏感数据和关键系统设置访问权限，避免未经授权的人员访问。这包括为员工分配不同的账户和权限，限制他们访问敏感数据和系统的能力。同时，加强对内部人员的安全管理，防止内部人员泄露敏感信息或误操作导致安全事件。

（6）合规审查和监管：政府部门应加强对网络安全的监管，制定相关法律法规和标准，规范网络安全行为。同时，应定期进行合规审查，确保网络安全措施符合法律法规的要求。

总之，勒索攻击作为一种严重的网络安全威胁，需要采取有效的防护措施来应对。通过有效的防护手段来降低勒索攻击的风险，保障个人和企业的数据安全。同时，还应该关注勒索攻击的最新动态和技术发展，不断提高自身的防护能力，以应对不断变化的网络威胁。

3. 隐私计算技术

隐私计算技术是一种能够在数据加密的状态下进行计算的技术，它可以保护数据的隐私，同时实现对数据的分析和处理。随着互联网和大数据时代的到来，个人隐私和数据安全问题日益突出，隐私计算技术成为了解决这一问题的重要手段。智慧城市具有数据量大、数据流动频繁、数据隐私性强等特征，这使得隐私计算技术有了广阔的应用空间。

隐私计算技术的主要目标是保护数据的隐私，同时实现数据的共享和计算，其主要涉及 3 个方面的核心技术支撑。

（1）密码学。密码学是隐私计算技术的核心，它包括公钥密码、对称密码、哈希函数等技术。这些技术可以实现对数据的加密和解密，保证数据的机密性和完整性。

（2）数据安全。数据安全是隐私计算技术的另一个重要方面，它包括数据脱敏、数据混淆、数据压缩等技术。这些技术可以实现对数据的保护，防止数据泄露和被攻击。

（3）人工智能。人工智能技术在隐私计算中也扮演着重要的角色，它包括机器学习、深度学习等技术。这些技术可以实现对数据的分析和挖掘，从而实现对数据的智能管理和使用。

从技术实现层面来说，隐私计算有多类技术路线，主要包括以下几类。

1）多方安全计算

多方安全计算（secure multiparty compute，MPC）是一种将计算分布在多个参与方之间的密码学分支，参与者在不泄露各自隐私数据的情况下，利用隐私数据参与保密计算，共同完成某项计算任务。常见的多方安全计算协议有 Shamir、Yao 等。

2）同态加密

同态加密（homomorphic encryption，HE）是一种通过对相关密文进行有效操作（不需要获知解密密钥），从而允许在加密内容上进行特定代数运算的加密方法。其特点是允许在加密之后的密文上直接进行计算，且计算结果解密后和明文的计算结果一致。常见的同态加密算法有 Paillier、RSA（Ron Rivest-Adi Shamir-Leonard Adleman）等。

3）联邦学习

联邦学习（federated learning，FL）是一种具有隐私保护属性的分布式机器学习技术。在机器学习中，通常会从多个数据源聚合训练数据，并将其传送到中央服务器进行训练。然而，这一过程容易产生数据泄露的风险。在联邦学习模型中，运算在本地进行，只在各个参与方之间交换不包含隐私信息的中间运算结果，用于优化各个参与方相关的模型参数，最终产生联邦学习模型，并将其应用于推理，从而实现了"原始数据不出本地""数据可用不可见"的数据应用模式。按照数据集合维度相似性构成的特点，业界普遍将联邦学习分为横向联邦学习、纵向联邦学习和联邦迁移学习。

4）零知识证明

零知识证明（zero-knowledge proof，ZKP）是指证明者能够在不向监控者提供任何有用信息的情况下，使验证者相信某个论断是正确的。零知识证明实际上是一种涉及双方或更多方的协议，即双方或更多方完成一项任务需要采取的一系列步骤，证明者需要向验证者证明并使其相信自己知道或拥有某一消息，但证明过程不向验证者泄露任何关于被证明消息的信息。

5）可信执行环境

可信执行环境（trusted execution environment，TEE）是一种基于硬件的隐私保护方法，是指计算平台上由软硬件方法构建的一个安全区域，可保证在安全区域内部加载的代码和数据在机密性和完整性方面得到保护。2009 年，开放移动终端平台（open mobile terminal platform，OMTP）工作组率先提出一种双系统解决方案：在同一个智能终端下，除了多媒体操作系统外再提供一个隔离的安全操作系统。这一运行在隔离硬件之上的隔离安全操作系统专门用来处理敏感信息以保证信息的安全，该方案是可信执行环境的前身。

在实践层面，目前以 Intel SGX 和 ARM TrustZone 为基础的 TEE 技术起步较早，社区和生态已比较成熟。同时，国产化的芯片厂商在 TEE 方向上已经开始发力，国内芯片厂商，如海光、鲲鹏、飞腾、兆芯等，都推出了支持可信执行环境的技术，信创国产化趋势明显。

6）差分隐私

2006 年，辛西娅·德沃克（C. Dwork）提出差分隐私（differential privacy，DP），这一技术路线的主要原理是通过引入噪声对数据进行扰动，并要求输出结果对数据集中的任意一条记录的修改不敏感，使攻击者难以从建模过程中交换的统计信息或者建模的结果反推出敏感的样本信息。

除了上述技术路线之外，还有图联邦、混淆电路、不经意传输等多种技术路线被先后提出，并在科研和产业的不断推动下得到发展和应用。

隐私计算技术的应用场景非常广泛，它可以应用于金融、医疗、公共安全、社交等众多领域。下面介绍几个典型的应用场景。

（1）金融领域。金融领域是隐私计算技术的重点应用领域之一。例如，在银行和保险行业中，客户的信息是高度敏感的，因此需要保护客户的隐私。通过使用隐私计算技术，银行和保险公司可以在保证客户隐私的前提下，实现对客户信息的分析和挖掘，提高风险评估和信用评定的准确性。

（2）医疗领域。医疗领域也是隐私计算技术的重点应用领域之一。例如，在电子病历的管理中，需要对患者的敏感信息进行保护。通过使用隐私计算技术，可以在保证患者隐私的前提下，实现对电子病历的数据共享和计算，提高医疗服务的效率和质量。

（3）政府领域。政府领域也是隐私计算技术的应用场景之一。例如，在公共安全和反恐战争中，需要对大量数据进行处理和分析，同时需要保护个人隐私和国家安全。通过使用隐私计算技术，政府可以在保证个人隐私和国家安全的前提下，实现对大量数据的分析和挖掘，提高公共安全和反恐战争的效率和质量。

（4）社交领域。社交领域也是隐私计算技术的应用场景之一。例如，在社交网络中，需要对用户的兴趣爱好和行为习惯进行挖掘和分析，以便更好地为用户提供服务。通过使用隐私计算技术，可以在保证用户隐私的前提下，实现对用户兴趣爱好和行为习惯的挖掘和分析，提高社交网络的用户体验和服务质量。

随着隐私计算与不同技术路线的融合，以及与人工智能、区块链等新兴技术的结合，能够推动隐私计算大规模落地，实现海量数据要素的价值释放，进而带动经济增长，在社会经济中发挥越来越重要的作用。

4. 可信计算技术

可信计算技术是一种能够提供主动免疫防护的计算模式，其核心思想是在计算系统中实现可信计算平台。该平台以可信的硬件模块为基础，通过密码学、计算机安全、网络安全等技术手段构建而成，能够确保计算机系统的安全性和可信性。

可信计算技术起源于 20 世纪 80 年代，当时，计算机的安全问题越来越受到人们的关注。1985 年，美国国防部制定了《可信计算机系统评价准则》，这标志着可信计算技术的诞生。然后，随着计算机技术和网络技术的发展，可信计算技术也得到了迅速的发展和广泛的应用。

目前，国内外有许多企业和组织都在积极研究和推广可信计算技术，并制定了一系列的相关标准和规范。例如，国际上著名的可信计算组织（trusted computing group，TCG）制定了可信平台模块（trusted platform module，TPM）等标准，使得不同厂商的硬件和软件能够相互兼容。国内则有中国可信计算联盟等组织在推广和应用可信计算技术方面做出了积极贡献。

可信计算技术的主要特点包括：①可信度量。可信计算技术能够对计算机系统的各个部件进行可信度量，确保每个部件都是可信的；②可信存储。可信计算技术能够将关键数据进行加密存储，确保数据的安全性和完整性；③可信执行。可信计算技术能够在计算机系统中实现可信执行环境，确保应用程序的正确性和安全性；④可信网络。可信计算技术能够提供安全的网络通信，确保数据传输的安全性和完整性。

可信计算技术的体系架构包括可信硬件和可信软件两个部分。其中，可信硬件是构建可信计算平台的基础，包括可信平台模块等安全芯片和其他可信部件。这些部件能够提供加密、身份认证、完整性保护等功能，确保计算机系统的安全性。可信软件则是构建可信计算平台的另一重要组成部分，包括可信软件栈（trusted software stack，TSS）和完整性度量架构（integrity measurement architecture，IMA）等。TSS 提供了可信计算平台的基础架构，包括各种服务和 API，使得应用程序能够在可信的环境中运行。IMA 则是一种度量模型，用于度量和验证系统的完整性。

可信计算技术在智慧城市中有着广泛的应用，它可以确保智慧城市系统的安全性，保护数据的隐私和完整性，提高城市管理的效率和智慧水平。

在智慧城市中，各种传感器、物联网设备和应用系统之间需要进行频繁的数据交换和信息共享。这些数据包括市民的生活信息、城市的运行数据、交通状况等，其安全性和隐私性对于城市的正常运行和市民的生活质量至关重要。可信计算技术可以通过加密和身份验证等手段，确保从各种传感器和设备中收集到的数据的完整性和真实性，防止数据被篡改或泄露。

此外，可信计算技术还可以应用于智慧城市的身份认证和授权管理。在城市管理系统中，不同的用户需要有不同的权限和访问级别，以确保数据的机密性和安全性。可信计算技术可以通过对用户进行身份认证和授权管理，确保只有经过授权的用户才可以访问和使用城市管理系统中的数据和资源，从而提高了城市管理的效率和安全性。

另外，可信计算技术还可以应用于智慧城市的网络安全防护。随着城市信息化程度的提高，网络安全问题也越来越突出。可信计算技术可以通过构建可信的网络环境，防止网络攻击和数据泄露等问题的发生，从而提高城市网络的安全性和可靠性。

可信计算技术是一种基于可信硬件模块的主动免疫的计算模式，旨在确保计算机系统的安全性和可信性。它综合了密码学、计算机安全技术和网络安全的最新成果，为计算机系统的安全防护提供了新的解决方案。随着计算机技术和网络技术的不断发展，可信计算技术也将不断发展和完善，为保障信息安全发挥更大的作用。

5. 量子加密技术

1）量子加密技术简介

传统的加密算法（如 RSA 和 AES）基于数学难题的复杂性来保护数据。然而，量子计算机的出现可能会威胁到这些加密算法的安全性，因为量子计算机能够更快地破解某些数学难题，如因数分解和离散对数问题。想要预防这种打击，唯有以量子对抗量子，例如，采取量子的方式加密。

量子加密技术作为一种重要的量子安全技术，是一种基于量子力学原理，具有极高安全性的加密技术。从量子加密的原理上讲，量子加密技术主要基于量子力学的两个基本原理：量子态的不可克隆性和量子不可观测性。

量子态的不可克隆性是指无法制造出一台能够复制任意一个未知的量子态，而不对原始量子态产生干扰的机器。这一性质在量子加密中非常重要，因为它保证了即使攻击者能够获取一条加密消息，也无法在不干扰原始消息的情况下复制出另一条相同的消息。

量子不可观测性是指无法准确地测量未知的量子态，而不对该量子态产生干扰。在量子加密中，这一性质保证了即使攻击者能够截获加密消息，也无法在不干扰原始消息的情况下获取其中的信息。

具体来说，量子加密技术利用了量子态的不可克隆性和不可观测性来保护信息传输过程的安全性。在信息传输过程中，发送方将需要加密的信息编码成一系列的量子态，并将这些量子态发送给接收方。接收方收到这些量子态后，利用量子测量来获取其中的信息。在这个过程中，任何试图截获或复制这些量子态的行为都会导致信息丢失或泄露。因此，量子加密技术可以有效地保护信息传输过程中的安全性。

因此，与传统的加密技术相比，量子加密技术具有以下显著特点。

（1）安全性高。量子加密技术的安全性基于量子力学原理，其安全性远高于传统的加密技术。根据量子力学的不确定性原理，任何对量子系统的测量都会对其状态产生影响，因此，对量子密钥进行窃听的行为必然会被系统检测到，从而保证了信息的安全。

（2）抗攻击性强。量子加密技术具有很强的抗攻击性，主要体现在两个方面：一是量子密钥分发过程中，由于量子信号的特殊性，任何对量子信号的拦截、复制等行为都会被系统检测到；二是量子密钥分发过程中，由于量子信号的不可分割性，任何对量子信号的篡改、伪造等行为都会被系统检测到。

（3）传输距离远。量子加密技术可以实现长距离的量子密钥分发，理论上可以实现无穷远的距离。这为跨区域、跨国家的信息安全传输提供了可能。

量子加密技术自 20 世纪 80 年代提出以来，一直受到广泛的关注。早期的研究主要集中在理论层面，包括量子密钥分发、量子隐形传态等基础理论。随着量子计算机硬件的不断发展，量子加密技术的研究和应用逐渐成为现实。

近年来，随着量子加密技术的不断成熟，各国政府和企业纷纷投入巨资进行研究和开发。例如，美国国家标准与技术研究院（NIST）启动了量子密码学计划，旨在推动量子密码学的发展和应用。此外，谷歌、IBM、微软等大型科技公司也在量子加密技术领域进行了大量研究和实验。

当前，我国量子加密技术的发展取得了显著的进展。在基础研究方面，我国科研机构和高校积极投入量子加密技术的研究，并取得了一系列突破。在应用方面，我国已经在量子加密移动通信、量子加密电子邮件、量子加密数据中心等领域进行了探索和实践。

此外，我国政府也高度重视量子加密技术的发展，并制定了一系列政策和计划来推动其发展。例如，科技部已经将量子加密技术列为重点发展的战略性新兴产业之一，并启动了多项科技计划来支持其研究和开发。

总体来说，我国在量子加密技术方面已经取得了一定的进展，并已经在一些领域进行了探索和实践。随着技术的进步和应用场景的扩大，我国量子加密技术的发展将会迎来更加广阔的前景和机遇。

2）量子加密技术在智慧城市中的应用

在智慧城市的建设中，涉及大量的数据传输和存储，其中包含了居民和企业的隐私数据。传统的网络安全技术已经无法满足日益增长的安全需求，而量子安全技术则可以提供更高级别的安全保障。

具体来看，量子加密技术在智慧城市中具有广泛的应用前景。

（1）智慧交通：在智慧交通领域，量子加密技术可以用于实现车辆与车辆、车辆与基础设施之间的安全通信。通过量子密钥分发技术，可以在车辆和基础设施之间建立安全的通信通道，保证交通信息的实时、准确传输，从而提高道路通行效率，降低交通事故发生率。

（2）智慧医疗：在智慧医疗领域，量子加密技术可以用于实现患者与医生、医院之间的安全通信。通过量子密钥分发技术，可以在患者和医生之间建立安全的通信通道，保证患者的隐私信息不被泄露，同时确保医疗资源的合理分配和使用。

（3）智慧能源：在智慧能源领域，量子加密技术可以用于实现能源设备与能源设备、能源设备与数据中心之间的安全通信。通过量子密钥分发技术，可以在能源设备之间建立安全的通信通道，保证能源设备的实时监控和远程控制，提高能源利用效率，降低能源损耗。

（4）智慧政务：在智慧政务领域，量子加密技术可以用于实现政府机关与政府机关、政府机关与公众之间的安全通信。通过量子密钥分发技术，可以在政府机关之间建立安全的通信通道，保证政务信息的实时、准确传输，提高政府工作效率；同时，也可以在政府机关与公众之间建立安全的通信通道，保证公众隐私信息不被泄露，提高政府公信力。

总之，量子加密技术的应用，将对智慧城市的发展产生重要意义。

（1）提高网络安全水平：量子加密技术的应用可以有效提高智慧城市的网络安全水平，保障各类敏感信息的安全传输，为智慧城市的稳定发展提供有力保障。

（2）促进信息资源共享：量子加密技术的应用可以实现跨区域、跨国家的信息资源共享，打破信息孤岛现象，提高信息资源利用效率，推动智慧城市的协同发展。

（3）提升城市管理水平：量子加密技术的应用可以提高城市管理的效率和水平，实现城市管理的精细化、智能化，为智慧城市的建设提供有力支撑。

（4）增强公众信任度：量子加密技术的应用可以保护公众隐私信息，增强公众对智慧城市的信任度，为智慧城市的可持续发展提供良好的社会环境。

第10章 打造"业务驱动"的城市数据安全治理体系

10.1 "数字化"背景下城市数据安全建设刻不容缓

10.1.1 大数据融合应用是城市"智慧"的基础

智慧城市建设一直以来的第一痛点就是"数据孤岛",基于垂直行业部门隔离的信息化系统壁垒,在各行业业务系统持续发展和膨胀之后,"孤岛"变成了"烟囱",进而变成了"碉堡"。如果只从各部门提出的"碎片化"需求出发去建立应用,只能越发加剧这种趋势。此时,就需要站在城市系统的高度上,在城市底层网络基础设施的基础上,建立集成化的泛在感知网络,对不同来源、不同部门、不同格式的城市数据进行实时监测与感知,通过数据融合与集成共享建立统一的大数据平台,在应用层面开发出能够适用于规划、交通、建筑、公共安全、环境保护等不同领域的多元化、个性化的智慧城市应用系统。最终通过信息化手段实现政府、企业和市民之间充分的信息沟通,实现多方协作,通过智慧化手段解决城市运转中遇到的各种问题。

可见,智慧城市的建设带来数据量的爆发式增长,而大数据就像血液一样遍布智慧交通、智慧医疗、智慧生活等智慧城市建设的各个方面,城市管理正在从"经验治理"转向"科学治理"。

大数据为智慧城市的各个领域提供强大的决策支持。例如,在城市规划方面,通过对城市地理、气象等自然信息和经济、社会、文化、人口等人文社会信息的挖掘,可以为城市规划提供强大的决策支持,强化城市管理服务的科学性和前瞻性;在交通管理方面,通过对道路交通信息的实时挖掘,能有效缓解交通拥堵,并快速响应突发状况,为城市交通的良性运转提供科学的决策依据;在舆情监控方面,通过网络关键词搜索及语义智能分析,能提高舆情分析的及时性、全面性,全面掌握社情民意,提高公共服务能力,以应对网络突发的公共事件,打击违法犯罪;在安防与防灾领域,通过大数据的挖掘,可以及时发现人为或自然灾害、恐怖事件,提高应急处理能力和安全防范能力。

大数据是智慧城市各个领域都能够实现"智慧化"的关键性支撑技术,智慧城市的建设离不开大数据。从政府决策与服务,到人们衣食住行的方式,再到城市的产业布局和规划,直到城市的运营和管理方式,大数据遍布智慧城市的方方面面,这些都将在大数据的支撑下走向"智慧化"。

10.1.2 城市数据融合背后暗藏风险

数据资产作为新型的生产资料，其在流通和使用过程中不断产生新的价值，因而受到数据价值的提升、流动性的加剧、防护边界模糊，以及数据自身海量无序、类型繁杂、场景多样等诸多内外复杂因素的影响，数据安全风险异常突出，数据安全正在面临前所未有的挑战。

1. 新技术和新业务带来的城市数据安全挑战

1）大数据技术应用带来数据安全风险集中化

在大数据环境下，城市数据的采集、存储和计算等方面与传统数据管理和加工的技术产生了很大的不同。数据的来源包括传感器、移动终端、职能部门前置服务器等各类终端设备和服务器，数据的类型与格式也呈现多样化，数据的集中化趋势越发明显，同时使大量敏感或重要数据在大数据环境下采集、存储、使用、共享等环节面临泄露风险。

2）数据共享交换业务创新带来数据流转复杂化

政务数据的共享开放和业务协同，带来了复杂多样的业务场景和模式，体现在业务层面就是多部门和组织之间的业务应用交互和数据的共享。在一个业务流程中，数据可能涉及很多设备、服务器、产品、用户和不同部门的信息。数据从多个渠道大量汇聚，数据类型、用户角色和应用需求更加多样化，传统的保障机制会面临诸多新的问题。

3）"互联网＋城市服务"带来的个人隐私泄漏风险扩大化

智慧城市建设通过深化"互联网＋城市服务"的模式，为广大市民提供便捷、高效、个性化的民生服务。然而，市民享受便捷服务的代价是出让自己个人信息的权利，绝大多数的民生服务应用都需要用户提供相关的个人信息，甚至会对个人信息进行深度挖掘以提供个性化的服务。但与此相伴的是，个人信息和隐私的泄露风险也如影相随。无所不在的数据收集技术、专业化多样化的数据处理技术，使得用户难以控制其个人信息的收集情境和应用情境，用户对其个人信息的自决权利被极大削弱，直接威胁用户的隐私安全。

2. 城市数据安全管理维度的安全风险

在大数据环境下，数据规模海量、数据格式繁多、业务涉及众多组织和部门，使得大数据环境下的数据安全在管理和保障上遇到了很多问题。

观念方面，"重应用、轻安全"仍然是大数据建设过程中普遍存在的思想；组织方面，数据安全缺乏固定的团队和组织来负责，增加了数据泄露或被破坏的风险；制度方面，通常只有与数据安全相关的操作规范或者简单的流程，这无法帮助所有工作人员清楚地认识到自己应该承担的责任和义务，同时在与合作伙伴的业务往来中，相关制度的缺乏也为企业或组织带来风险；运营方面，缺乏对数据安全的系统投入，安全流程和制度无法长期落地，对于脆弱性的检测、风险处置、安全事件处理无法协同运作，对全网无法形成闭环的管控；运维方面，运维人员通常掌握着网络、应用系统及数据库的最高权限，缺乏对运维人员的监管和访问控制措施，部分运维人员的恶意窃取或是无意中的误操作行为，都会导致数据泄露的发生。

3. 数据全生命周期中存在的安全风险

1）数据采集和传输阶段

采集前端仿冒、伪造数据，导致数据交换共享平台存在被入侵的风险；传输链路被监听、嗅探，导致数据被篡改、窃取。

2）数据存储阶段

数据库管理员（database administrator，DBA）等特权用户越权访问、违规操作、误操作，导致数据泄露；数据库或文件未加密导致数据泄露。

3）数据使用阶段

用户通过外设发送敏感数据，通过截屏、拍照等方式窃取数据；内部人员通过应用系统违规窃取或滥用数据；商务智能（business intelligence，BI）分析人员越权、违规操作数据。

4）数据共享交换阶段

传输链路被监听、嗅探，导致数据被篡改、窃取；外部应用系统假冒数据接收对象获取数据；敏感数据分发给外部单位。

5）数据销毁阶段

重要存储介质在维修或报废前缺乏数据清除管控，未做到安全删除，存在数据泄露风险。

4. 智慧城市典型业务场景下的数据安全风险

1）数据分类分级不准确导致数据泄露风险

在实际的应用环境当中，每个部门的数据类型繁杂且数量巨大，如果只通过人工的手段去进行政务数据的分级和分类标识工作，不但效率低下，同时也难免会产生误差。分类分级标识一旦发生错误，必然会导致敏感或重要数据泄露的风险。

2）数据明文传输导致数据泄露风险

在数据传输过程中，如果不建立相应的数据传输安全措施，就无法确保传输过程中传输对象的准确、完整，以及在传输过程中不会被非法窃取。各政务单位根据数据传输场景的不同，应建立相应的数据传输安全措施。

3）能力开放平台数据共享交换场景中的数据泄露风险

在能力开放平台共享交换场景下，数据出口众多且管理不到位，不具备相应的敏感数据泄露检测能力和数据共享访问控制能力，对外发送数据时缺乏数据脱敏能力，都是导致数据泄露的重要风险点。

总体来说，智慧城市系统中汇聚着大量重要的城市数据，海量的数据中必然包括个人隐私、政务敏感数据甚至涉密数据，这些关键数据一旦泄漏、破坏，轻则影响政府声誉并出现不良社会舆论，重则导致社会稳定甚至威胁国家安全。同时，城市大数据平台作为数据产生、交互、处理、存储的心脏，拥有大量的数据库、业务系统以及其他关键服务，是数据密度最高、数据价值最大、数量最集中之地，因此是数据安全防护的重中之重和前沿阵地，必须确保其核心数据的高度安全。

10.2 以"资产"为核心的城市数据安全治理框架

10.2.1 智慧城市数据安全治理的概念和现状

《中华人民共和国数据安全法》中的"第四条　维护数据安全，应当坚持总体国家安全观，建立健全数据安全治理体系，提高数据安全保障能力""第十一条　国家积极开展数据安全治理、数据开发利用等领域的国际交流与合作，参与数据安全相关国际规则和标准的制定，促进数据跨境安全、自由流动"，两次提到了数据安全治理。

什么是数据安全治理？

国际咨询机构 Gartner 认为，数据安全治理不仅仅是一套用工具组合的产品级解决方案，而是从决策层到技术层，从管理制度到工具支撑，自上而下贯穿整个组织架构的完整链条。组织内的各个层级之间需要对数据安全治理的目标和宗旨达成共识，确保采取合理和适当的措施，以最有效的方式保护信息资源。

《数据安全治理白皮书》则认为，数据安全治理是以"让数据使用更安全"为目的的安全体系构建的方法论，其核心内容包括 4 项。①满足数据安全保护（protection）、合规性（compliance）、敏感数据管理（sensitive）三个需求目标；②核心理念，包括分级分类（classifying）、角色授权（privilege）、场景化安全（scene）；③建设步骤，包括组织构建、资产梳理、策略制定、过程控制、行为稽核和持续改善；④核心实现框架，包括数据安全人员组织（person）、数据安全使用的策略和流程（policy & process）、数据安全技术支撑（technology）三大部分。

总体来说，数据安全治理是与业务流程及数据全生命周期流转紧耦合的。数据安全治理是为了在提升数据资产价值、提高业务效益、降低数据安全风险的同时，实现数据安全保障的最优化。

智慧城市数据安全治理是数据安全治理在智慧城市场景中的扩展和落地应用，其治理对象包括智慧城市运转过程中所产生、使用、共享、开放和交换的数据。所涉及的业务流程包括城市信息公开、城市公共资源整合交换共享、社会公共事务处理等城市经济、社会运转的各个方面，渗透于数据采集、传输、处理、使用、销毁、导出等生命周期的各个阶段。

从目前的实际落地情况来看，智慧城市数据安全治理的责任部门主要为各地网信办、大数据局、委办局等政府相关机构。在面对严峻的数据安全形势，以及繁重的数据安全治理任务时，相关单位面临着机构、编制、经费、装备、科研、工程等统筹协调困难的问题，因此往往因为保障力度不够，成为智慧城市数据安全治理的制约因素。

此外，国家出台了密集的网络安全法律法规和政策要求，包括网络安全等级保护制度、关键信息基础设施安全保护制度、数据安全保护制度、个人信息安全保护制度等。在开展智慧城市数据安全治理时，相关制度并没有被有机地结合起来落地实施，制度落实衔接存在脱节的情况，数据安全相关业务和职能部门配合不够密切。

再者，在开展智慧城市数据安全治理的过程中，缺少对智慧城市数据安全的顶层设计，缺乏对不同数据集合、不同项目数据的统筹安全考量。这就容易导致数据安全与公共事务管理活动之间步调不一致，以及城市数据在不同部门、不同项目、不同业务之间进行流动时缺乏统一的安全保障力度。

最终，数据资产量级不清（不了解数据资产是否与实际资产相符，不知敏感数据在哪里、被谁访问）、数据资产安全状况未知（组织有意识提升数据安全防护能力，但不知具体风险有哪些、在哪里）、数据安全建设无头绪（缺少切实有效的数据安全管理制度流程，数据安全难以落实稽核）、数据安全建设成果无感知（采购了一批安全产品，但是否有效无评价机制，对新产生的风险无法感知）等，成为普遍存在的问题。

当前，我国智慧城市的数据安全治理尚处于起步阶段，各单位对数据安全治理极为重视，但想要做好智慧城市的数据安全治理工作，还需要结合风险治理理论，采用问题导向方法，采取综合治理方式，统筹兼顾技术和管理，进行全业务流程、全数据生命周期的安全治理。

10.2.2　常见的数据安全治理框架

1. DGPC 数据安全治理框架

DGPC 数据安全治理框架由微软于 2010 年提出，围绕数据生命周期、核心技术领域、数据隐私和机密性原则这三个核心元素构建，又称面向隐私、保密和合规的数据治理框架（data governance for privacy，confidentiality and compliance，DGPC），DGPC 框架主要由人员、管理和技术三部分组成。

如图 10-1 所示，DGPC 框架矩阵的行包括安全基础设施、身份和访问控制、信息保护、审计和报告、通用行为控制。列为数据生命周期过程，包括收集、更新、处理、删除、转换、存储。在技术领域，微软开发了一种基于数据全生命周期的数据安全差距分析工具。在开展数据安全治理时，可使用数据安全差距分析工具，对数据的隐私、保密、合规进行治理。

风险/差距矩阵					
	安全基础设施	身份和访问控制	信息保护	审计和报告	通用控制行为
收集					
更新					
处理					
删除					
传输					
存储					

图 10-1　DGPC 框架矩阵

但总体来看，DGPC 主要是从方法论的层面明确数据安全治理的目标，缺少对于在数据生命周期各环节如何落实数据安全治理措施的详细说明。

2. Gartner DSG 数据安全治理框架

Gartner 数据安全治理框架的应用范围最为广泛。如图 10-2 所示，该框架给出了自上而下贯穿整个组织的完整安全治理链条，给出了从决策层到技术层、从管理制度到支撑工具的整体设计思想，摆脱了仅采用产品级解决方案的弊端。

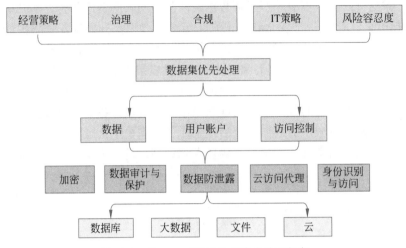

图 10-2　Gartner DSG 数据安全治理框架

在开展智慧城市数据安全治理时，可采用 DSG 顶层设计和整体设计的思想，将智慧城市数据安全治理与决策、技术、制度、工具有机融合。

3. 数据安全能力成熟度模型

2019 年 8 月，全国信息安全标准化技术委员会发布国家标准《信息安全技术 数据安全能力成熟度模型》，正式提出数据安全能力成熟度模型 DSMM（data security capability maturity mode）。

如图 10-3 所示，DSMM 模型的架构由 4 个安全能力维度、7 个数据安全过程维度、5 个能力成熟度等级维度构成。4 个安全能力维度包括：组织建设、制度流程、技术工具、人员能力；7 个数据安全过程维度包括：数据采集安全、数据传输安全、数据存储安全、数据处理安全、数据交换安全、数据销毁安全、通用安全，共计 30 个过程域；5 个安全能力成熟度等级维度，从低到高依次为 1～5 级。

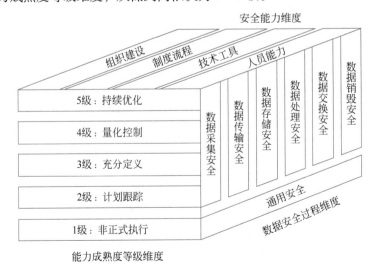

图 10-3　数据安全能力成熟度模型 DSMM

10.2.3 智慧城市数据安全治理框架

基于以上相关成熟框架和能力模型,本书提出了智慧城市数据安全治理框架,如图 10-4 所示。该框架基于数据全生命周期,采用顶层设计方法,基于 DGPC 数据采集分析工具发现并防范数据安全风险,根据 Gartner 数据安全治理方法,建设了自上而下的数据治理链条,从智慧城市的业务安全需求出发,建立了动态的数据安全管理制度和防护措施。其治理理念不仅是将智慧城市数据安全当作管理的一种目标、一种技术,还将其当作一个有机的整体和体系化的工程。

整体来看,智慧城市数据安全治理框架是以法律法规、监管要求和业务发展需要为输入,结合数据安全在组织建设、制度流程和技术工具方面的执行要求,匹配相应人员的具体能力,最终,组织的数据安全能力建设结果通过数据生命周期各个过程域来综合体现。

下面对整体框架设计进行说明。

1. 合规和业务需求

数据安全最终是为组织的业务发展而服务的,不能游离于业务之外或独立存在。在满足法律法规要求的前提下,数据安全能力建设须切合业务的发展需要来开展。

2. 组织建设

组织建设指数据安全组织的架构建立、职责分配和沟通协作。组织可分为决策层、管理层、执行层、监督层 4 层结构。其中,决策层由参与业务发展决策的管理者组成,制定数据安全的目标和愿景,在业务发展和数据安全之间做出良好的平衡;管理层是由数据安全核心实体部门及业务部门管理层组成,负责制定数据安全的策略和规划及具体的管理规范;执行层由数据安全相关的运营、技术和各业务部门接口人组成,负责保证数据安全工作能够推进落地;监督层由审计部门负责,负责对数据安全的实际治理效果进行监督。

3. 制度流程

制度流程指数据安全具体管理制度体系的建设和执行,包括数据安全方针和政策、数据安全管理规范、数据安全操作指南和作业指导,以及相关模板和表单等。

4. 技术工具

技术工具指与制度流程相配套且保证其有效执行的技术和工具,可以是独立的系统平台、工具、功能或算法技术等。需要综合所有安全域进行整体规划和实现,且要和组织的业务系统和信息系统等进行衔接,尤其需要与整体的数据资产梳理情况进行衔接。

5. 人员能力

人员能力指为实现以上组织、制度和技术工具的建设和执行,相关人员应具备的能力。核心能力包括数据安全管理能力、数据安全运营能力、数据安全技术能力及数据安全合规能力。根据不同的数据安全能力建设维度匹配不同的人员能力要求。

加强智慧城市数据安全治理,需要改变传统的以信息系统为防护对象的设计思路,

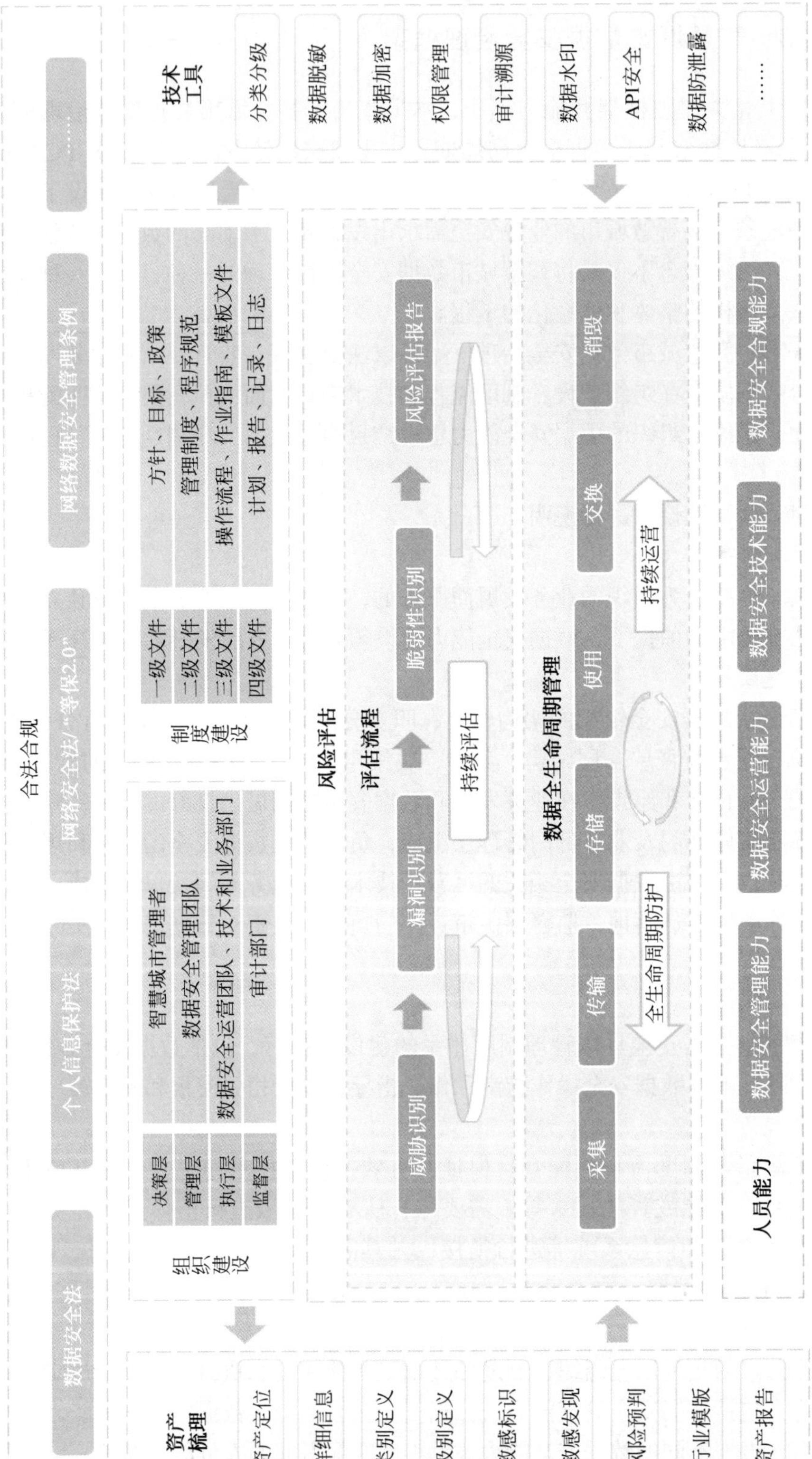

图 10-4　智慧城市数据安全治理框架

构建以数据为保护对象的安全防护体系，建立覆盖数据流转的安全防护体系，加强数据采集、存储、处理、交换等关键环节的保障能力建设，综合利用传输加密、存储加密、数据防泄漏、监管审计、权限管理等技术，实现数据流转过程中的安全防护。

10.3　构建"业务驱动"的城市数据安全治理体系

10.3.1　数据安全治理实践总体路径

为了有效地实践数据安全治理框架体系，需要一个系统化的过程完成数据安全治理工作的落地。我们需要：通过厘清数据资产风险，摸清安全现状；通过规划数据安全架构和建设路径，补齐短板以实现短期数据安全规划目标；通过常态化、持续有效的数据安全运营，实现数据安全全域可管、风险全局可视，以及数据安全可信的目标，从而最终达成"让数据更安全，更有价值"。

智慧城市数据安全治理实践总体路径，整体可分为 5 个阶段，如图 10-5 所示。

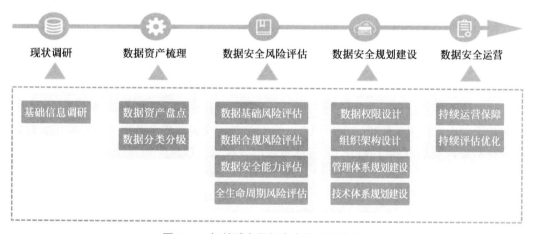

图 10-5　智慧城市数据安全治理总体路径

1. 现状调研

采用资料收集、问卷调研、现场访谈、系统演示和工具探查的方式，全面了解城市数据安全管理现状（如组织架构、数据安全相关的政策、制度和规范、业务特征、网络拓扑、数据存储情况等），明确主要痛点问题，提炼出数据安全建设的总体目标、主要方向和具体工作思路。

2. 数据资产梳理

数据资产盘点：通过"专业团队＋自动化工具"方式，梳理数据资产情况，形成数据资产清单。

数据权限现状：对不同用户权限的现状进行全面梳理，从用户维度和对象维度进行权限描述。

数据分类分级：结合国家、行业及自身特点，以数据最稳定的特征和属性为依据，完成数据分类和分级。

3. 数据安全风险评估

数据基础风险评估：通过安全基线检查、漏洞扫描、渗透测试等方式，发现数据处理环境中存在的安全漏洞。

数据合规风险评估：全面解读和分析《中华人民共和国数据安全法》《中华人民共和国个人信息保护法》，以及地方办法条例内容，通过联合对标分析，评估合规风险。

数据安全能力评估：依据数据安全能力成熟度模型，分析和评估当前组织的安全能力现状，明晰组织数据生命周期各阶段的能力现状与目标的差距。

全生命周期风险评估：参考信息安全风险分析方法，从资产和风险两大视角出发，基于数据分级结果和业务情况，建立组织风险评估模型，识别组织面临的数据安全风险。

4. 数据安全规划建设

数据权限设计：基于用户 / 角色和权限现状，在合规目标的指导下，结合数据分类分级结果，定制符合组织实际业务场景的数据安全权限。

组织架构设计：定义决策层、管理层、监督层、执行层的安全职责及动态协同机制。

管理制度体系规划建设：制定数据安全管理办法、应急管理等标准规范健全的制度体系，明确各个阶段的管理要求和规章制度，健全组织数据安全制度规范体系。

技术体系规划建设：从安全防护和可用性两大视角出发，针对具体场景进行数据安全防护建设，包括事前防护、事中阻断、事后追溯的全链路安全技术体系。其中，数据安全技术建设规划可分阶段进行，包括数据内控合规、数据全域管控、风险全局可视、数据安全可信。

5. 数据安全运营

以"人员 + 技术 + 流程 + 数据"四维能力为支撑，在数据安全保障过程中，不同的角色团队，要在日常的管理、业务执行和运维工作中，将相关的流程规定落地执行，并要采用相对应的数据安全支撑工具，在管理和运维的过程中将这些工具进行融入。

加强数据安全行为稽核，对数据的访问过程进行审计，检查在当前的安全策略有效执行的情况下，是否还有潜在的安全风险；同时，以数据安全保障能力改善为目标，持续对数据资产情况进行梳理，改组当前的数据安全组织结构、修订当前的数据安全策略和规范、持续保证安全策略的高效落地。

10.3.2 智慧城市数据安全现状调研

1. 搜集并分析现有文档

搜集并分析智慧城市体系现有的数据安全治理文档，包括战略、安全目标、策略方针、规章制度、行业规范、程序文件、操作手册、工作流程等，了解智慧城市数据安全治理现状，以及现有制度的缺失情况。

2. 数据安全治理目标调研

通过访谈，确定智慧城市数据安全的建设目标。数据安全治理在实现业务战略目标中的地位，决定着数据安全治理的需求，从而决定着数据安全治理的战略使命。因此，数据安全治理目标的确定，应该是智慧城市建设中一个重要的战略性决策，它与城市数据安全的整体风险控制目标是相匹配的。对城市数据安全治理目标的调研，主要通过与智慧城市建设决策层的访谈来获取。

3. 数据业务流程分析

数据安全治理的最终目标是保障智慧城市的各项业务能顺利、有效地开展，业务分析的目标包括对智慧城体系中的各个部门核心业务目标、组织架构、关键业务流程进行分析，通过对信息数据流转情况的分析，为后续风险评估过程的资产识别、脆弱性分析和威胁分析提供基础。

在业务流程分析阶段，会对智慧城市的业务各个层面、各个业务模块进行细致深入的调查和了解，分辨核心业务与一般业务，了解业务流程和支持资源，并做业务影响分析。

4. 组织架构调研

完整、清晰的组织机构和职责划分，是保证数据安全体系高效落地的重要保证。调研前期需要了解智慧城市建设主管部门的组织结构情况，为后续构建合理的安全组织架构做好准备。

5. 信息资产调研

通过资产调查表采集智慧城市体系的信息资产信息后，通过与相关业务的技术人员、管理人员进行交流，对信息资产进行归类，并依据信息资产在整个信息系统中的重要程度对信息资产安全属性进行赋值。

6. 安全技术和管理措施调研

此阶段是安全现状调研的一个重点，将通过现场访谈、现场测试、漏洞扫描、人工审计等方法来了解当前的安全管理和技术安全措施情况。

调研过程中，一方面，从管理层面讲，通过现场访谈、现场测试等方式，调研安全管理控制措施。在现场访谈之前，需根据机构的组织结构及分工情况，制订现场访谈的计划，访谈范围涉及 IT 主管、安全主管、安全审计员、系统运维人员、网络管理人员、机房管理人员、开发人员、业务系统使用人员等，访谈内容涉及数据安全治理的所有标准。另一方面，从技术角度讲，通过漏洞扫描、人工审计等方式，调研安全技术措施，并通过数据资产调查表采集机构的数据资产信息。

通过访谈管理和技术人员，可以收集到业务系统相关的物理、环境、安全组织结构、操作习惯等大量有用的信息，也可以了解到员工的安全意识和安全技能等自身素质。

通过现场测试，检查当前智慧城市采取了哪些安全技术措施，配置了哪些安全设备，安全设备的配置如何等。同时，也可对办公环境和机房环境作现场检查，通过观察员工的行为，获取管理制度的执行情况和物理安全状况方面的信息。

10.3.3 智慧城市数据安全资产梳理

1. 智慧城市数据安全分类分级

数据安全分类分级是进行数据安全全生命周期防护工作的前提条件，对数据进行安全分类、安全分级，针对不同级别的数据进行相应的安全防护是数据安全的重中之重。

智慧城市的数据一般属于公共数据，即由政务部门和公共企事业单位在依法履职或生产经营活动中，产生和管理的数据。这些海量的数据是重要的资源，涉及领域庞杂并存在数据安全风险隐患。

从数据安全管理角度考虑：一方面，需要根据公共数据所具有的共同属性或特征，将每一条数据都打上分类标签，经过精细化分类、精准化标签，可对数据采取有效的管理；另一方面，根据公共数据遭泄露、破坏后，对国家安全、社会秩序、公共利益，以及对公民、法人和其他组织的合法权益的危害程度，确定公共数据的安全级别，为数据全生命周期管理的安全策略制定提供支撑。

1）智慧城市数据安全分类参考因素

数据安全分类考虑的维度较多，主要包括数据管理维度（如数据产生频率、数据产生方式、数据结构化特征、数据存储方式、数据质量要求等）、业务应用维度（如数据产生来源、数据所属行业、数据应用领域、数据使用频率、数据共享属性、数据开放属性等）、安全保护维度（如核心数据、重要数据、一般数据等）、数据对象维度（如个人数据、组织数据、客体数据等）。

2）智慧城市数据安全分级参考因素

总体来看，智慧城市数据安全分级，应根据城市数据遭篡改、破坏、泄露或非法利用后对国家安全、社会秩序、公共利益，以及对公民、法人和其他组织的合法权益的危害程度来确定数据的安全级别。从目前全国范围内落地的实践情况来看，智慧城市数据分级一般分为4级，由高至低分别为敏感数据（L4级）、较敏感数据（L3级）、低敏感数据（L2级）、不敏感数据（L1级）。

表10-1所示为国内某省份公共数据安全分类分级示例，可供参考。

表10-1 公共数据安全分类分级示例

数据类型	数据级别			
	L1	L2	L3	L4
组织	数据特征： 已经被企业明示公开或主动披露的数据；一般公开渠道可获取的数据 示例： 企业信用评价信息，已向社会公示的企业信息、许可信息、处罚信息	数据特征： 涉及法人和其他组织权益的内部数据，用于一般业务使用，针对受限对象共享或开放 示例： 空气环境监测信息，社会组织严重违法失信名单	数据特征： 涉及法人和其他组织权益的内部数据，仅对受限内部对象共享或开放，一旦泄露会给企业带来直接经济损失或名誉损失的信息 示例： 社保欠费，企业信息，企业年报	数据特征： 法律法规明确保护的企业数据，泄露会给企业带来严重的经济损失或名誉损失，且对社会及其他组织造成损害的信息 示例： 银行账户异动信息，法人账号信息，财务报表

数据类型	数据级别			
	L1	L2	L3	L4
个人	数据特征： 　　已经被政府、个人明示公开或主动披露的数据；一般公开渠道可获取的公民信息数据 示例： 　　律师年度评价情况信息，公民法律援助申请信息，个人信用评价信息	数据特征： 　　涉及公民的个人数据，用于一般业务使用，针对受限对象共享或开放，个人向特定群体公开的信息 示例： 　　老年人优待证信息，无偿献血证	数据特征： 　　法律法规明确保护的个人隐私数据；泄露会给个人带来直接经济损失的信息 示例： 　　社会保障卡，户口本居住证，不动产权证	数据特征： 　　依据国家法律法规和强制性标准或法规规定的特别重要数据，主要用于特定职能部门、特殊岗位的重要业务，只针对特定人员公开，且仅为必须知悉的对象访问或使用的数据，一旦泄露会对国家、社会造成严重损害 示例： 　　出院记录，门诊就诊记录
客体	数据特征： 　　按照法律法规，明示公开或主动披露的数据；一般公开渠道可获取的数据 示例： 　　废弃排放信息	数据特征： 　　涉及客体的总体数据或粗颗粒度数据；经规定程序审核后，可向社会公开的数据 示例： 　　近岸海区预报信息	数据特征： 　　涉及政府的内部信息，用于一般业务使用，针对受限对象共享或开放 示例： 　　高速收费站过车信息，市内道路管制信息	数据特征： 　　国家法律法规和强制性标准定义的重要数据，一般只针对特定人员公开，且仅为必须知悉的对象访问或使用，被破坏或泄露，会对社会、组织等造成损害 示例： 　　环境质量小时值、GIS设备图标信息

2. 数据分类分级工作落地实施

从实践角度来看，应根据智慧城市业务数据的属性，识别适用的法律法规及行业／区域标准。通过人工调研、业务访谈、机器学习、标准导入、业务数据抓取、数据库主动发现、文本识别等技术，提取数据文件的核心信息，按照内容对数据进行梳理，生成标注样本，经过反复的样本训练与模型修正，实现对企业数据的精准分级分类。

一般来说，数据分类分级工作应采用"服务＋技术"组合的方式进行落地实施。此时，数据安全梳理分级分类工具起到了重要的作用。依托数据分类分级工具，通过设置数据资产重要度的规则，辅助数据分类分级服务，能够快速发现数据资产的分布情况，定位敏感核心数据的分布情况，提升数据资产分级分类的效率及准确度。

数据资产安全管理系统是比较常见的一种数据分类分级工具。该系统在为用户提供全域数据资产智能挖掘和扫描梳理的基础上，依据用户对数据资产价值、敏感度、类别等的具体界定，进行数据分类分级的标示、敏感数据扩散边界控制、风险动态监测和防护等，同时，利用数据安全智能识别引擎及可视化技术直观呈现数据分布、状态、流转、关联等详细信息的数据安全治理系统。

数据资产安全管理系统从资产的视角对数据源、数据表／文档、字段进行实时、动态地监测，可以为用户提供多维多样的敏感数据发现识别、数据资产实时动态监察、全局数据资产统一展现，为数据安全治理和风险管控提供精准的依据和量化支撑。该类系统的功能一般包括数据资产识别、数据资产管理、敏感数据发现、数据分类分级、资产风险分析、资产安全统计呈现等。

1）数据资产识别

在进行数据安全防护或者数据治理时，知道数据所代表的含义，以及知道哪些是敏感数据是最基础也是最重要的工作。借助工具实现自动化的元数据信息获取，通过多维度的数据特征解析数据含义，以完成对数据的分类和分级。

（1）发现作业配置。

在开展资产发现作业之前，可按照发现要求进行相应的配置和数据范围的灵活选择，可选择数据库、表等粒度进行发现；可灵活配置发现内容，如发现模板，抽样行数、命中率要求等；此外还可以设置定时调度和调整发现作业中的基础参数。

（2）业务类型解析。

根据内置的数据标准，可以实现自动识别数据格式，并在此基础之上，通过自然语言处理、特征分析等方法对扫描过的数据进行语义内容识别，分析字段的业务类型，帮助用户快速和深入地认识数据代表的含义。

在进行结果查看和确认时，按照不同的识别情况分模块展示发现结果，包括成功识别、自动配置和人工配置等模块。支持自动分析字段数据的内容是否为空数据和脏数据。支持对数据特征比较明显的字段，自动分析并整理为规则，包括可整理为数据字典、可整理为规则，辅助用户快速确认结果。查看详情时，支持按字段名、表名、业务类型等进行排序、筛选操作，同时可以根据识别结果的匹配率，以及字段的样本数据对识别结果进行修正。

（3）发现结果清单。

资产全部发现及数据分析结束后，系统会生成资产发现清单，包括字段的业务信息和分类分级信息，以及敏感表格的信息。该清单支持用户对结果属性进行编辑，支持导出并进行后续的输出和利用。

（4）分类分级报告。

数据分类分级完成后会生成相应的数据分类分级报告，包括数据总览、数据分类统计、业务类型数量排序、数据分级统计等，通过可视化报表的方式帮助用户直观了解数据分类和分级的信息，并支持报表的导出。

2）数据资产管理

系统提供数据资产安全管理功能，在有效识别数据分布的同时，协助了解内部数据资产的安全情况。同时，智能化地探索梳理结构化数据间、非结构化数据间的敏感数据关系，根据敏感数据间的关系生成敏感数据地图等。

系统支持检索查询，方便用户在海量数据资产中快速地定位风险资产，并对风险资产推荐相应的风险防护方案等。

（1）自动发现。

通过快速的敏感发现功能，一键式对数据库内的敏感信息进行扫描发现，对发现的敏感资产进行快速地分级分类，以达到保护资产的快速梳理，从而减少运维配置工作。适配多种数据源，包括关系型数据库、NoSQL、Hadoop等数据源，自动进行周期性扫描、发现数据。

（2）发现规则。

个人敏感信息：包括中文姓名、身份证、银行卡、医师资格证书、医师执业证书、护照、军官证、中国护照、港澳通行证、永久居住证、大陆居民往来台湾通行证、韩文姓名、英文姓名、姓名拼音等个人信息。

机构敏感信息：包括组织机构代码、组织机构名称、医疗机构登记号、营业执照、社会统一信用代码、税务登记证、开户许可证、证券名称、证券代码、基金名称、基金代码、英文公司名称等与企业机构相关的信息。

其他基础信息：包括电话、电子邮箱、地址、邮政编码、IP 地址、日期、货币金额、JSON 串、车牌号码等。

（3）分级分类。

系统内置多种业务模型，支持自定义业务模型，不同的业务模型对应不同的敏感级别，可对资产进行快速分级分类，按照资产类别与敏感级别进行统一管理。同时支持业务模型的自定义，通过增加语料完成业务模型自学习，并根据多种维度和行业数据对数据进行分类分级。

3）敏感数据发现

系统内置敏感数据特征库，通过关键字、正则表达式、算法等构建丰富的特征项，用于定义敏感数据识别的匹配配置策略，同时，特征项支持自定义敏感数据的类型和特征，如个人敏感数据、商业敏感数据、政务敏感数据等。

通过敏感数据发现可以从海量数据中自动发现、分析敏感数据的分布及使用情况，及时发现数据资产是否存在安全违规并进行风险预警，帮助用户防止数据泄露和满足合规要求。

系统可根据预先定义的敏感数据特征，通过内置的敏感数据发现规则对数据资产内容进行随机抽样以实现敏感字段的发现和识别，以及敏感数据的识别打标功能，并支持定时、定期自动执行敏感数据发现任务的功能。

4）数据分类分级

数据分类分级主要用于维护数据类别标签及数据风险等级。系统内置丰富的数据分类分级模型，并支持自定义数据类别标签及数据风险等级，可通过敏感数据发现任务自动打标或手动打标。

数据类别标签支持分类标示管理，可多维度、多层级地通过自定义类别标签进行数据分类管理，如数据内容、数据用途、数据来源及其他多维度分类。

数据等级标签支持分级标识管理，可由业务部门根据数据发生泄露后对机构安全、社会秩序及公共利益、公民 / 法人 / 其他组织合法权益的危害程度进行敏感度分级，如数据敏感度总体上可分为公开、内部、受控、敏感、机密。

在数据识别的基础上，完成字段业务类型的识别后，会自动输出对应的分类和分级信息，实现对数据的分类和分级，明确数据按照业务的分类情况、按照重要程度和敏感程度的分级情况。用户可以筛选分级，查看不同敏感程度数据的分布和信息。用户可以筛选分类，查看不同分类下数据的分布和信息。用户可根据自动化的分类分级结果，定位敏感数据和重要数据，从而对敏感数据采取相应的安全防护措施，包括敏感数据访问审计、数据脱敏等，实现对敏感数据的保护。

5）资产风险分析

通过资产风险报警可以从海量数据资产中快速发现和定位敏感数据资产，追踪敏感数据的使用情况，并根据安全管理规则，实时推送资产风险，以确保能实时了解数据资产的安全状态并制定相应的防护方案。对于根据敏感资产的动态变化所形成的异常事件提醒，系统提供紧急、重要、警告、提醒4个等级的报警事件，由高到低依次用红色、橙色、黄色和蓝色标示。报警查询支持通过时间段、报警等级、报警类型、报警来源等条件进行历史报警的检索查询。

6）资产安全统计呈现

系统支持资产安全报表，可提供丰富的资产报表形式，通过报表功能形成数据资产专项报表，如整体资产统计报表、敏感数据梳理报表等，供分析审核。

10.3.4　智慧城市数据安全风险评估

1. 数据安全风险评估方法

参照信息安全风险评估方法，以数据资产为评估对象，数据处理活动中所面临的风险为评估内容，实现一套可落地的数据安全风险评估方法。其核心内容包括评估准备、风险识别、风险分析和风险评价。

（1）评估准备：实施风险评估工作，首先是从国家法律法规及行业监管、业务需求评估等的相关要求出发，从战略层面考量风险评估结果对智慧城市业务相关方面的影响。数据安全风险评估准备的内容，主要包括评估对象、评估范围、评估边界、评估团队组建、评估依据、评估准则、制定评估方案并获得管理层支持。

（2）风险识别：主要包括数据资产价值的识别、数据处理活动要素的识别、合法合规性识别、威胁识别、脆弱性识别，以及已有安全措施的识别。

（3）风险分析：通过采取适当的方法与工具，可得出智慧城市系统所面临的合法合规性风险、数据安全事件发生的可能性，以及数据安全事件发生对组织的影响程度，从而得到数据安全风险值。

（4）风险评价：在执行完数据安全风险分析后，通过风险值计算方法，会得到风险值的分布状况，进而对风险等级进行划分，一般会划分为高、中、低3个等级。依据风险评价中风险值的等级，明确风险评估结果的内容。

数据安全风险评估方法在参照信息安全风险评估方法的基础上，更加关注数据资产，以及在相关数据处理活动中所面临的风险情况。通过对数据资产和数据处理活动中要素的梳理，结合已有合规措施，完成数据安全合法合规性分析。再通过对数据资产价值、处理活动脆弱性和威胁识别等要素的识别，结合已有技术安全措施，完成技术脆弱性和威胁分析，形成数据安全事件分析报告。综合数据安全合法合规分析和数据安全事件分析报告，最终形成数据安全风险值。

2. 智慧城市数据安全风险评估范围

智慧城市的数据作为支撑城市经济社会运转的重要基础，包含了广泛的数据内容，小到公民的个人信息，大到国家的重大决策和机密数据。智慧城市数据的安全风险分析评估对于有效地防范数据中存在的安全问题是必不可少的。

其中，评估的风险范围包括以下几个方面。

1）数据安全法律法规遵从性评估

数据安全符合相关法律法规的要求是开展一切数据处理活动的前提和基础，也是最受关注的安全保障能力之一。数据安全风险评估不能完全避免数据安全风险的发生，但可以减少违法违规行为的发生。数据安全法律法规遵从性评估的核心在于依据国家、行业、区域的法律法规及标准要求，重点评估智慧城市运营者及其他数据处理者相关的数据安全在相关法律法规中的落实情况，包括个人信息保护情况、重要数据出境安全情况、网络安全审查情况、密码技术落实情况、机构人员的落实情况、制度建设情况、分类分级情况、数据安全保障措施的落实情况，以及其他法律法规、政策文件和标准规范的落实情况等。法律遵从性评估的目的不仅是应对风险，更多的是找出差距，驱动数据安全建设合法化，完善数据安全治理体系。

2）数据环境安全评估

数据环境安全是指数据全生命周期安全的环境支撑，可以在多个生命周期环节内复用，主要包括主机、网络、操作系统、数据库、存储介质等环境基础设施。针对数据环境的安全评估主要包括通信环境安全、存储环境安全、计算环境安全、供应链安全和平台安全等方面。另外，随着开源工具在智慧城市系统建设中的广泛使用，城市系统平台开发和运维的开展，城市数据挖掘利用的外包形态、人员和技术组件等存在很高的安全隐患。

3）数据处理安全评估

数据处理安全的评估围绕数据处理活动的收集、存储、使用、加工、传输、提供、公开等环节开展。主要针对数据处理过程中收集的规范性、存储机制安全性、传输安全性、加工和提供的安全性、公开的规范性等开展评估。智慧城市数据大多和国计民生、国家经济发展等紧密关联，数据量巨大、附加价值非常高，同时，在城市业务开放、数据多渠道共享、数据交互场景复杂等多因素叠加的情况下，面临的安全威胁剧增。

4）城市数据的跨境风险评估

重要数据出境是数据安全风险评估所重点关注的风险场景，如果智慧城市业务中包括数据出境的业务，需要对此开展专项评估，重点评估出境数据发送方的数据出境约束力、监管情况，以及出境数据接收方的主体资格和承诺履约情况等。

3.智慧城市数据安全风险评估实践

从落地的角度来看，智慧城市数据安全风险评估过程，一般以风险识别中得到的基本要素及其属性作为输入，通过风险计算过程得到风险值，同时描述如何评价风险计算结果，在完成了数据资产识别、数据应用场景识别、数据威胁识别、脆弱性识别，以及对已有安全措施确认后，将采用适当的方法与工具确定数据威胁利用脆弱性导致安全事件发生的可能性，以及安全事件发生对组织的影响，从而获知安全风险。

1）资产识别

为了对城市数据资产的价值进行准确的评估，可以以数据的重要程度属性为根据，并从数据的作用范围和敏感程度两个维度计算数据资产的重要程度。城市数据的作用范围表示使用数据产生的利益辐射范围。根据数据的作用范围,将城市数据分为以下三个类别。

(1)较小:数据的作用在业务发展战略中的定位相对较低,作用范围只覆盖到业务、组织内部或数据资产本身,对组织和社会的经济和声誉等影响较小。

(2)一般:数据的作用在业务发展战略中的定位中等,作用范围能够覆盖业务、组织或企业等较大范围,对组织或企业的经济及信誉影响较大。

(3)很大:数据作用范围在业务发展战略中的定位非常高,已上升到社会层面,直接影响到国家的政治、经济和文化等方面。

城市数据的敏感程度表示数据在泄露后造成的危害程度,根据数据的敏感程度将数据分为三个类别,分别为公开数据、内部数据和敏感数据。

(1)公开数据:公开数据的使用对象为所有社会公众,可主动公开在面向社会公共服务的城市应用系统中,如公开的通知公告、已发布的标准规范等。

(2)内部数据:内部数据的使用对象为组织内的所有人员,仅可在组织内部被读取和使用,如政务电话表、内部通知公告等。

(3)敏感数据:敏感数据的使用对象为组织内的部分人员,仅可在内部的可控范围被读取和使用,如一些未公开的研究数据等。

2)数据应用场景识别

确定待评估的数据对象后,针对每一类待评估的数据对象,识别其涉及的各类应用场景。数据应用场景涉及业务流程或使用流程、相关数据活动,以及流程各环节的参与主体。在不同的数据应用场景中,数据威胁、脆弱性,以及已有的安全措施可能存在差异,因此需要分别结合数据风险值进行综合评价。

3)威胁识别

威胁是一种对资产构成潜在破坏的可能性因素,是客观存在的。数据威胁要素属性包括数据威胁动机、能力及频率。分析出具体的数据威胁后,需要进一步根据威胁可能的来源分析其攻击动机、攻击能力,并根据调查分析威胁产生的概率。数据威胁发生可能性的赋值由数据威胁动机赋值、能力赋值及频率赋值共同确定。

4)脆弱性识别

脆弱性是数据应用场景自身存在的。如果没有被数据威胁利用,脆弱性本身不会对数据资产造成损害。如果数据应用场景中涉及的信息系统、存储系统、业务系统足够健壮,那么数据威胁就难以导致安全事件的发生。一般通过尽可能消减数据应用场景的脆弱性,来阻止或消减数据威胁造成的影响,所以脆弱性识别是数据安全风险分析中最重要的一个环节。

脆弱性要素属性包括脆弱性可利用性、脆弱性影响严重程度。通过分析城市数据应用场景中的脆弱点可能被利用的访问路径、访问复杂性、鉴别次数来判断脆弱性可利用性,若应用场景中已部署了安全措施,可视情况调整可利用性等级。通过分析脆弱性对数据机密性、完整性、可用性和可控性的影响,判断其对数据影响的严重程度。

脆弱性可从技术和管理两个方面进行审视,技术脆弱性涉及IT环境的物理层、网络层、系统层和应用层等各个层面的安全问题隐患。管理脆弱性又可分为技术管理脆弱性和组织管理脆弱性两个方面，前者与具体的技术活动相关，后者与管理环境相关。

5）已有安全措施识别

安全措施可以分为预防性安全措施和保护性安全措施两种。有效的安全措施与脆弱性识别存在一定的联系。一般安全措施的使用将减少系统技术或管理上的脆弱性，已有安全措施在脆弱性分析过程中，分别影响脆弱性可利用性与脆弱性影响严重程度的赋值。

6）风险计算

数据安全风险分析的主要过程如下。

（1）根据数据威胁脆弱性利用关系，结合数据威胁的可能性、脆弱性和可利用性计算安全事件发生的可能。

（2）根据数据重要程度及脆弱性影响严重程度，计算安全事件一旦发生后对数据、业务及组织造成的影响。

（3）部分安全事件的发生所造成的损失不仅仅针对该数据资产本身，还可能影响业务连续性、组织声誉等，造成经济损失；不同安全事件的发生对业务与组织造成的影响也是不一样的。在计算某个安全事件的影响时，应将其对组织的影响也考虑在内，计算出安全事件发生的可能性及安全事件的影响程度。

（4）综合数据资产在各应用场景中的风险，确定数据资产在不同应用场景下的风险值，最后根据不同场景对于风险的影响因子，综合计算数据资产风险，再根据综合风险值计算结果，最终对政务数据的安全风险进行评估。

10.3.5　智慧城市数据安全规划建设

1. 数据安全管理制度体系规划和建设

数据安全管理制度建设是数据生命周期安全管控的前提条件，只有建立了与数据安全防护能力相对应的管理制度，才能确保数据安全管理手段真正落地。智慧城市数据安全制度需要围绕城市大数据安全技术设施的建设和定位，制定相应工作模式下的相关规章制度。

参考成熟的安全管理体系框架，数据安全管理制度体系应包括以下几个文件。

一级文件：方针和总纲，是面向组织层面数据安全管理的顶层方针、策略、基本原则和总的管理要求等。

二级文件：数据安全管理制度和办法，是指数据安全通用和各生命周期阶段中某个安全域或多个安全域的规章制度要求等。

三级文件：数据安全各生命周期及具体某个安全域的操作流程、规范，以及相应的作业指导书或指南、配套模板文件等。

四级文件：执行数据安全管理制度产生的相应计划、表格、报告、各种运行和检查记录、日志文件等。

从实施角度来看，智慧城市数据安全管理制度体系的规划和建设过程如下。

1）确定数据安全管理方针

安全管理方针是领导层决定的一个全面性声明，是最高的安全文件。它阐明了数据安全工作的使命和意愿，明确了安全管理的范围，定义了安全的总体目标和安全管理框架，规定了数据安全责任机构和职责，建立了数据安全工作运行模式等。

智慧城市数据安全应采取积极防御、综合防范的方针，坚持保障城市数据安全与促进信息化发展相协调、管理与技术统筹兼顾的原则，实行统一协调、分级管理、分工负责的工作方式。城市数据安全和信息化工作应当同步规划、同步建设、同步实施、同步发展。

2）明确数据安全组织和职责

明确城市数据管理工作的责任主体。根据城市应用系统整合共享的集约化要求，规定各级政府、各级大数据工作主管部门和其他有关部门的具体职责分工。各单位应对本单位的数据安全负主体责任，其主要负责人是本单位数据安全的第一责任人。各级管理部门负有监督管理责任。智慧城市相关职责主体，一般包括各级大数据局、电子政务管理部门、所涉及的各单位等。

3）明确各业务环节的数据安全管理要求

根据智慧城市数据管理工作责任主体所涉及的主要业务环节，制定相应的管理要求。主要制度文件包括《数据安全管理办法》《数据安全分级分类管理办法》《数据安全全生命周期管理制度》《数据安全分级分类操作指南》《数据资产安全管理规范》《数据运营安全管理规范》《数据安全角色管理规范》《数据安全权限管理规范》《数据安全运维管理制度》《数据销毁管理制度》《数据灾备恢复制度》《数据安全应急管理制度》《数据安全审计日志规范》《数据安全加密规范》《数据安全脱敏规范》《数据开发访问敏感数据安全规范》《数据治理涉及敏感数据安全规范》《应用系统访问数据安全管理规范》等。

4）健全信息通报与应急处置机制

应健全城市数据安全应急管理制度，设立或者指定应急工作管理机构，负责应急管理工作。各级主管部门应当建设数据安全监测通报平台，会同公安等部门开展对监测信息、监督检查信息和上级通报信息的分析研判和风险评估，按照规定发布安全风险预警或信息通报。

建立应急预案并定期进行应急演练。同时与当地线路运营商、电力、公安等部门建立应急协调机制，及时处理由网络中断、电力供应和非法攻击行为等引发的政务数据安全事件。

5）规范数据安全监督检查管理制度

配置专职或兼职人员作为数据安全监督检查员，能够依照国家、省、市要求，实行城市数据安全年度检查和专项检查，将数据安全检查工作列入年度行政检查计划，并组织落实国家、省、市布置的其他检查工作。

6）建立责任追究制度

数据安全管理工作应建立相应的责任追究制度并明确相关法律责任。实行安全事件责任追究制度，依照有关法律法规和规章制度，追究数据安全事件责任人的责任。

对于危害城市数据安全,或者利用城市数据实施违法行为的,应当依法追究其法律责任。

7)加强制度体系成果培训

风险处理计划要得以成功落实,各项控制措施和既定策略要被贯彻执行,必须不断通过培训等方式加以促进和强化。从管理制度体系发布实施开始,应向所有人员宣传数据安全治理知识和数据安全治理体系,目的在于提升人员整体的安全意识、增强其安全操作技能、推行安全体系文件、巩固数据安全治理策略的执行效力。

2. 数据安全技术体系规划和建设

在数据安全风险评估的基础上,以智慧城市业务为核心,合理规划数据安全技术防护措施,是数据安全体系建设的重要基础。

一方面,聚焦数据安全生命周期,基于数据安全的风险分析成果,加强数据全生命周期的安全防护能力建设。对于数据采集环节,采用身份认证、准入控制、分类分级等手段,保障数据被依法依规采集、获取;对于数据传输环节,采用数据防泄漏、数据审计等手段,保障数据被安全传输;对于数据存储环节,采用数据发现、标记、分类分级、加密等手段,保障数据被安全存储;对于数据使用环节,通过数据认证授权、访问控制、审计、脱敏等手段,保障数据被合规使用;对于数据共享环节,采用动态脱敏和审计等手段,保障数据被安全共享;对于数据销毁环节,采用销毁审计等手段,保障数据被安全销毁。对于数据采集、数据传输、数据存储、数据使用及共享、数据销毁各环节采取相应的安全防护措施,建立数据全过程的纵深安全保护体系,保障数据的全生命周期安全。

另一方面,加强数据安全监测管理能力建设。基于资产管理视角,实现全域数据流动监测能力、数据安全风险感知和分析能力、一体化防护策略管理能力。通过敏感数据地图、策略协同、风险分析等特性,与数据全生命周期的安全控制点全面协同,实现数据可视、风险可管、数据可控的目标。

1)数据全生命周期安全防护策略设计

从实施角度看,当前智慧城市数据安全策略规划主要从数据分级角度进行规划设计,具体考虑因素包括以下几个方面。

(1)数据泄露。数据泄露方面的安全级别及建议见表 10-2。

表 10-2　数据泄露

数据安全级别	数据泄露方面的安全建议
4 级	由于数据泄露后会造成严重损害,因此该安全级别可考虑增加对关键安全要素的数据段进行加密存储,以降低数据泄露的可能性
3 级	由于数据泄露后会对小部分群体造成损害,因此该安全级别可考虑通过权限控制、数据操作审计等措施降低数据泄露的可能性
2 级	由于数据泄露后无危害,因此该安全级别可不考虑数据防泄露问题
1 级	由于数据泄露后无危害,因此该安全级别可不考虑数据防泄露问题

（2）数据共享与发布。数据共享与发布方面的安全级别及建议见表10-3。

表10-3　数据共享与发布

数据安全级别	数据共享与发布方面的安全建议
4级	由于数据泄露后会造成严重损害，因此该安全级别可考虑增加对用户身份的校验、数据发布渠道的安全防护，确保知悉对象身份可信、数据安全传输
3级	由于数据泄露后会对小部分群体造成损害，因此该安全级别需要对发布或共享的内容进行处理和审查，确保发布对象可以知悉该数据内容
2级	由于数据泄露后无危害，因此该安全级别信息发布通过身份等方式进行控制
1级	由于数据泄露后无危害，因此该安全级别发布可不多加限制

（3）数据访问控制。数据访问控制方面的安全级别及建议见表10-4。

表10-4　数据访问控制

数据安全级别	数据访问控制方面的安全建议
4级	由于数据泄露后会造成严重损害，因此该安全级别可考虑增加对访问控制策略的修改权限要求，确保访问控制策略配置合理
3级	由于数据泄露后会对小部分群体造成损害，因此该安全级别需要进行细粒度的访问控制、访问控制机制、权限划分机制，确保对数据的合理访问
2级	由于数据泄露后无危害，因此该安全级别信息访问控制可粗粒度管控
1级	由于数据泄露后无危害，因此该安全级别访问控制可不多加限制

（4）数据计算存储。数据计算存储方面的安全级别及建议见表10-5。

表10-5　数据计算存储

数据安全级别	数据计算存储方面的安全建议
4级	由于数据泄露后会造成严重损害，因此该安全级别可考虑增加对数据的落盘存储加密要求，确保数据的机密性
3级	由于数据泄露后会对小部分群体造成损害，因此该安全级别的信息存储需要对数据进行防篡改防护，在计算时需要控制数据的计算区域，保证数据在可控范围内存储和计算
2级	由于数据泄露后无危害或较小危害，因此该安全级别信息计算存储需要对数据进行多副本存储，保证其可用性
1级	由于数据泄露后无危害，因此该安全级别信息计算存储需要对数据进行多副本存储，保证其可用性

（5）信息可信保障。信息可信保障方面的安全级别及建议见表10-6。

表10-6　信息可信保障

数据安全级别	信息可信保障方面的安全建议
4级	由于数据泄露后会造成严重损害，因此该安全级别需要数据质量管理机制，确保数据的质量
3级	由于数据泄露后会对小部分群体造成损害，因此该安全级别需要数据质量管理机制，确保数据的质量

续表

数据安全级别	信息可信保障方面的安全建议
2 级	由于数据泄露后无危害，因此该安全级别信息确保信息来源可信、信息采集传输过程中的不被篡改
1 级	由于数据泄露后无危害，因此该安全级别信息确保信息来源可信、信息采集传输过程中的不被篡改

（6）信息追踪溯源。信息追踪溯源方面的安全级别及建议见表 10-7。

表 10-7　信息追踪溯源

数据安全级别	信息追踪溯源方面的安全建议
4 级	由于数据泄露后会造成严重损害，因此该安全级别可考虑增加对数据操作的日志记录
3 级	由于数据泄露后会对小部分群体造成损害，因此该安全级别需要数据相关使用者信息，数据流转过程
2 级	由于数据泄露后无危害，因此该安全级别信息确保信息的输入和输出日志记录
1 级	由于数据泄露后无危害，因此该安全级别信息确保信息的输入和输出日志记录

表 10-8 所示为国内某省份公共数据安全分级保护基本要求，可供参考。

表 10-8　公共数据安全分级保护基本要求示例

类型	L1	L2	L3	L4
数据采集	1. 公共数据采集应遵循合理、正当、必要原则 2. 公共数据采集设备应符合安全认证，采集流程和方式符合相应要求	1. 公共数据采集应遵循合理、正当、必要原则 2. 公共数据采集设备应符合安全认证，采集流程和方式符合相应要求，并对数据的完整性进行校验	1. 公共数据采集应遵循合理、正当、必要原则 2. 公共数据采集设备应符合安全认证，采集流程和方式符合相应要求，并对数据的完整性进行校验 3. 应采用加密方式对数据进行保护	1. 公共数据采集应遵循合理、正当、必要原则 2. 公共数据采集设备应符合安全认证，采集流程和方式符合相应要求，并对数据的完整性进行校验 3. 应采用加密方式对数据进行保护 4. 应使用水印溯源等技术，对数据泄露风险及行为进行追踪，可定位到责任人等
数据传输	不需要进行传输加密	1. 公共数据在传输过程中应通过 VPN 等方式建立安全通道 2. 应对敏感数据进行检测	1. 公共数据在传输过程中应通过 VPN 等方式建立安全通道 2. 应对敏感数据进行检测 3. 应对公共数据进行加密传输，加密算法应符合国家密码相关法律法规要求	1. 公共数据在传输过程中应通过 VPN 等方式建立安全通道，并对敏感数据进行检测 2. 应对敏感数据进行检测 3. 应对公共数据进行加密传输，加密算法应符合国家密码相关法律法规要求 4. 应使用水印溯源等技术，对数据泄露风险及行为进行追踪，如定位到责任人等

智慧城市网络安全顶层设计及实践

类型	L1	L2	L3	L4
数据存储	1.公共数据应保存在可信或可控的信息系统或物理环境中 2.应建立数据备份机制，定期进行数据的备份	1.公共数据应保存在可信或可控的信息系统或物理环境中 2.应建立数据备份机制，定期进行数据的备份 3.对存储数据的访问进行日志审计	1.公共数据应保存在可信或可控的信息系统或物理环境中 2.应建立数据备份机制，定期进行数据的备份 3.对存储数据的访问进行日志审计。 4.对公共数据可进行加密存储	1.公共数据应保存在可信或可控的信息系统或物理环境中 2.应建立数据异地备份机制，定期进行数据的备份 3.对存储数据的访问进行日志审计 4.应对公共数据进行加密存储
数据访问	1.设置身份标识与鉴别机制 2.对数据访问行为进行审计与分析	1.设置身份标识与鉴别机制 2.对数据访问行为进行审计与分析 3.可采用口令、密码、生物识别等鉴别技术对用户进行身份鉴别	1.设置身份标识与鉴别机制 2.对数据访问行为、访问内容、访问频率等访问情况进行审计、分析 3.应采用口令、密码、生物识别等两种或两种以上组合的鉴别技术对用户进行身份鉴别	1.设置身份标识与鉴别机制 2.对数据访问行为进行审计与分析 3.应采用口令、密码、生物识别等两种或两种以上组合的鉴别技术对用户进行身份鉴别 4.应持续对用户账号进行风险监测，并对账号进行动态授权
数据共享	审批要求：数据主管部门审批后无条件共享	审批要求：数据主管部门审批后无条件共享	审批要求：数据主管部门审批和数据提供单位授权后受限共享 技术要求： 1.视情况脱敏 2.对数据共享全链路各环节的权限最小化控制，比如白名单控制并对异常进程监控。 3.对数据共享全链路各环节风险进行监控	不共享
数据开放	无条件开放	审批要求：数据主管部门审批后受限开放或无条件开放 技术要求：视情况脱敏	审批要求：数据主管部门审批和信息主体授权后受限开放 技术要求： 1.脱敏后受限开放 2.对数据开放全链路各环节的权限最小化控制，如进行白名单控制并对异常进程监控	禁止开放

续表

类型	L1	L2	L3	L4
数据销毁	1. 建立数据销毁和存储媒体销毁审批机制，并对销毁过程进行记录 2. 业务终止时自行决定数据是否需要销毁，宜采用删除、覆写法等方式进行数据销毁	1. 建立数据销毁和存储媒体销毁审批机制，并对销毁过程进行记录 2. 业务终止时宜采用删除、覆写法等方式销毁有关数据	1. 建立数据销毁和存储媒体销毁审批机制，并对销毁过程进行记录 2. 业务终止时应以不可逆的方式销毁有关数据	1. 建立数据销毁和存储媒体销毁审批机制，并对销毁过程进行记录 2. 业务终止时应以不可逆的方式销毁有关数据

2）数据全生命周期安全防护能力说明

（1）数据采集安全。

数据采集安全的采集源包括外部数据、内部数据、协同部门政务数据和社会及互联网数据。数据采集者按照数据分类分级的相关规范对数据进行分类分级标识。采用用户身份鉴别、设备身份识别、网络认证准入等多种认证方式，确保数据源可信。

在接入外部数据、本地数据、互联网数据时，通过身份认证、准入控制、链路加密、应用层加密等方式防止假冒数据源接入，确保采集数据的真实性和完整性。

（2）数据传输安全。

在数据（流式数据、数据库、文件、服务接口等类型的数据）传输过程中，采取防泄漏和加密措施保障数据的机密性和完整性。公开数据的主要安全传输技术有数据传输加密，内部数据和敏感数据的主要安全传输技术有数据审计、数据防泄漏等。

在数据传输过程中，存在中途被截获、篡改等风险，采用传输加密、数据隧道加密，防止数据被篡改、截获；在数据落地后，通过数字签名技术保障数据的完整性，杜绝数据伪造、滥用。

在数据传输过程中，需要从数据传输加密、网络数据防泄漏等多个方面来保障业务系统数据的机密性和完整性，通过正则表达式、数据标识符、数据指纹、机器学习等方式自动识别、发现外泄敏感数据，一般将数据防泄露系统旁路安装在网络出口处，通过监听网络数据，识别数据分类并形成风险事件上传至数据安全管理中心。

（3）数据存储安全。

数据存储安全主要是指数据在存储的过程中保持完整性、机密性和可用性的能力。面临的风险主要来源于数据泄露、数据丢失等问题。为解决数据存储阶段的风险问题，应基于数据分级分类标准对数据进行加密存储、分级保护和容灾备份。

数据（流式数据、数据库、文件等类型的数据）在数据库存储后，需要重点防范数据库内部出现 DBA 越权访问、数据拖库、存储介质被盗等极端情况而导致的数据泄密事故。为解决数据存储阶段的风险问题，应进行数据加密存储、数据备份和存储介质管控。

依据数据分级分类的标准，对于敏感数据、内部数据等重要数据在存储时进行加密处理。加密后的数据以密文的形式存储，保证存储介质丢失或数据库文件被非法复制情况下的数据安全。

（4）数据使用安全。

在数据使用环节，涉及向各协同部门提供业务数据、对外信息披露、信息公开等不同的业务场景。主要依据数据分级分类的标准，同时根据用户行为、情况动态进行数据授权，通过集中统一的访问控制和细粒度的授权策略，对用户、应用等访问数据的行为进行权限管控，确保用户拥有的权限是完成任务所需的最小权限；同时对敏感数据进行数据脱敏和隐藏，防止信息扩散和信息泄露事件的发生。

数据脱敏又分为数据静态脱敏和数据动态脱敏两种应用场景。

静态脱敏是指通过数据脱敏机制对某些敏感信息依据脱敏规则进行数据的变形，从而实现敏感数据的可靠保护。在不影响数据共享规则的前提下，对真实数据进行改造并提供使用。这样就可以在开发、测试和其他非生产环境，以及外包环境中安全地使用脱敏后的真实数据集。

动态脱敏是指在业务系统进行数据操作时，实时对展示的敏感信息进行变形、隐藏，使其无法获得原始数据，防止数据泄露的风险。

（5）数据交换安全。

数据交换环节，同样涉及向各协同部门提供业务数据、对外信息披露、信息公开等不同的业务场景。对研发人员、数据建模分析人员或数据库管理人员的直接访问数据库，或者通过大数据接口访问大数据的交换行为中涉及的敏感数据进行审计。采用网络流量分析技术、大数据审计技术弥补大数据平台各组件日志记录不全、审计深度不够等问题，帮助统一记录数据库或各类大数据组件的操作日志，及时发现数据库或大数据组件可疑的操作行为。

对不同权限、不同角色的访问行为进行控制，也能防止非法攻击。系统基于主动防御机制，实现对数据库访问行为的控制、危险操作的阻断。系统通过 SQL 协议分析，根据预定义的禁止和许可策略让合法的 SQL 操作通过，阻断非法违规操作，形成数据库的外围防御圈，实现 SQL 危险操作的主动预防。

（6）数据销毁安全。

数据库拥有海量的数据资产，其中必然存在大量敏感其至涉密的数据，同时，随着时间和业务变化也会产生大量冗余或无用数据。而这些敏感或冗余数据的长期存储，不仅占用大量的存储空间还增加了数据泄露的风险，因此，需要按照数据分类分级的规范和相关流程对这些数据进行定时销毁审计处理。

智慧城市中涉及的数据的来源有政务、企业、个人等，数据主要以结构化数据、非结构化数据形式存在。不同业务之间的数据流转完成后，一般会对完成后的数据做归档审计处理，弃用数据将进行销毁审计，以此达到真正的数据销毁安全。销毁审计维度包括介质销毁、内容销毁等。

10.3.6 智慧城市数据安全持续运营

智慧城市数据安全运营体系的建设，主要包括以下几个方面。

1.城市数据安全监测体系

从传统单点的安全防护向全面的数据安全监测转变，通过汇聚全网的安全数据，形成数据安全管理中心，并利用大数据和人工智能分析引擎，从网络、业务、数据和人员4 个维度对全网的安全风险进行分析和识别，实时掌控全网的安全风险，为安全策略提供相应的决策依据。

数据安全管理中心是以海量数据的安全作为安全要素，通过大数据技术对这些安全要素信息进行分析，可全面、精准地掌握数据安全状态，提升数据安全风险的主动预警能力、响应能力，形成数据安全监控的闭环。

数据安全管理中心处于数据安全第一环，能为数据安全运营提供有力支撑，可提供或聚合态势呈现、风险预警、安全运营、威胁分析、事件溯源等能力。

数据安全管理中心充分考虑了自身安全性、易操作性、易维护性等多方面的设计要求，采用面向服务的架构（service-oriented architecture，SOA）将复杂的业务逻辑、流程控制逻辑和数据存取逻辑在不同技术层实现，使得技术实现与平台业务相分离，确保自身数据安全和业务效能最大化。

数据安全管理中心的整体架构，一般由管理呈现层、分析处理层、数据接口层组成。

管理呈现层包含了态势感知系统的主要用途，主要包含数据的安全态势展示、安全告警处理、威胁分析预警、安全运营等功能。

分析处理层定义了安全感知系统的分析能力，分析场景包括外部数据威胁分析场景、数据生命周期安全分析场景、用户行为分析场景等，以及模型分析的 SQL 注入、撞库等，向管理呈现层提供告警输出、预警输出、态势输出。

数据接口层能实现全网数据安全数据的集中采集、标准化、存储、全文检索、统一分析、数据共享等，并向上提供数据访问接口。

2.数据安全组织体系

由于数据安全与业务密不可分，因此，在建设数据安全体系过程中，从决策到管理，都离不开业务部门的参与和配合。在设计数据安全的组织架构前，应通过咨询调研的方式摸清现有的组织架构和职责，然后结合数据的实际情况，设计包含决策层、管理层、执行层、员工和合作伙伴、监督层的组织架构。在具体的执行过程中，组织也可赋予已有安全团队与其他相关部门数据安全的工作职能，或寻求第三方的专业团队等形式开展工作。

1）决策层

决策层是数据安全管理工作的决策机构，建议成立数据安全管理领导小组，一般由大数据局、大数据集团和各委办局等相关部门的领导组成。

2）管理层

管理层是数据安全组织机构的第二层，基于组织决策层给出的策略，针对数据安全的实际工作制定详细方案，做好业务发展与数据安全之间的平衡。该层建议由大数据局、大数据集团等安全管理部门的相关人员组成。

3）执行层

执行层与管理层是紧密配合的关系，其职责主要是聚焦每一个数据安全场景，对设定的流程进行逐个实现。该层建议由大数据局、大数据集团、各委办局等安全专员组成。其中包括组织内部的人员和有合作的第三方人员，须遵守并执行组织内对数据安全的要求，特别是共享敏感数据的第三方，从协议、办公环境、技术工具等方面做好约束和管理。

4）监督层

数据安全监督层负责定期监督审核管理小组、执行小组，员工和合作伙伴对数据安全政策和管理要求的执行情况，并向决策层进行汇报，监督层人员必须具备独立性，不能由其他管理小组、执行小组等人员兼任，建议由组织内部的监管审计部门担任。

数据安全管理组织的层次、人员构成和职责将形成数据安全管理办法或相关管理制度初稿，交数据安全管理领导小组评审，最终由数据安全管理领导小组以制度或办法的形式发布。

3. 日常运行管理服务

数据安全服务的目的在于动态地管理组织风险，提高信息系统的安全性，完善信息安全体系，保障客户业务的连续性，避免造成损失或负面影响。

相关服务内容包括以下几个方面。

1）数据资产梳理

针对现有的业务系统，以及未来两年内持续增加的数据进行数据资产梳理。对业务系统的静态数据资产情况进行梳理，梳理内容包括数据大小、归属、分布等。对数据发现制定相应的特征规则，便于在发现数据时进行初始化数据特征定义。对数据的动态情况进行梳理，梳理内容包括访问情况、分析数据、数据敏感情况等。对系统的数据权限进行梳理，梳理内容包括数据访问权限、交换权限、开放权限、分析权限等。

2）数据评估与分类分级

对现有业务系统的数据资产进行详细评估，结合业务系统情况对数据进行分类分级。

参照国家的相关标准，按照主题、行业和服务三个维度，对大数据管理中心的公共数据进行分类。

充分考虑现有数据对国家安全、社会稳定和公民安全的重要程度，以及数据是否涉及国家秘密、用户隐私等敏感信息，对现有数据进行分级。

3）数据权限管理

对使用现有数据平台的人员权限进行梳理，按照"最小权限"原则对数据权限进行管理，管理内容包括根据数据风险程度对数据权限进行定级，定义出敏感数据权限。敏感数据的权限需在经过相关审批流程后才能设置。所有的数据权限设置必须有记录留存并归档。

4）敏感接口审查和确认

服务人员从合理性和必要性的角度对所有发现的敏感数据接口进行人工审查，并与应用系统服务商的开发人员确认每一个敏感接口，对于发现的违规敏感数据接口，通知应用开发商进行敏感数据去标示化等处理，以及对于可能发现的后门接口提供预警和处理。

5）自定义风控规则制定

服务人员通过数据资产管理平台识别数据资产并不断完善数据风控规则。

针对现有业务系统的使用人员，制定符合业务系统个性化特点的风险识别规则。

针对现有业务系统提供数据安全运营服务，制定覆盖数据全生命周期的安全运维制度，包括数据泄露事件处理规范、数据共享开放审批规范、数据销毁处理规范、数据访问权限授予撤销规范等，以保障运维人员在最短的时间内用正确的方法解决数据安全问题。

6）日常监控巡检服务

针对安全相关产品运行情况的日常监控及定期巡检。

7）风险预警处理

针对现有业务系统提供风险预警处理服务。实时查看敏感数据风险分析系统的告警信息，并结合敏感数据风险控制系统对数据泄露风险事件进行及时修复，以及对正在发生的数据泄露事件进行阻断。

8）访问行为分析和审计

对人员数据访问行为进行审查，发现该内部人员没有相应的业务需求而进行该操作时，及时通知用户进行处理。对内部人员利用内部系统查阅和导出大量数据的行为进行审计和处理。

9）数据泄露事件溯源

对发现的数据泄露情况，通过数据风险分析产品，定位该信息在什么时候被谁在什么环境下访问过，同时通过可视化的交互分析，还原数据访问路径，快速定位高危的可疑人员，并快速定位问题。

10）高危人员数据行为审查

离职人员和新员工往往属于高风险群体，数据服务人员通过数据风险和分析产品对该类用户的行为进行审查，及时确认或者排除风险。

11）定期运营服务总结

对数据安全运营服务的工作内容定期进行总结及汇报，服务人员每周、每月、每季度、每年交付数据安全运营报告。

4. 应急响应机制建设

制定数据安全应急预案，针对智慧城市的整体环境建设规划应急预案，应急预案至少包含数据安全应急组织建设、数据安全应急流程建设、数据安全应急响应、数据安全事件应急处理、核心业务连续性及恢复演练等内容。在重大节日和日常设立应急响应流程，帮助用户进行数据安全的日常应急处置。

5. 渗透测试服务

渗透测试服务是在用户的授权下，通过模拟恶意黑客的攻击方法，来评估计算机网络系统安全的一种评估方法。这个过程包括对系统的任何弱点、技术缺陷或漏洞进行测试，发现系统的脆弱点，帮助用户理解黑客是如何思考的，比黑客更早地发现漏洞。

通过模拟黑客的渗透测试，评估目标系统是否存在可以被攻击者真实利用的漏洞，以及由此引起的风险大小，为制订相应的安全措施与解决方案提供实际的依据。

第11章　打造"零信任安全"的城市应用服务体系

11.1 "服务化"背景下智慧城市应用服务的安全问题

"一网统管、一网通办"是当下众多智慧城市建设的核心目标。智慧城市作为城市综合服务的总入口，充分运用智慧化的软硬件和先进的技术，将城市运行的各个核心系统整合起来，对公众服务、社会管理、产业运作等活动的各种需求做出智能的响应，最终为企业和群众提供涵盖生产经营、民生保障、住房服务、医疗健康、交通旅游、文体教育等众多领域的全方位、全生命周期的城市服务。

通常情况下，手中一个终端，云端一个应用，即可实现城市服务的无缝触达，主要体现在以下几个方面。

（1）智慧医疗：智慧终端帮助用户记录心率、血压等数据，结合智慧城市云端应用生成的个人健康档案报告了解自身的情况，同时，依托医疗大数据对健康状况进行分析并且给予合理建议，指导用户一天的生活。

（2）智慧交通：海量感知终端实时采集城市的交通数据上传至云端应用。同时，市民通过智慧终端可以在智慧应用平台上在线监控交通情况，了解哪里拥堵，调整自身的出行方案。

（3）智慧政务：城市生活还有个重要的环节就是市民办事，在需要办事的时候不用再来回跑多个政府部门，在系统上就能直接申请填表，刷脸就能办理业务，进度随时可在线查询，不会受到其他影响。

（4）智慧教育：终端＋云端应用，搭建互动教学系统，让学习天文知识、海洋知识及其他知识都有更好的体验，对于家长来说也能减轻更多的负担，给孩子创造更好的条件。

（5）智慧民生：为了提高居民的生活质量，政府可以通过云端应用大力发展公共文化服务，让人们能够体会到国家城市化建设带来的好处。

我们在享受着智慧城市应用服务提供便利的同时，更应该意识到网络安全威胁的存在。

2019年美国新奥尔良市连续3次遭遇勒索软件的攻击。8月，新奥尔良市三个学区遭到勒索软件的攻击。11月，第二次勒索软件攻击加密了路易斯安那州政府IT网络上的数据。12 月，新奥尔良市发生了本年度第三起勒索软件攻击事件，造成全城断网断电，政府网站也处于离线状态。

2020 年，加拿大圣约翰市遭到大规模的网络攻击，整个市政 IT 基础设施遭到严重破坏。网络攻击导致整个市政网络关闭，包括城市网站、在线支付系统、电子邮件和客户服务应用程序。调查发现，此次攻击是由勒索软件团伙实施的，攻击造成该市网络需要数周时间才能完全恢复运行。

事实证明，加强智慧城市应用服务的安全建设，刻不容缓。智慧城市应用服务涉及的角色包括两个部分，即智慧终端和云端智慧应用。从安全建设的角度进行分析，可以从两个层面加强智慧城市应用服务安全建设。一方面，加强终端侧安全能力建设，在保证终端自身安全的同时，加强终端身份和权限的管理，实现终端的安全接入和管理；另一方面，加强云端应用侧安全能力建设，在智慧城市基础平台安全能力的基础上，重点加强业务和应用自身安全能力的提升。

11.2　以"零信任"理念构建智慧城市应用服务体系

11.2.1　什么是"零信任安全"

传统的基于边界防护思维的网络安全结构，把网络划分为不同区域，并基于边界实现强大的纵深防御能力。这种边界安全模型的基本思想与物理世界中通过修建城墙来保护城堡一样，通过构建层层防线来保护网络中的敏感资源。遗憾的是，随着 IT 技术和网络攻击技术的不断发展，这种做法存在根本的缺陷。一方面，在云计算、大数据等新兴技术不断普及的背景下，网络边界变得越来越模糊，这对边界的确定构成挑战；另一方面，随着内网安全事件在网络攻击事件中的比重不断提升，网络的不可信也让边界的设置无所适从。

总体来看，当前网络的安全状态呈现如下特征。

（1）企业内网不一定可信：在传统的边界安全防护下，企业的私有网络并不可信。私有网络中的客户端有可能成为攻击者操纵的目标。同时，我们默认内网用户（如企业员工）是可信的，但往往某些恶意的员工正是非法窃取公司机密的始作俑者。

（2）访问业务的终端不一定可信：网络上访问内网业务的终端设备可能是非可信的设备，这些设备可能存在一些安全风险，比如设备可能被恶意安装了攻击软件，对内网系统产生攻击。同时，企业自己的终端设备也不是天生可信的，可能已经被攻击者攻击而变成了傀儡机。

（3）人、设备、业务的安全性不是一成不变的：边界安全防护系统主要基于协议、IP 和端口来设置访问控制策略，默认认为已授权的 IP 地址、端口所代表的人、设备、业务都是安全可信的，并为 IP、端口所代表的用户设置静态访问权限。但实际上，人、设备、业务的安全性不是一成不变的，有可能已经成为恶意攻击的来源，成为安全风险源。

（4）企业的业务系统可能在云端，安全防护边界不明确：随着云计算的发展，企业的一部分业务已向云端迁移，另一部分仍留在内网，在这种情况下，安全边界不明确，难以实施部署。

面对以上挑战，"零信任"理念成为有效的应对手段。所谓"零信任"，是一个安全术语，也是一个安全概念。它将网络防御的边界缩小到单个或更小的资源组，其核心思想是企业不应自动信任内部或外部的任何主体，不应该根据物理或网络位置对访问主体授予完全可信的权限，应在授权前对任何试图接入企业系统的主体进行验证，同时，对资源的访问只有当资源需要的时候才授予最小的访问权限。

简单来说，"零信任"的策略就是不相信任何人。除非网络明确知道接入者的身份，否则任谁都无法接入网络。现有传统的访问验证模型只需知道 IP 地址或者主机信息等即可，但在"零信任"模型中需要更加明确的信息才可以，不知道用户身份或者不清楚授权途径的请求一律拒绝。用户的访问权限将不再受到地理位置的影响，不同用户将因自身不同的权限级别拥有不同的资源访问能力。零信任对访问控制进行了范式上的颠覆，引导安全体系架构从"网络中心化"走向"身份中心化"，其本质诉求是以身份为中心进行访问控制。

这与无边界网络概念有点类似。在无边界网络概念中，并不是所有的最终用户都位于办公室内及防火墙后，而是在远程使用他们的 iPad 或者其他移动设备。网络需要了解他们角色的更多信息，并明确哪些用户被允许连接网络来工作。

零信任架构是对当前网络发展趋势的回应。零信任架构关注于保护资源而非网络分段，因为网络位置不再被视为资源安全态势的主要组成部分。

11.2.2 零信任的安全架构和实践

从发展历程来看，零信任最早的雏形源于耶利哥论坛。Forrester 前分析师约翰·金德瓦格以"从不信任，始终验证"思想正式提出"零信任"这个术语，认为所有的网络流量均不可信，应该对访问任何资源的所有请求实施安全控制。谷歌公司基于这一理念启动了 BeyondCorp 项目实践，该项目的出发点在于针对企业物理边界构建的安全控制已经不足以应对攻击威胁，需要把访问控制从边界迁移到每个用户和设备。云安全联盟（cloud security alliance，CSA）在零信任理念的基础上提出了软件定义边界（software defined perimeter，SDP）网络安全模型，进一步推动了零信任从概念走向落地。Gartner 发布了融合 SDP 网络安全模型的零信任网络访问（zero trust network access，ZTNA）概念，对零信任在访问接入与访问方面的实践进行了研究。Forrester 提出的零信任扩展框架（zero trust extended，ZTX），则将零信任从网络层面扩展到了人员、设备、工作负载和数据，将能力从微隔离扩展到了可视化、分析、自动化编排等。美国国家标准技术研究院（NIST）制定编写并发布的特别出版物《零信任架构》，被业界认为是零信任架构的标准。

综合分析零信任的发展，不难看出零信任安全的本质是以身份为基石的动态可信访问控制，聚焦身份、信任、业务访问和动态访问控制等维度的安全能力，基于业务场景的人、流程、环境、访问上下文等多维因素，对信任进行持续评估，并通过信任等级对权限进行动态调整，形成具备较强风险应对能力的动态自适应安全闭环体系。零信任能够有效应对企业数字化转型过程中的安全痛点，适配各类接入场景，发挥零信任安全的作用和优势。

目前，业界对零信任架构的理解逐渐趋于一致，综合多方零信任理念并提炼核心思想，以 SDP 为例，零信任落地实践的核心组件和流程如图 11-1 所示。

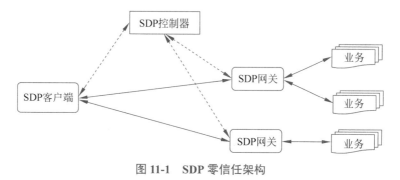

图 11-1　SDP 零信任架构

从 SDP 架构来看，主要由 SDP 客户端、SDP 控制器、SDP 网关 3 个核心组件组成。

（1）SDP 客户端：为 C/S 型客户端应用、B/S 型 Web 应用提供统一的应用访问入口，支持应用级别的访问控制。

（2）SDP 控制器：主要包含身份管理、公钥基础设施（public key infrastructure，PKI）、可信评估、策略管理等组件。身份管理组件，对用户和终端进行认证，基于用户和应用的可信度生成动态权限；PKI 为用户颁发身份密钥；可信评估组件，对用户、应用进行持续可信的评估；策略管理组件，根据用户权限及策略规范生成用户访问权限，生成安全隧道策略，并下发到客户端和网关。

（3）SDP 网关：对应用业务进行隐藏保护。在接收到控制器下发的策略后，和客户端建立安全隧道，并起到业务代理的作用，访问应用业务。

从实现流程来看，SDP 要求客户端在访问被保护的服务器之前，首先进行认证和授权，然后在端点和应用基础设施之间建立实时加密连接访问通路。SDP 零信任的流程主要如下。

（1）SDP 控制器服务上线，连接至适当的认证和授权服务，如 PKI 颁发证书认证服务、设备验证、地理定位、SAML、OpenID、OAuth、LDAP、Kerberos、多因子身份验证等服务。

（2）SDP 客户端在控制器注册，控制器为客户端生成 ID 和一次性口令的种子，用于单包认证（single packet authorization，SPA）。

（3）SDP 客户端利用控制器生成一次性口令的种子和随机数来生成一次性口令，进行单包认证，单包认证后，进行用户身份认证，认证通过后控制器为客户端分发身份令牌。

（4）在 SPA 认证、用户身份认证通过后，SDP 控制器确定 SDP 客户端可以连接的 SDP 网关列表。

（5）SDP 控制器通知 SDP 网关接收来自 SDP 客户端的通信，以及加密通信所需的所有可选安全策略、访问权限列表。

（6）SDP 客户端向每个可接受连接的 SDP 网关发起单包授权，并创建与这些 SDP 网关的双向加密连接，如传输层安全（transport layer security，TSL）、IPSec 等。

（7）SDP 客户端的业务访问请求到达 SDP 网关后，网关提取用户身份令牌，根据令牌、要访问的业务和用户的权限确认用户是否有权限访问该业务。

（8）允许访问的业务请求予以放行。

11.2.3 零信任与智慧城市应用服务深度融合

1. 智慧城市场景下的零信任核心能力

聚焦当下智慧城市建设的安全需求：一方面，云大物移等各种新技术的融合应用是智慧城市建设的重要特征，技术的创新和边界的消失，对传统的边界安全思维提出挑战；另一方面，智慧城市应用服务开放场景、海量物联网接入场景，以及远程资产运维场景都对身份和权限管理提出了更高的需求。

本质上讲，零信任的理念是在传统安全防护的基础上对身份和权限增强管理控制能力。零信任的提出主要是为了应对现有边界防护思维所面临的缺陷，具体包括以下内容。

（1）针对传统边界思维对内网的过度信任问题，以及云大物移等新技术使得传统边界变得模糊的问题，零信任通过软件定义边界的形式，将传统边界收缩以更靠近具体的应用。

（2）传统边界由于缺少终端侧、资源侧的数据而对威胁的安全分析不够全面，而且由于更多地关注流量攻击，导致对身份和权限的管理过于薄弱。针对这两点问题，零信任通过部署访问终端，实现安全联动，可以有效增强身份和权限的管理。

从零信任实现角度看，在身份认证方面，其不再仅针对用户，还对终端设备、应用软件等多种身份进行多维度、关联性的识别和认证，并且在访问过程中可以根据需要多次发起身份认证；在授权决策方面，不再仅基于网络位置、用户角色或属性等传统静态访问控制模型，而是基于尽可能多的数据源，通过持续的安全监测和信任评估，进行动态、细粒度的授权。

总体来说，零信任理念突出多维认证、动态授权、最小授权、减少暴露面、持续评估和响应等特征，是应对智慧城市新技术、新场景下安全挑战的有效手段。

2. 零信任与智慧城市典型安全场景的融合

以零信任安全理念的融合应用为目标，当前智慧城市中有三大典型场景可以与零信任结合，实现安全能力的优化和提升。

1）应用服务开放场景

面向公众或企业单位提供应用服务开放，是智慧城市实现服务效率提升的重要方式。而面对大量用户的应用服务访问行为，存在众多的网络安全隐患。具体包括以下几个方面。

（1）用户风险：针对用户身份的账号密码爆破、钓鱼、键盘记录等，通过盗取用户账号，以用户身份开展恶意行为。

（2）终端设备风险：硬件供应链的风险，导致数据泄漏或者入侵风险；利用系统软件上的漏洞或植入后门控制终端进行攻击；发起访问的应用程序可能是恶意代码。

（3）资源访问风险：无论是盗取访问用户的身份还是控制用户的终端设备，最终目的是对资源服务器开展攻击，因此服务资源安全风险的防护至关重要。

（4）链路风险：当终端通过网络链路访问服务资源的时候，可能存在被嗅探或中间人攻击的风险，以获取数据和凭证。

如图 11-2 所示，针对智慧城市应用服务开放场景中所面临的安全风险，通过部署零信任安全解决方案，可以实现风险的有效应对。具体可实现以下内容。

（1）用户可信：通过部署终端 agent，实现终端对用户的认证和绑定，确保用户的登录、操作是本人操作，而非被盗取用户账号的攻击者操作。

（2）终端可信：通过部署终端 agent，能够确保终端设备自身的安全可信，例如，通过收集和分析终端信息，确保终端为可信设备，并授权可信用户使用，同时确保终端具备基础安全防护能力，满足安全基线的要求；通过应用程序检测，确保终端发起资源请求的程序是可信程序，防止恶意程序的伪装。

（3）资源权限可信：依托零信任安全控制中心，通过终端、用户、资源、链路的信任链打造持续动态校验机制，减少业务系统安全风险的暴露面，确保对资源的可信访问，保障资源被拥有权限的用户正确获取，防止被越权或是被攻击的方式获取。

（4）链路可信：依托零信任网关的代理转发能力、控制能力、联动能力，一方面保障终端访问服务器的流量通过加密手段避免被中间人劫持和泄露；另一方面，一旦关注对象的安全状态发生变化，由可信变为不可信状态，通过与控制中心联动，能动态执行隔离、阻断、降级等操作，防止进一步的攻击和渗透。

图 11-2　应用服务开放场景下零信任安全架构

2）远程资产运维场景

依托传统的远程运维模式，当前智慧城市的远程运维方式通常如下。

（1）运维人员通过 VPN 设备进入智慧城市内网环境。

（2）以内部 IP 登录平台堡垒机设备。

（3）通过堡垒机对智慧城市云平台的资源实现运维。

然而，随着微盟删库事件的爆发（公开资料显示，微盟此前已具备独立的虚拟专用网、堡垒机等基本的安全设备和保障手段），传统运维手段的弊端逐渐显现出来，这主要体现在以下几个方面。

（1）无法判断运维终端的安全性。

（2）认证手段单一，无法实现多维信任链。

（3）无法实现细粒度、动态化的权限控制。

（4）对外直接暴露 IP 资源，增加攻击面等。

其中，未根据重要程度对运维人员的身份和权限进行分类分级管理，以及运维行为分析和控制能力不足，这两点缺陷成了微盟删库事件爆发最直接的原因。

如图 11-3 所示，在复杂、多变的运维环境下，面对身份盗用、越权访问、内网暴露面增多、内网横向移动、控制粒度粗放等运维安全风险，将堡垒机系统与零信任体系相结合，可以实现风险的有效应对。

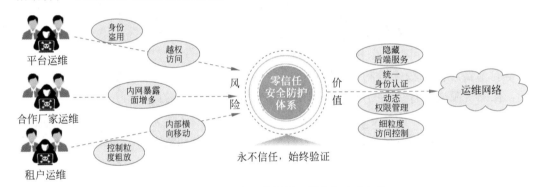

图 11-3　远程资产运维场景下零信任安全架构

（1）在运维终端安装零信任 agent，实现设备注册、安全状态上报、基线修复等功能，保证终端安全、可控，并通过 agent 实现运维人员与终端的绑定和信任建立。

（2）零信任策略中心通过多因素认证解决人员身份可信、设备可信、服务可信等问题，通过零信任的终端、用户、链路、服务等信任链打造动态校验机制，确保服务的可信访问。

（3）基于可信认证结果，持续评估终端环境风险、访问行为异常风险、实时网络环境风险等多维度风险；以此为基础，实现访问的分级分类授权，以及实时动态的权限管理和控制。

（4）利用 SDP 的单包授权（SPA）核心功能，通过关闭默认服务端口，实现服务网络隐身，保证无法直接从网络上连接和扫描。只有特定客户端在通过零信任策略中心认证之后，才能得到可信网关服务的 IP 地址，并由网关进行访问服务代理，最终实现应用隐藏，从而缩小攻击面。

3）海量物联网接入场景

广泛覆盖的物联感知设备是智慧城市建设的重要基础。智慧城市利用物联网传感器和大数据分析来改善城市服务和城市生活,提高城市运行效率,改善民众的生活质量。然而物联网属于大型分布式网络系统,每一个数据采集节点往往由于性能限制导致缺少本地防护的能力,容易被不法分子利用,加大了整个物联网系统的安全风险。其中可能存在的安全问题包括以下几个方面。

(1)终端资产不可知:物联网终端多为传感器,自身结构简单、不具备传统网络终端的可感知、可自身防护、可管控等特点,容易造成部署之后终端状态不可知等问题。

(2)终端接入不可控:物联网终端多处于不可控的外部环境,容易出现终端替换、终端丢失、违规接入等问题,造成智慧城市网络接入的不可控。

(3)网络通信不可管:物联网网络连接具有交互少、数据少、速率慢等特点,对传统的安全管理和检测模型的有效性提出挑战,造成物联网络通信不可管。

如图11-4所示,融合零信任安全理念,建设物联网安全防护体系,能够有效应对以上物联网安全风险。

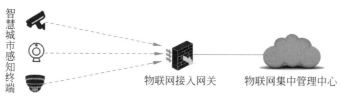

图 11-4　物联网接入场景下零信任安全架构

(1)通过物联网接入网关设备,以主动和被动相结合的方式,全面感知前端资产信息,实现资产信息的统一维护;同时,网关具备主流终端漏洞扫描能力,能够发现终端系统的通用漏洞和高危漏洞并进行评估;可以通过深度包检测(deep packet inspection,DPI)报文识别能力,对终端的数据交互和上线报文等进行分析和卸载;探测终端的出厂口令和弱口令风险;利用物联网终端的相关信息形成零信任体系中的环境感知基础,上传至集中控制中心进行分析。

(2)通过物联网接入网关设备,采用新一代综合特征库准入控制机制,结合特征库集成IP/MAC认证、协议检测,以及厂商特征识别机制,入侵者即使能仿冒IP/MAC地址也无法正常接入网络;同时与集中控制中心联动,可有效确保物联网前端设备的可信接入。

(3)物联网集中控制中心充分评估通信流量发生的时间、流量大小、访问关系等网络行为因子,结合终端环境感知数据,形成网络行为的模型基线。最终实现持续评估、动态检测,及时发现违规和异常通信,并配合网关设备实现有效管控。

3.智慧城市场景下零信任应用展望

零信任安全作为一种理念,更多的是给安全防护体系建设提供一种新的指导思想,但从具体落地层面来看,还有很长的路要走。我们需要不断地挖掘具体场景下的安全需求,并努力做到零信任理念与业务安全需求的融合,只有这样才能真正发挥零信任安全的核心价值。在零信任理念的实现方面,我们也需要不断创新,面对智慧城市建设新需求,在核心理念的指引下不断探索新结构、新模式,全面助力智慧城市的安全建设和发展。

11.3 以"全生命周期"视角提升城市应用服务自身安全

11.3.1 智慧城市应用开发安全现状

在智慧城市建设中，业务应用不光承载着其核心业务，也同时生成、处理、存储着城市各类核心敏感信息，如账户信息、交易记录、业务数据等，一旦应用安全性不足，可能会导致严重的经济损失、政治风险甚至国家安全。针对此类安全问题，在智慧城市实践中，一方面，部分系统开始注重和实施应用安全的改善措施，如增加 WAF、网页防篡改等应用安全防护类设备或服务等，以期针对应用安全保障能力进行提升。但另一方面，绝大多数应用并未施行全生命周期的应用安全管理，这就造成了应用自身的安全能力薄弱，使得智慧城市建设存在巨大的安全隐患。

分析发现，当前智慧城市应用开发存在的具体问题包括以下几个方面。

1. 未关注代码安全

大部分智慧城市应用的开发人员，关注的是业务系统的应用需求、可用性需求及扩展性需求，很少考虑系统开发过程中的安全性需求，使得系统本身就存在缺陷和漏洞，这些漏洞在不关注安全的代码设计人员眼里几乎不可见，但对于黑客来说，却可以成为其获取利益的机会。

2. 缺少安全开发规范和流程

大部分系统开发团队，缺少安全开发经验，未建立安全开发规范和流程标准，或者未将安全开发规范和流程标准融入项目管理中，并且缺乏评审环节，未对开发过程各阶段的交付物进行质量把关，在安全的投入上，寄希望于后期补救。

3. 漏洞修复成本增高

智慧城市应用项目组为了保障业务上线，将系统的安全风险从开发阶段转移至部署甚至是运营阶段，从而导致了漏洞修复的成本居高不下。事实表明，一旦需要在部署上线后修复漏洞，除去相对固定的漏洞修复工程成本，还将伴随着一定程度上的业务能力损失。实践证明，在开发阶段，甚至在需求和设计阶段着手对漏洞进行管理，可成倍降低修复成本，同时在修复手段的选择上也具有最大的灵活性。

4. 应用安全检测手段单一

在对应用进行安全检测时，渗透测试服务、测试和扫描工具等方法使用得较多，代码级分析技术及专业安全架构咨询服务应用得较少，尤其是专业安全架构咨询服务少之又少，这就造成了代码级安全问题很少被发现。

11.3.2 安全开发生命周期理念

随着针对软件或者应用的漏洞挖掘能力的不断增强，越来越多的系统漏洞被发现。以微软为代表的厂商开始尝试软件开发的生命周期理念。自 2004 年起，系统开发生命周期（system development life cycle，SDLC）就成为微软全公司的计划和强制施行政策。

如图 11-5 所示，安全开发生命周期（security development lifecycle，SDL）是一种软件开发模型，它强调在软件开发的全过程中考虑安全性，包括需求分析、设计、编码、测试、发布和维护阶段。其目的是在满足用户需求的同时，最小化潜在的安全风险，旨在开发出更安全的软件应用。安全开发生命周期理念是一个帮助开发人员构建更安全软件、满足安全合规要求的、同时降低开发成本的软件开发过程。

图 11-5　微软安全开发生命周期（SDL）模型

安全开发生命周期是侧重于软件开发的安全保证过程。生命周期的每一个周期都有确定的任务，并产生一定规格的文档（资料），提交给下一个周期作为继续工作的依据。按照软件的生命周期，软件的开发不再只单单强调"编码"，而是囊括了软件开发的全过程。软件工程要求每一个周期工作的开始只能必须是建立在前一个周期结果"正确"前提下的延续；因此，每一个周期都是按"活动—结果—审核—再活动—直至结果正确"循环往复进展的。

在 SDL 的基础之上，OWASP、NIST 等安全机构和组织分别推出了 OpenSAMM（开放式软件保证成熟度模型）和信息系统建设生命周期安全考虑（NIST SP800-64），对生命周期理念在安全行业的推广和应用起到了不可忽视的作用。

另外，随着技术的发展，现实中的业务需求可能受到市场、客户等商业因素的影响，是会动态的改变的。因此，DevSecOps 也成为当前软件开发领域一种重要的研发和交付模式，如图 11-6 所示。

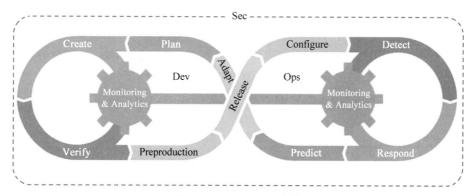

图 11-6　DevSecOps 架构

DevSecOps 是一种集成了开发、安全和运营的软件开发和运维模式。这种模式强调了在软件开发和运维过程中，开发、安全和运营团队需要紧密地协作，以确保软件在整个生命周期中都具备安全性和可靠性。

DevSecOps 的核心思想是将安全融入开发流程中，尽早发现并解决潜在的安全风险。其主要特点包括以下几个方面。

（1）敏捷性：DevSecOps 采用敏捷开发方法，通过短周期的迭代开发，快速响应需求的变化，及时修复安全漏洞。

（2）自动化：DevSecOps 强调自动化，包括自动化测试、自动化部署和自动化安全审计等。通过自动化工具和流程，减少人工操作，降低错误率，提高效率。

（3）安全性：DevSecOps 将安全性贯穿于整个开发流程中，从需求分析到设计、编码、测试和部署，每个阶段都需要考虑安全性。

（4）团队合作：DevSecOps 需要开发、安全和运营团队紧密协作，形成共同的目标和责任。通过跨团队的沟通和合作，确保软件在整个生命周期中都具备安全性和可靠性。

（5）持续集成和持续交付：DevSecOps 采用持续集成（continuous integration，CI）和持续交付（continuous deployment，CD）的方法，实现代码的自动化构建、测试和部署。通过快速迭代和交付，降低安全风险，提高软件质量。

总之，DevSecOps 是一种集成了开发、安全和运营的软件开发和运维模式，它将安全性融入整个开发流程中，通过敏捷性、自动化、团队合作，以及持续集成和交付等方法，提高软件的安全性和可靠性，降低安全风险和成本。

11.3.3　智慧城市全生命周期应用安全开发体系

1. 全生命周期安全开发流程

以系统生命周期架构为基础，对智慧城市应用开发过程中所涉及的安全操作进行概括、补充和完善，将安全设计、安全编码及安全测试等传统技术和活动融入安全需求分析、安全设计、安全开发、测试验证及上线发布等系统开发生命周期中，系统地识别和消除了各阶段可能出现的信息安全风险。

1）安全需求分析

安全需求分析作为软件开发生命周期理论上实质性的第一步，也是较传统安全实践手段（代码审计、渗透测试等）更具业务特色的一个新增安全活动。需求分析的主要工作是建立规范的安全需求分析方法论，从科学角度系统化、结构化指引实施人员进行需求分析，为安全功能设计提供数据支持，保障智慧城市应用的整体安全性目标得以实现。

2）安全设计

安全设计的主要工作是基于前期的安全需求分析，通过威胁建模，对智慧城市应用数据流层进行呈现和分析，利用威胁建模将数据流转换成威胁控制点，进而形成安全设计方案，包括外部支撑环境设计方案和业务功能设计方案。

3）安全开发

安全开发的主要工作是制定安全编码规范和安全开发相关指导，同时对智慧城市应用进行增量源代码审计，旨在开发阶段提前发现系统代码的安全差距，以帮助开发人员提前规避代码安全风险。

在安全开发和测试验证阶段，均需要借助代码审计手段，发现系统安全缺陷；安全开发阶段主要是增量代码审计，测试阶段主要是全量代码审计，其实施方法相同。

4）测试验证

测试验证的主要工作是针对开发过程中的某一稳定版本，通过渗透测试、业务流程分析、安全功能分析、代码审计等方法进行综合性的安全测试。

5）上线发布

上线发布的主要工作是在系统上线前，对其集成环境进行安全测试，验证其是否满足既定的安全要求，并对发现的安全风险提供处理建议，以提高系统上线前的安全性。

2. 全生命周期安全开发特点

1）从源头关注安全控制

全生命周期安全开发的核心理念是将安全考虑集成在软件开发的每一个阶段：需求分析、设计、编码、测试和维护。从需求、设计到发布产品的每一个阶段都增加了相应的安全活动，以减少软件中漏洞的数量并将安全缺陷降低到最低程度。智慧城市各应用应遵循安全开发生命周期方法论，从源头开始进行安全控制，通过规范的实施过程，确保开发设计及部署过程遵从安全标准与规范，保障智慧城市应用在全生命周期的安全性。

2）最佳安全实践方法论

全生命周期安全开发是从安全角度指导软件开发过程的管理模式。它不是一个空想的理论模型，而是为了面对现实世界中的安全挑战，在实践中一步步发展起来的软件开发模式。实践证明，它能够做到：有策略，即含有整体的安全管控策略、安全目标，针对重要业务的安全策略；有组织，即含有角色和职责分工、协作；有标准，即含有设计标准和规范、部署标准和规范，以及适合实际环境的产品工具和组件等标准；有流程，即将策略、标准和规范嵌入流程中；有落实，即策略、标准和规范得到贯彻落实，如代码审计、安全测试、安全部署等，通过技术、工具或审计等手段辅助落地。

3）全面的工具和知识库支撑

全生命周期安全开发采用可靠的服务工具，涵盖了多语言的代码审计工具，如开源工具、商业工具等；专业的基线和漏洞管理工具，包括漏洞扫描工具、配置核查工具等；标准的流程和活动支持，包括报告模板、威胁建模工具等；强大的技术支撑，包括远程/现场支持、安全事件解读、安全漏洞和威胁通告；全面的知识库，包括 banned API、防 SQL 注入/跨站脚本（cross site scripting，XSS）库等。

3. 全生命周期安全开发收益

1）切实改善安全，降低漏洞修复成本

针对智慧城市应用的业务需求和实际功能的结合，制定具有明确安全目标的安全需求，并且通过可落地的安全分析和测试手段，引导并验证智慧城市应用的安全功能，有效提升系统自身的健壮度；同时开发阶段的安全管理工作在开发初期即被发起，系统功能设计和实现充分考虑了业务的安全需求，安全问题在其萌芽状态即被消除，避免了开发后期"头痛医头，脚痛医脚"的被动局面，最终降低了漏洞修复成本。

2）全面培养人才，提高开发安全意识

在开展全生命周期安全开发管理时，智慧城市项目组需组建一支专业的安全团队，包括开发部门、运维部门、安全部门及业务部门等，开发成员通过培训、安全检测工具的使用等手段，掌握开发中自查、互查的方法，了解开发过程中应用程序可能面临的安全威胁，以及如何规避这些安全漏洞。

3）健全管理制度，建立开发生命周期流程

在全生命周期安全开发的实施过程中，除了以安全设计原则为指导思想外，安全设计人员还需要掌握一定的安全攻防知识，具备一定的安全攻防经验才能更好地设计出安全的方案及软件应用。随着互联网时代的发展，目前已经不再是单纯的软件时代了，类似移动端应用、智能硬件、云端、大数据平台等新形态的应用都面临着自身特有的安全问题。安全设计人员要考虑的也要更多，但安全设计的核心原则还是相差无几。因此，智慧城市项目组需要创建一整套安全开发生命周期流程，该流程包含一系列的最佳实践和工具。

4）满足监管要求，保护智慧城市形象和公信力

随着国家和行业主管单位对应用系统监管力度的逐渐加大，一旦发现应用系统存在安全问题，就会下达通知，进行强制关闭。然后这些应用系统必须进行全面整改，只有全面通过安全检测后才允许上线。全生命周期安全开发在设计之初就充分考虑国家及各行各业的监管要求，不仅能够帮助这些智慧城市应用做定期自检，提前预警，而且也能够帮助智慧城市更好地遵从和满足国家及行业要求。同时，全生命周期安全开发从应用系统的需求分析、安全设计、安全开发、测试验证及上线发布各生命周期进行重点改善，避免发生核心敏感信息泄露的风险，保护智慧城市的形象和公信力，为智慧应用对外服务提供有力支撑。

第 4 部分
安全效能发挥是核心

在当前智慧城市安全建设实践中，"重建设、轻运营"现象，造成安全体系的效能不能充分发挥，也成为当前智慧城市安全建设的重要问题。

首先，安全效能不能充分发挥会影响网络安全建设的整体效果。当前，智慧城市建设在网络安全方面的投入不断增加，但安全效果却不尽如人意。如果安全效能不能得到充分发挥，那么在网络安全建设上投入的人力、物力和财力就会浪费。

其次，安全效能不能充分发挥会对政府和公众的利益造成威胁。如果安全效能不能得到充分发挥，就会给网络攻击者提供机会，他们可以利用各种手段窃取敏感信息、破坏系统或者进行其他不法行为，给政府和公众带来严重损失。

最后，安全效能不能充分发挥会影响社会信任度和社会进步。如果安全效能不能得到充分发挥，就会对数字化发展和社会进步产生消极影响，企业和个人也会因为安全问题而失去对城市数字化发展的信任。

那么，为什么会出现安全效能不能充分发挥的问题呢？主要有以下几个原因。

（1）安全管理不到位。安全管理不到位主要是整体安全建设缺乏统一规划设计和综合管理，以及相应的协调监督机制等原因所致。智慧城市作为一个复杂的系统工程，需要全面提高城市安全管理的综合水平，建立统一的安全管理规划，制定综合性的安全管理制度和规范，完善安全管理协调和监督评价机制，最终实现智慧城市安全管理状况的改善。

（2）安全运营机制欠缺。安全运营机制欠缺问题普遍存在，这主要是智慧城市管理和运营单位对网络安全重视程度不够、安全运营专业能力不足，以及缺乏有效的安全运营流程等原因造成的。因此，建立完善的安全运营机制已经迫在眉睫。只有通过建立专业的安全团队和完善的安全运营流程，以及选择高效的安全工具和技术，才能够提高安全运营能力，有效应对不断变化的网络威胁和挑战。

（3）缺乏产业和人才支撑。网络安全领域具备专业性和复杂性，因此需要大量的专业人才和具备专业技能的安全团队来为智慧城市的建设保驾护航。当前，许多城市在这方面存在较大的短板，难以应对日益复杂多变的网络安全威胁和挑战。因此，需要加强专业的网络安全产业生态建设，提高人才培养和引进水平，为智慧城市的建设提供坚实的安全保障。

为了解决这些问题，必须采取针对性的措施，不断推进智慧城市安全建设的效能发挥，最终为智慧城市网络空间安全和稳定的发展提供体系化保障。

本部分将分三个章节，重点针对以上三方面原因进行系统性的阐述，并提出有效的应对建议。

第12章 "安全管理"是发挥城市安全体系效能的重要保障

12.1 智慧城市网络安全管理现状

随着新一代信息技术的快速发展和网络安全风险的趋高态势，智慧城市面临着日益突出的网络安全风险。面对巨大的智慧城市网络安全风险，亟须建立健全智慧城市网络安全管理体系，从管理机制、制度规范、实施措施等多方面加强体系建设，努力化解网络安全风险，促进智慧城市健康可持续发展。

然而，在当前智慧城市建设实践中，网络安全管理工作却暴露出众多的问题。

1. 顶层设计待健全

智慧城市是集各类技术、多种应用、海量数据于一体的复杂系统，云计算、大数据、人工智能、物联网、空间地理信息集成等新一代信息技术在智慧城市中的深入应用，使得智慧城市呈现出数字化、网络化、信息化、智慧化的特征，面临的网络安全问题也更加多样，需要科学的网络安全顶层设计与规划。当前的智慧城市建设，一方面缺乏网络安全规划的总体安排、统一安全框架的设计理念和系统方法，尚未形成跨层级、跨地域、跨系统、跨部门、跨业务的网络安全整体保障体系；另一方面缺乏网络安全管理集中领导、统一部署和统筹推进的制度设计，以及安全管理工作不到位。

国家有关机构正在组织制定智慧城市相关标准规范，积极引导智慧城市建设。目前主要有《信息安全技术 智慧城市安全体系框架》给出了智慧城市安全体系框架，以及《信息安全技术 智慧城市建设信息安全保障指南》提出智慧城市安全保障机制和管理、技术要求。然而，由于智慧城市技术应用、业务场景的快速发展和各地区差异性，导致针对智慧城市网络安全管理、监督、评价的标准指南，还存在严重的欠缺。

另外，部分智慧城市建设单位还未建立站在国家安全的高度看待网络安全的意识，安全保障建设与信息化建设不同步，"重应用，轻安全""先建设，再规范"的思想观念仍然存在。不少项目的安全投入与高额的建设资金相比显得极不相称，有限的安全投入仅以合规为目的，安全产品的堆砌无法有效应对安全风险，总体系统较为脆弱。一些机构和公民对网络安全的重要性认识不够，基本防护技能掌握不足，由此引发的安全事件层出不穷。

2. 组织与管理机制待加强

国家新型智慧城市建设部际协调工作组由国家发展改革委和中央网信办共同担任组长单位，25 个部委共同组成。但在各个地方层面，智慧城市建设中的牵头单位大不相同，地方智慧城市建设中往往缺乏对安全工作的总体引领，在安全管理工作中彼此缺乏协调，系统性、统筹性的安全管理机制缺失，智慧城市网络安全管理工作易流于无序。

即使部分地方在智慧城市建设中，明确有建设与运营管理的责任主体，但网络安全管理与监督的责任主体比较模糊，缺少对组织、人员、活动、过程的全程监督与有效管理。此外，由于智慧城市建设涉及众多建设与运营单位，以及技术、产品、数据、应用、服务的供应单位，各自应承担的网络安全职责及责任制度不清晰，缺乏有效的制度约束，所以对于具体工作人员也缺乏相应的安全责任规定。

在国家已组织开展的两次新型智慧城市建设评价工作中，设置了不同的网络安全指标项和权重分值，从评价结果分析，各地在网络安全指标项的差距不大，并没有实际反映出智慧城市面临的网络安全问题及安全管理现状。从指标设置来看，网络安全的重要性仍需加强，需探索完善更加科学、能够真实反映安全风险状况及安全管理成效的评价方法，以此促进智慧城市网络安全保障能力的提升。另外，从各地智慧城市管理来看，其自身也缺乏对网络安全保障体系的评估与安全措施优化机制，缺少自我检查与能力提升措施。

3. 安全管控措施待完善

智慧城市拥有庞大的物联感知终端和应用终端，存在突出的安全隐患。首先是终端设施的物理防护、物理环境、网络通信存在的安全风险，影响感知系统与业务应用系统的安全稳定运行。其次是智能家居终端、智能工控设备等物联网技术设备本身的安全防护薄弱，极易遭受攻击或被利用发起攻击，造成系统瘫痪。再次是物联感知设施的接入、运行、运维存在未授权访问、窃取、损坏和干扰的安全风险，数据采集与指令执行存在可靠性、可用性、准确性的安全隐患。最后是终端系统的接入、升级、运行存在的安全风险，对应用的安全稳定及数据防护产生影响。

智慧城市搭建了云计算、大数据等平台，汇集了大量政府、公共服务机构、金融机构、城市运行、公民等的敏感信息和重要数据，也包含关键信息基础设施建设运行数据。随着跨层级、跨地域、跨系统、跨部门、跨业务的数据汇集、共享、开放等应用场景与日俱增，数据采集的无序、数据存储与传输的防护不足等问题凸显，遭受黑客攻击和信息泄露风险增大，给个人财产、经济运行、公共利益和国家安全带来严重威胁。

4. 供应链安全问题需关注

随着数字化产业的快速发展，相关供应链也越发复杂多元。复杂的供应链会引入一系列的安全问题，导致信息系统的整体安全防护难度越来越大。近年来，针对供应链的安全攻击事件一直呈快速增长态势，造成的危害也越来越严重。

我国在智慧城市建设方面，涉及的供应链包括传感器、网络设备、安全设备、平台软件、智能化应用软件等众多领域。相关领域已有一定的技术积累和产业化能力，然而在关键核心技术和产品上仍存在对外依存度过高的问题，高端芯片、操作系统、数据库、工业控制系统、仿真软件等领域仍被国外巨头垄断，安全可控水平较低。这就造成：一方面由于对技术与产品的掌控有限，安全漏洞不易被发现，危害产品和数据的保密性、完整性和可用性等；另一方面则是在国际竞争格局不稳定的境况下，面临被"卡脖子"的威胁。

因此，在智慧城市实际建设中，面对网络攻击不断左移和针对供应链的攻击事件频发的问题，加强供应链安全管理，防范供应链安全风险，已经迫在眉睫。管理思路也应该从传统的主要关注物流运输环节安全性和高效性，逐步转变为从设计、开发、采购、生产、仓储、运输、维护、销毁等全生命周期的角度去考虑。这意味着需要厘清供应商、制造商、系统集成商、服务提供商、经销商等各类合作方的角色职责范围及带来的安全风险，并建立有效的供应链安全管理机制，以实现端到端安全可控的供应链体系。

12.2 五大维度构建城市网络安全管理体系

智慧城市网络安全管理体系建设至关重要，可以从以下五个维度进行建设和加强。

1. 安全战略

建设城市网络安全管理体系，先要制定安全战略。智慧城市的安全战略应当符合法律法规、政策文件和标准规范的要求，确保其安全治理体系的有效性和安全性，其关键要素包括：安全治理体系、安全政策指导及安全标准规划。

1）智慧城市安全治理体系

我们先要建立一个有效的智慧城市安全治理体系。这个体系的目的是对智慧城市安全活动参与方的责任进行界定，并对其活动进行约束、规范及监督。

在智慧城市中，参与方可能包括政府部门、企业、科研机构，以及公众等。每个参与方都应明确其在保障智慧城市安全方面的责任。例如，政府部门需要制定合理的政策和规定，企业需要采取适当的技术和管理措施，科研机构需要进行相关的研究，而公众则需要提高自身的安全意识。

同时，我们还需要对各参与方的活动进行约束、规范和监督。这可以通过建立相关的法律法规、政策文件和标准规范来实现。这些文件和规范应明确规定各参与方的权利和义务，以及对违反规定的处罚措施。

2）智慧城市安全政策指导

我们也需要通过安全政策指导来推动智慧城市安全管理、安全技术、安全建设与运营的发展。安全政策指导的目的是研究和制定并实施具有区域特征、行业特性的智慧城市安全标准。

在制定这些标准时，我们需要充分考虑到智慧城市的特性和需求。例如，由于智慧城市涉及多个领域和技术，我们可能需要制定一系列针对不同领域和技术的安全政策。同时，我们也需要考虑到不同地区的差异性，以确保标准的适应性和实用性。

此外，我们还需要通过安全政策指导来推动相关技术的发展和应用。例如，我们可以通过提供研发资金支持、优惠税收政策等方式，鼓励企业和科研机构开发和应用新的安全技术。

3）智慧城市安全标准规划

我们还需要进行智慧城市安全标准的规划。这包括确定标准的制定目标、范围和方法，以及如何实施和维护这些标准。

在确定标准的制定目标时，我们需要明确希望通过这些标准实现什么样的效果。例如，我们可能希望通过这些标准提高智慧城市的安全性，减少安全事故的发生。

在确定标准的适用范围时，我们需要考虑到智慧城市的复杂性和多元性。因此，我们可能需要制定一系列适用于不同领域和技术的标准。

在确定标准的制定方法时，我们可以参考已有的相关研究和实践经验，同时也需要充分考虑到未来的发展趋势和技术需求。

在实施和维护这些标准时，我们需要建立一套有效的监督和管理机制。这可以通过设立专门的机构或部门来实现，该机构或部门负责监督标准的执行情况，处理相关问题，并根据需要进行修订和完善。

总体来说，智慧城市的安全战略需要综合考虑法律、技术和社会等多种因素。只有建立了一个有效的安全治理体系，制定了科学的安全标准规划，并通过安全政策指导推动了相关技术的发展和应用，我们才能确保智慧城市的安全稳定运行。

2. 安全决策规划

推进智慧城市的安全决策规划，需要根据智慧城市面临的安全风险，制定符合智慧城市发展的安全总体规划和策略，明确安全工作机制、安全目标和安全职责。

安全决策规划主要内容包括以下几个方面。

1）安全总体要求是安全规划的基础

这包括确定安全目标、安全保护对象等。安全目标是指导整个安全工作的方向和目标，而安全保护对象则是需要保护的对象，如数据、设备、服务等。

2）安全治理要求是保障安全的基础

这包括制定和实施安全管理政策、规程和程序，建立和完善安全管理体系，提高安全防护能力，防止和应对各种安全风险和威胁。

3）关键安全指标与优先级是衡量和评价安全工作的重要依据

这包括对各类安全风险的评估、监控和预警，以及对重大安全事故的处理和应急响应。

4）安全规划与策略是实现安全目标的手段

这包括对安全管理、建设和维护的策略和计划，以及对运营过程中可能出现的安全风险的预防和控制。

5）安全管理协调机制是保障安全管理有效性的关键

这包括建立跨部门、跨领域的安全管理协调机制，以及建立和完善安全管理的决策和执行机制。

6）安全建设资源规划是保障安全管理和建设的必要条件

这包括对安全管理和技术建设的人力、物力、财力等资源的规划和管理。

总体来说，智慧城市安全决策规划是一个系统工程，需要全面考虑各种因素，制定出科学、合理、可行的规划和策略。只有这样，才能有效防范和应对各种安全风险，保障智慧城市的安全和发展。

3. 安全组织管理

加强智慧城市安全组织管理工作，需要落实智慧城市安全规划与策略，完善组织架构，制定安全管理制度，开展安全意识教育和安全技术培训工作，并对智慧城市安全建设项目给予管理和技术资源支持。

安全组织管理主要内容包括以下几个方面。

1) 安全工作小组

我们先要设立一个安全工作小组来负责安全管理的角色。这个小组应该根据不同的角色配置人员，制定有效的安全管理模式。每个角色都应有明确的责任和权限，以确保所有的安全管理活动都在可控范围内进行。

2) 安全管理、建设和运营的工作责任部门

我们也需要明确安全管理、建设和运营工作的责任部门，以及重要岗位的负责人和岗位职责。这包括了对整个智慧城市安全管理工作的监督和执行，以及对各项安全措施的实施和监控。

3) 安全管理、建设与运营的策略机制

我们再需要建立一套完整的策略机制来指导我们的安全管理工作。这包括对于智慧城市技术相关的安全策略与制度、工程建设安全策略与流程、系统开发策略与制度、病毒防护策略与制度、智慧城市安全追责制度等的规定。

4) 安全相关角色的重要岗位人员管理

我们还需要建立一个完善的人力资源管理制度，包括对安全相关角色的重要岗位人员的招聘、录用、调岗、离岗、考核、选拔等的管理。这样可以确保我们的团队始终保持高效和专业。同时，需要明确安全相关角色的重要岗位人员的责任与权限要求。

总体来说，作为智慧城市的安全管理者，需要从多个角度出发，全面地考虑和规划我们的管理工作，以确保智慧城市安全组织管理的效率。

4. 协调监督

智慧城市安全管理应围绕智慧城市安全规划目标，以国家法律法规、政策文件和标准规范为指导，制定智慧城市安全协调策略与监督机制，统筹协调智慧城市安全管理工作并监督智慧城市安全相关活动。

协调监督主要内容包括以下几个方面。

1) 协调管理的负责部门、负责人及岗位职责

明确协调管理的负责部门和负责人是至关重要的。这些部门可能包括城市规划部门、信息技术部门、公共安全部门等。每个部门都有其特定的职责，例如，规划部门负责城市的长期规划，信息技术部门负责数据管理和维护，公共安全部门则负责城市的日常安全。负责人应具备足够的权威和能力来确保各部门之间的有效协作。

2) 安全协调管理和监督机制

安全协调管理和监督机制是确保智慧城市安全的关键。这包括建立统一的安全标准和规范，设立专门的安全监管机构，定期进行安全审查和评估，以及对违反规定的行为进行严格的处罚。此外，还应利用先进的技术手段，如大数据和人工智能，进行实时的

安全监控和预警。

3）智慧城市安全建设与运营相关方的沟通机制

有效的沟通是成功实施任何策略的关键。因此，建立智慧城市安全建设与运营相关方的沟通机制非常重要。这可能包括定期的会议、报告和研讨会，以便分享信息、解决问题并达成共识。此外，还需要建立一个开放和透明的反馈机制，以收集多方的意见和建议。

4）智慧城市安全建设与运营活动的合规检查机制

为了确保所有的活动都符合相关的法规和标准，需要建立一套完善的合规检查机制。这可能包括定期的内部审计和外部的第三方审计，以确保所有的活动都是合法和安全的。同时，也需要建立一个有效的记录和报告系统，以便于跟踪和改进。

5）重大安全事件处罚制度

对于任何严重的安全问题，都需要有一个强有力的处罚制度来防止类似事件的再次发生。这可能包括对责任人的处罚，以及对整个组织的惩罚。此外，还应该公开这些处罚结果，以提高透明度和公信力。

总体来说，智慧城市的安全协调策略与监督机制是一个复杂而重要的任务。只有通过明确的职责划分、有效的管理和监督、良好的沟通机制、严格的合规检查，以及严厉的处罚制度，才能确保智慧城市安全合规、高效的运行。

5. 评价改进

智慧城市的安全管理需要根据评估检查等安全活动，向主管部门报告智慧城市安全管理、建设与运营过程中发现的安全风险与安全事件。这不仅有利于总体规划和策略的持续改进，而且也是保障智慧城市稳定运行的重要环节。

评价改进主要内容包括以下几个方面。

1）安全检查、评估、认证和调查取证机制及实施细则

我们先要建立一套完善的安全检查、评估、认证和调查取证机制。这些机制应该包括详细的实施细则，需要明确各项任务的责任主体、执行步骤和预期结果。同时，也需要设定定期或不定期的检查周期，以确保安全工作的连续性和系统性。

2）安全建设评估和评价工作

我们也要对智慧城市的安全建设进行评估和评价。这包括对各项指标达成情况进行检查，以及对评价结果进行统计分析。对于不符合智慧城市安全评估标准的指标，我们需要进行深入的调查分析，并给出定性或定量的分析评估报告。这样，我们才能准确地了解当前的工作状态，找出存在的问题和不足，为下一步的工作提供依据。

3）定期审核

我们再需要对智慧城市的安全管理制度进行定期审核。这是因为，随着技术的发展和社会环境的变化，原有的制度可能已经不再适应新的要求。因此，我们需要定期地对制度进行修订和更新，以保持制度的有效性和适应性。

4）持续改进

我们还需要总结智慧城市安全管理、建设、验收和运营过程中的经验和教训，结合检测和评估过程中发现的风险，对智慧城市安全总体规划提出改进建议，持续提升智慧

城市安全管理能力。这是一个持续的过程，需要我们不断努力和探索。

总体来说，智慧城市的安全评价改进是一个长期而持续的工作。只有通过有效的评价机制和改进措施，才能确保智慧城市安全管理工作的效率不断发展和提升。

12.3 强化供应链安全保障工作

1. 当前面临的供应链安全挑战

随着数字化和全球化的不断发展，供应链已经成为智慧城市建设和运营的重要环节。然而，与此同时，供应链安全问题也日益凸显。总体而言，供应链安全存在以下四个方面的主要挑战。

1）网络产品和服务自身安全风险

随着信息技术的迅猛发展，网络产品和服务已经渗透到供应链的各个环节中。这些产品和服务在为供应链带来便利的同时，也带来了潜在的安全风险。网络产品和服务可能存在被非法控制、干扰和中断运行的风险，如黑客攻击、病毒传播、网络钓鱼等。随着这些攻击手段不断更新和升级，将给供应链的安全带来极大的威胁。一些恶意攻击者可能会利用网络产品和服务中的漏洞，获取不当利益，甚至进行恶意破坏，给企业和用户带来重大损失。

2）网络产品及关键部件生产、测试、交付、技术支持过程中的供应链安全风险

在供应链中，网络产品及关键部件的生产、测试、交付、技术支持等环节是非常重要的组成部分。然而，这些环节中也存在着一些安全风险。例如，一些关键部件可能来自不可靠的供应商，存在质量问题和安全隐患；一些企业在生产过程中可能缺乏严格的质量控制和安全监管，导致产品存在漏洞和缺陷；在交付过程中，可能存在物流信息泄露、产品损坏等风险。此外，在技术支持过程中，如果供应商的技术支持不到位或者存在漏洞，也会给供应链的安全带来威胁。

3）供应商利用提供产品和服务的便利条件非法收集、存储、处理、使用用户相关信息的风险

在供应链中，网络产品和服务提供者拥有用户的相关信息，如个人信息、交易信息等。这些信息具有极高的价值，也存在着被非法收集、存储、处理、使用的风险。一些企业可能会利用提供产品和服务的便利条件，非法获取用户的个人信息，并进行不正当的使用和交易。这种行为不仅侵犯了用户的隐私权，也会给企业和供应链带来法律和声誉风险。

4）供应商利用用户对产品和服务的依赖，损害网络安全和用户利益的风险

在供应链中，网络产品和服务提供者对用户具有很大的影响力。一些企业可能会利用这种影响力，通过控制网络产品和服务来损害网络安全和用户利益。例如，一些企业可能会强制用户更新软件或升级系统，从而获取更多的控制权和利益；一些企业可能会通过恶意插件、广告等方式来获取用户的个人信息或进行不正当的交易；还有一些企业可能会利用用户的信任关系来进行欺诈、洗钱等不法行为。这些行为不仅损害了用户的

利益，也会给整个供应链带来严重的安全威胁。

综上所述，供应链安全所面临的风险是多种多样的。为了应对这些风险，需要从政府、企业和用户三个层面采取有效的措施。政府需要加强相关法律法规的制定和实施；用户需要加强内部管理和技术防范措施，也需要提高安全意识和自我保护能力。只有各方共同努力，才能够保障供应链的安全稳定运行。

2. 国家层面高度重视供应链安全

党中央和国务院高度重视供应链安全，《关键信息基础设施安全保护条例》中明确指出"运营者应当优先采购安全可信的网络产品和服务；采购网络产品和服务可能影响国家安全的，应当按照国家网络安全规定通过安全审查。"为进一步控制供应链安全风险，国家陆续出台了相关制度，建立并不断完善供应链安全保障体系。

一是网络安全审查制度。2020 年 4 月 13 日，国家网信办等 12 部委联合发布《网络安全审查办法》（以下简称《审查办法》），第一条即明确，该办法的制定是为了确保关键信息基础设施供应链安全。要求"运营者采购网络产品和服务的，应当预判该产品和服务投入使用后可能带来的国家安全风险。影响或者可能影响国家安全的，应当向网络安全审查办公室申报网络安全审查"；明确审查范围是"核心网络设备、高性能计算机和服务器、大容量存储设备、大型数据库和应用软件、网络安全设备、云计算服务，以及其他对关键信息基础设施安全有重要影响的网络产品和服务"；同时指出，运营者应当申报网络安全审查，而没有申报或者使用网络安全审查未通过的产品和服务，根据《中华人民共和国网络安全法》第六十五条规定，由有关主管部门责令停止使用，处采购金额一倍以上十倍以下罚款；对直接负责的主管人员和其他直接责任人员处一万元以上十万元以下罚款。

二是云计算服务安全评估制度。为提高关键信息基础设施运营者采购使用云计算服务的安全可控水平，2019 年 7 月 2 日，国家网信办、发展改革委、工信部、财政部 4 部委联合制定了《云计算服务安全评估办法》（以下简称《云评估办法》）。通过《云评估办法》的实施，客观评价、严格监督云平台的安全性和可控性，特别提出了要重点评估"云平台技术、产品和服务供应链安全情况"。通过云计算服务安全评估的实施，提高关键信息基础设施领域云计算服务准入门槛，为关键信息基础设施运营者把关。此外，云计算服务安全评估工作机制办公室还通过抽查等方式，对通过评估的云平台进行持续监督，确保云平台在安全控制措施有效性、应急响应、风险处置等方面持续符合要求。

三是网络关键设备和网络安全专用产品安全检测认证。2017 年 6 月 1 日，国家网信办、工信部、公安部、国家认监委联合发布公告，制定了《网络关键设备和网络安全专用产品目录（第一批）》，明确了应进行安全认证或检测的 15 类网络关键设备和网络安全专用产品，要求这些设备和产品按照国家标准的强制性要求，安全认证合格或安全检测符合要求后方可销售或提供。这项工作对关键信息基础设施使用的重要设备和产品提出了强制性的合规要求，为关键信息基础设施产品提供基础保障。

四是加强关键信息基础设施供应链安全管理和督促检查。《关键信息基础设施安全保护条例》中明确"运营者应当优先采购安全可信的网络产品和服务"。国家网信办牵头，会同工信部、国资委，以及有关保护工作部门持续开展中央部门和关键信息基础设施运营者供应链安全督促检查工作，了解各单位供应链安全管理情况，重点检查运营者优先采购安全可信的网络产品和服务方面的组织保障、制度建设和执行情况，提高运营者对供应链安全管理的重视程度，促进运营者加快开展供应链安全风险评估，严格按照国家有关要求开展重要网络产品和服务的采购、部署、使用和维护，降低供应链安全风险。

通过国家层面的相关制度和要求，明确了运营者、保护工作部门，以及有关网络安全职能部门的职责，为开展供应链安全工作提供了制度保障。

3. 智慧城市建设需加强供应链安全管理

为了确保智慧城市供应链的稳定运行，保障智慧城市的正常建设和长期稳定运营，需要在相关政策要求指引下，采取一系列有效的供应链安全保障措施。

1）加强供应链风险评估和管理

应建立健全供应链风险评估和管理机制，对供应链中的各种潜在风险进行全面、系统的识别、评估和控制。具体措施包括：建立供应链风险信息收集和分析系统，定期对供应链中的供应商、合作伙伴、物流服务商等进行风险评估；制定供应链风险管理策略，明确风险管理的目标、原则和方法；建立供应链风险应急预案，提高应对突发事件的能力。

2）优化供应链结构

应根据自身的发展战略和市场需求，优化供应链结构，降低供应链风险。具体措施包括：选择信誉良好、实力雄厚的供应商和合作伙伴，确保供应链的稳定性；实施多元化采购策略，降低对单一供应商或地区的依赖；加强与供应商和合作伙伴的沟通与协作，建立长期稳定的合作关系。

3）加强供应链信息化的建设

应充分利用信息技术手段，加强供应链信息化的建设，提高供应链管理的效率和安全性。具体措施包括：建立供应链信息共享平台，实现供应链各环节的信息互通和协同；采用先进的信息技术手段，如物联网、大数据、云计算等，提高供应链的智能化水平；加强供应链信息安全管理，防范网络攻击和数据泄露等风险。

4）加强供应链人员的培训和能力建设

应重视供应链人员的培训和能力建设，提高供应链管理水平。具体措施包括：开展供应链管理知识和技能培训，提高员工的专业素质；建立激励机制，鼓励员工积极参与供应链管理工作。

5）加强法律法规的遵守和社会责任的履行

应严格遵守国家和地方的法律法规，履行社会责任，为供应链安全提供法律保障。具体措施包括：加强对供应链相关法律法规的学习和宣传，提高人员的法制观念；建立健全内部法律法规制度，规范供应链管理行为；加强与政府部门、行业协会等的沟通与合作，共同维护供应链安全。

6）加强与供应商和合作伙伴的合作与监督

应加强与供应商和合作伙伴的合作与监督，确保供应链的安全和稳定。具体措施包括：建立供应商资质审查制度，确保供应商具备良好的信誉和实力；定期对供应商进行考核评价，对不合格的供应商进行整改或淘汰；加强与供应商的信息交流和技术支持，提高供应商的生产能力和技术水平；建立供应商信用体系，对供应商的信用状况进行动态监控。

7）加强供应链安全管理制度的建设

应加强供应链安全管理制度的建设，确保供应链安全工作的规范化、制度化。具体措施包括：制定供应链安全管理制度，明确供应链安全管理的目标、原则和要求；建立供应链安全责任制度，明确各级管理人员在供应链安全管理中的职责和义务；建立供应链安全检查制度，定期对供应链安全工作进行检查和评估。

8）加强与政府和社会的合作与交流

应加强与政府和社会的合作与交流，共同推动供应链安全保障工作的深入开展。具体措施包括：积极参加政府组织的供应链安全培训和交流活动，了解国家和地方的政策法规；加强与行业协会、专业机构等的合作，共同研究和推广供应链安全管理的最佳实践。

总之，智慧城市供应链安全保障是一个系统性工程，需要严格履行国家相关政策法规要求，并从多个方面入手，采取综合性的措施，共同推动供应链安全保障工作的深入开展。

第13章 "安全运营"是提升城市安全体系效能的关键手段

13.1 城市安全运营理念和重要性

当前，安全运营在业界越来越流行，主要原因是常态化对抗下安全能力不足的现实问题。自2007年以来，以合规为导向的安全建设已经进入了一个新的阶段，各单位普遍开展了安全建设，并购置了大量的安全设备，增加了安全岗位，甚至成立了安全保卫部。然而，由于专业人才和专业技能的缺乏，导致安全防护效果并不明显，这也成为各单位的痛点。近年来开展的红蓝对抗和高强度实战演练，也暴露出了一个严重问题，那就是各单位的安全人员、装备、流程、机制等核心安全能力，并不能有机结合形成合力。同时，大家也充分认识到良好的安全操作才能发挥安全工具和设备的最大价值，最终实现安全系统的高效运行。

成功的"安全"在于"运营"。安全运营是以用户网络最终安全为目的，通过统筹运用多种技术和管理手段，将安全能力持续输出传递给用户的过程，其核心价值在于发现安全问题、验证问题、分析问题、响应处置和解决问题，不断迭代优化问题的处置能力，持续降低用户面临的安全风险。

安全运营是一个以安全为目标导向，统筹规划人（如运营团队建设、人员能力提升等）、工具技术（如安全基础设施建设、大数据集中分析等）、运营管理（如检测、预警、响应、恢复和反制，以及配套的运营流程和管理制度等），用于解决安全问题，实现最终安全目标的复杂安全保障体系。人、技术、流程，共同构成了安全运营的基本元素，以威胁发现为基础、以分析处置为核心、以持续优化为目标，通常是现阶段安全运营的主旨。不管是基于流量、日志、资产的关联分析，还是部署各类安全设备，都只是手段。安全运营最终还是要能够清晰地了解用户自身安全情况，发现安全威胁、敌我态势，规范安全事件处置情况，提升安全团队整体能力，逐步形成适合用户自身的安全运营体系，驱动安全管理工作质量和效率的提升。

安全运营是智慧城市实现一体化安全保障并有效解决城市安全问题的重要基础，是新型智慧城市安全保障持续发展与升级改造的前提，其需要和关键的基础设施、业务平台、应用系统一起，实现同步规划、同步建设、同步使用。在方案设计过程中需重点突出实战能力与保障能力，以动态安全保障中的感知发现、分析研判、通告预警、响应处置、追踪调查、复盘整改为核心，构建完整有效的一体化安全保障能力体系。

智慧城市安全建设，需要坚持"以人员为核心、以数据为基础、以运营为手段"的基本安全理念，同时，需要结合智慧城市的实际情况，构建智慧城市的安全运营体系，形成"威胁预测、威胁防护、持续检测、响应处置"的闭环安全工作流程，打造一体化的安全运营机制。

构建城市级安全运营体系，需要以全域网络安全监测平台为基础，全面落实"充实安全保障人员、健全安全制度流程、完善监测预警机制、强化应急响应处置、建立监督评价指标"五项重点工作任务。做到"人员有培养、管理有落地、监测有手段、应急有响应、结果有评价"的安全运营目标。

1. 充实安全人员保障

人是安全运营能力最核心的体现。加强人员安全管理，构建有效的安全组织体系，明确相关角色、责任及分工，落实安全运营队伍，建立人员能力评估和考核体系，最终从根本上提升智慧城市安全保障水平。

2. 健全安全制度流程

以业务为核心，制定一套具有区域特色、可落地的安全管理标准和运营流程规范。完善安全管理制度和评审制度，加强制度执行力度，明确责任部门及责任人，定期维护与修订，确保安全管理处于较高的水平。细化安全操作标准和流程，包括但不限于安全监测预警流程、风险评估与加固流程、安全漏洞管理流程、安全检查流程、安全巡检流程、安全事件应急响应流程及溯源取证流程等，组织定期培训，推动各部门之间的联动效率。

3. 完善监测预警机制

通过全域网络安全监测平台，面向智慧城市全域提供 7×24 小时的网络安全监测和响应机制，为城市大脑、政务云等，提供全域安全资产识别、威胁情报预警、安全监测分析、安全策略优化、应急响应统筹协调、安全事件分析溯源等安全闭环能力，实现全天候、全方位的网络安全运营能力输出。

4. 强化应急响应处置

组建本地专属 7×24 小时安全应急团队，结合安全监测平台推进安全通告预警、处置网络安全事件、分析事件成因、消除安全隐患等工作，最终实现重大安全事件小时级闭环。完善安全事件分类、制定应急预案、定期开展应急演练，建立应急技术知识库，提升应急处置效率，真正实现有备无患，未雨绸缪。

5. 建立监督评价指标

从智慧城市安全管理视角来看，主要相关方包括监管方（网信办、大数据局中心、运营管理方）、用户（托管应用、市直单位和下级区县单位）、安全保障方（第三方安全团队）等。按照"谁主管谁负责、谁运营谁负责、谁使用谁负责"的原则，明确并落实各参与方所承担的义务与责任，制定各方行为规范。同时，制定有效的监督评价机制，量化安全考核指标，建立数据驱动安全、数据联动安全的安全运营格局，使得安全运营工作成效可度量，确保网络安全真实落地，并针对性持续改进，实现安全运营质量螺旋上升。

借助安全运营体系,整合人员、流程、平台、制度、指标等资源,提升智慧城市安全能力,解决安全能力交付"最后一公里"的症结。同时,以安全技术、服务和产业孵化为核心,建立外部资源交流互通和资源引入机制,全面打造城市安全大脑的网络安全生态。

13.2 三大维度构建城市安全运营体系

智慧城市安全运营体系是城市一体化安全保障的核心。智慧城市安全体系建设只是成功的第一步,如何实现持续的安全运营才是真正面临的挑战。"重建设、轻运营""重产品、轻服务"的传统思路已无法满足智慧城市的持续安全稳定运行需求。

实践证明,平台、人员和流程是构建安全运营体系的核心要素。首先,覆盖全域的安全运营平台是实现安全运营的载体,即以"安全大数据"为核心,实现各种安全设备和解决方案的深度融合和统一联动;其次,专业的安全人员是安全运营的基石,他们熟练地掌握网络安全知识和技能,能够识别和评估组织面临的风险,设计和实施有效的安全控制措施,监测和应对威胁,协调和管理安全事件,以及持续改进和更新安全策略,最终保证安全防护的主动性;最后,严谨的安全流程是确保安全运营效率的关键,它规定了安全操作的实施和管理方式,并确保各项安全工作的有效执行。总之,构建高效的安全运营体系,能够全面提升城市的安全防护能力和应对威胁的韧性。

13.2.1 安全运营平台建设

1.城市安全运营平台建设原则

智慧城市安全运营平台建设,需围绕"能力全集化、动态弹性化、工作计量化"三大核心原则,打造城市级安全管理工作的服务中台。

1)能力全集化

城市安全运营平台作为智慧城市安全管理工作的服务中台,它的功能不仅要围绕安全产品及平台的技术功能视角进行建设,更要基于安全专家梳理出的智慧城市所有网络安全工作的需求来向下拆解、分析,以及定制化开发设计。基于此,城市安全运营平台需实时反应安全管理工作的进展,结合平台各项功能达到对网络安全管理工作可展示、可执行、可分析的效果,实现对各个组织层级、各个安全工作的全方位、全过程、流程化、协同化、一体化的在线工作管控。

(1)可展示:城市安全运营平台需作为智慧城市所有开展网络安全工作人员的工作台,每一类角色都有其专属的定制化工作页面,保证其工作数据、工作流程、工作进度都可以在页面展示出来。

(2)可执行:安全管理工作人员在其专属的工作页面上,均可以基于页面展示的数据及信息,自动化或半自动化的执行一些工作命令、下发任务、反馈结果等,使安全管理工作自动化与智能化。

(3)可分析:安全运营平台作为城市安全管理的核心技术支撑工具,需基于安全日志、用户行为、终端日志、业务数据、资产状态等多源数据，并结合外部情报，向工作人员提供威胁、风险、资产、业务、用户等多样化的网络安全管理工作支撑能力，满足领导层、管理层、执行层等各层次工作人员对网络安全管理工作的多角度掌控。

2）动态弹性化

（1）平台扩展弹性化：在网络环境和攻击手段不断发展变化的外部形势和城市数字化业务不断发展扩张的内部驱动下，智慧城市未来将会面临不断增加的网络安全管理需求，因此需要建设开放式、弹性化的城市安全运营平台，打造安全生态链，构建"平台＋终端＋服务＋应用"的开放共享融合生态环境。

（2）安全策略弹性化：安全运营平台需要具备安全策略档案的功能，用于管理城市数字化基础设施中来自不同供应商的网络安全设备，对设备中接口、地址、服务、策略等进行记录与集中管理，当新增或替换设备时，具备给予配置接口对接的能力，以确保业务有序开展、集中统一管理、保持高安全状态运行。

3）工作计量化

建立健全安全能力评估指标库，构建常态化网络安全综治考核和日常考核的工作机制，定期对安全管理工作现状、情况进行综合评价，推动安全管理工作可量化、可追溯、可评估，保证网络安全管理工作的健康度和完成度，确保网络安全真实落地，并针对性持续改进，实现安全运营质量的螺旋上升。

2. 城市安全运营平台技术框架

城市安全运营平台作为网络安全管理工作的服务中台，其系统架构从安全运营的全集工作出发，可包含接入层、分析层、业务层、云端层、展示层，共五层架构，为安全运营提供端到端的服务支撑。如图 13-1 所示。

（1）接入层：平台需通过对接各类网络及安全设备采集相关日志信息，具体设备包括网络设备、安全监测设备、安全网关设备、防火墙设备、日志审计设备、IPS 设备、各类终端、探针等，最终实现多源安全数据的统一整合。

（2）分析层：基于大数据处理技术，通过收集多元、异构的海量日志，利用关联分析、机器学习、威胁情报等技术，持续监测网络安全态势，实现从被动防御向积极防御的进阶，为安全运营人员提供风险评估、威胁发现、调查分析和应急响应的能力支撑。

（3）业务层：主要分为运营建设、统一监测与处置、运营管理和专项运营，共四大模块。运营建设主要实现运营建设阶段的工作，如组织与人员的创建、资产输入、相关服务产品接入、项目与服务管理等；统一监测与处置主要实现日常运营工作的平台支撑能力，包括威胁情报收集、告警研判、事件分析、通报预警和工单处置等；运营管理主要实现在运营过程中对运营服务内容、进度进行把控，包括订单管理、服务管理、交付管理等；专项运营包括重保值守、应急响应、等保咨询、渗透测试等，主要是满足特殊时期的专项运营工作管理。

（4）云端层：主要为各类用户提供按需的安全 SaaS 化能力支撑，如网站监测服务、云抗 D、云 WAF 等能力。用户可以根据实际需要通过平台灵活定制。

（5）展示层：平台数据可以通过态势大屏、快捷工作台、微信小程序、客户 Potal 进行展示，展示内容包括资产安全态势、威胁情报态势、运营工作管理、事件处置闭

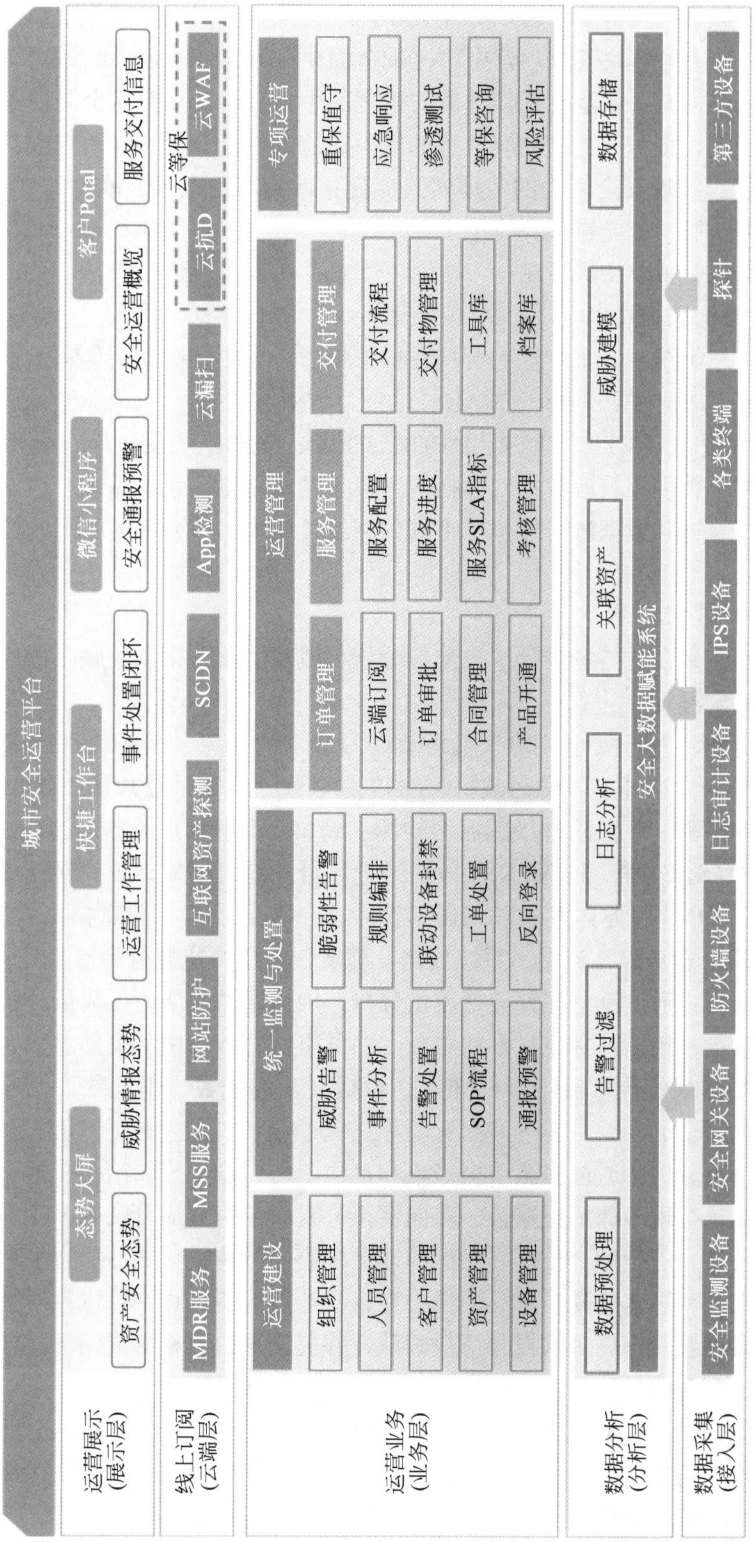

图 13-1 城市安全运营平台技术框架

环、安全通报预警、安全运营概览、服务交付信息。

总体来说，城市安全运营平台以"业务驱动"为核心，以支撑智慧城市全集安全管理工作为目标，着力于解决安全运营中"范围全面化""管理集中化""流程标准化""价值可视化"等问题，是一款运营工作开展与管理的中枢平台。平台从全局视角提升对安全威胁的发现识别、理解分析、响应处置的能力；通过智能分析和联动响应，结合机器学习和人工智能，实现安全能力的落地实践，真正做到对安全风险威胁的"主动发现、预知未来、协同防御、智能进化"。

3. 城市安全运营平台技术实现

1）全要素数据采集技术实现

数据采集层基于统一安全管理平台的数据采集能力，支持被动采集和主动采集两种方式，被动采集方式包括 Syslog、WMI、JDBC、SNMP Trap、Netflow、netmap、pcap等；主动采集方式包括 FTP、SFTP、HTTP、JDBC、ODBC、agent 等。全要素安全数据采集需要从多个数据源获取数据，包括但不限于网络流量、系统日志、数据库、应用程序、传感器等。这些数据源可能位于不同的网络环境中，需要采用不同的技术和协议进行采集。

2）安全分析技术实现

城市安全运营平台支持场景分析、流量分析、威胁情报分析、关联分析模型、行为分析、知识图谱学习等。

（1）场景分析：基于安全攻防人员对攻防技战法的研究，总结梳理出来的规则分析模型，包括资产主动外连、暴力破解、DNS 隧道、异地账号登录、HTTP 代理检测、邮件敏感关键词检测、邮件附件敏感后缀检测、弱口令监测（明文密码泄露）、reGeorg隧道发现、SOCKS 代理检测、VPN 账号登录地域分布统计、VPN 账号登录行为统计、DGA 域名发现、DNS 服务器发现、密码猜测攻击、Web 攻击、恶意扫描、恶意程序、DOS/DDOS 攻击、业务异常流量、系统攻击、脆弱性、用户违规行为等。

（2）流量分析：通过流量探针进行流量分析，展示通过网络原始流量分析所发现的异常流量事件数量，包括异常流量事件总数、高危事件总数、中危事件总数、低危事件总数。以列表形式展示异常流量事件详情，包括 IP、高危数、中危数、低危数、异常类型、异常总数等。

（3）威胁情报分析：通过多源情报采集和自主上传，联动云端情报交换、情报共享推送等核心功能，实现多源情报聚合、多向情报分发、情报集成订阅等多项情报应用能力。利用多源情报，进行融合分析，发掘验证更多高质量情报，之后通过平台反馈给各级用户。相关人员利用这些高质量反馈情报在自身业务运行过程中可以针对性监控、比对、防御，同时能够获得更多情报和情报确认，并提交平台反馈形成闭环，最终促进情报发现、共享、融合、联动的良性循环。

（4）关联分析模型：基于规则分析、统计分析、攻击威胁分析等数据分析引擎，充分实现实时分析、离线数据批量分析和迭代计算、实时和离线数据挖掘、人工交互式分析等，同时支持客户化配置的模型管理，实现场景的快速落地。

（5）行为分析：通过时间段、统计源、统计对象、用户名、用户组多维度信息，实现对网络访问行为的分析；对网络访问行为分布、即时通信排行、邮件行为排行、文件传输排行、搜索行为排行、娱乐股票排行、社区访问排行、网站访问排行进行统计分析，以列表形式展示当前区域访问行为统计结果，包括审计类别、访问次数、占比等；通过柱状图展示当前区域访问行为统计排名。

（6）知识图谱学习：知识图谱的构建过程包含知识表示、实体、关系、属性的抽取，以及实体的链接，通常采用机器学习方法实施。对于标记数据的获取，既可以通过长期的数据积累，也可以使用众包的形式，还可以采用聚类等无监督学习方法进行标注。对于有标记数据，采用有监督的机器学习算法进行实体、关系、属性的抽取。安全知识图谱的构建需要对文本、网页、微博、论坛页面等半结构化/非结构化数据进行处理，采用的技术包括知识挖掘、自然语言处理、统计学习等。

3）未知威胁文件分析技术实现

APT 高级威胁检测引擎接收复制分流设备的镜像流量，其在完成业务分析后，向管理平台返回分析结果日志。其中，沙箱检测探针提供了降低高级持续性威胁和针对性攻击风险所需的全网范围的可见性、洞察力和控制力。系统集成网络封包、应用内容、文件过滤、动态模拟分析等多种检测引擎，可以威胁生命周期的各个阶段，识别标准安全防御所无法检测的恶意内容、可疑通信与攻击行为，从而以最低的误判率和最大的覆盖范围提供最佳的检测。通过对恶意文件和隐蔽式攻击行为的检测和深入分析，在不断发展的网络环境中，可提供检测高级持续性威胁和针对性攻击所需的可见性和情报。

4）威胁情报技术实现

平台内置威胁情报库，支持 IP/URL 威胁情报的在线升级、离线升级（导入情报）操作；可以基于 IP/URL 地址的情报查询，以列表展示 IP/URL 情报的详细信息，主要包括 IP、分类、方向、热度值（事件发生次数）、可靠度、危害等级、开始时间、结束时间等。

5）安全资产管理技术实现

资产管理可以手工录入和自动发现。资产自动发现，可通过原始流量、安全日志自动发现网络资产，以及通过漏洞扫描设备的扫描结果发现网络资产；也可以手动对资产进行增、删、改、查和导入、导出管理；资产梳理完后，可再对资产责任人进行分配和管理。安全资产管理技术支持展示资产名称、IP 地址、分组、厂家、型号、操作系统类型、中间件类型、数据库类型、安全产品类型、各资产的详细版本号、物理地址、资产使用状态等；支持对服务的 IP 地址、端口号、服务版本等属性管理；支持对 IPv6 资产的管理；支持资产的添加、删除、编辑、检索；支持对资产进行查询；支持资产服务变化趋势视图统计。

6）脆弱性管理技术实现

城市安全运营平台通过联动漏洞的扫描工具获取漏洞及相关脆弱性信息。平台的资产漏洞管理功能可对漏洞数据进行全生命周期的可视化管理和分析，将每一条漏洞状态分为：发现状态，验证状态，处置状态。根据这三个不同阶段的漏洞状态，可以帮助用户精细划分漏洞管理方式，同时也为后续的漏洞定量分析提供基础属性，为用户提供更加贴近真实网络环境的漏洞定量分析。

另外，城市安全运营平台可通过关联各类安全产品，展示整网资产存在的脆弱性情况，包括总的漏洞数、存在的弱口令数、配置风险数、漏洞类型分布、漏洞严重级别分布、漏洞趋势、Top漏洞列表等，并可以将脆弱性数据与资产关联，在安全事件中体现存在漏洞和是否被漏洞利用攻击等情况。

7）风险评估技术实现

城市安全运营平台通过对发现的网络异常行为进行分析，自动提取其特征并进行学习，从而提高系统发现潜在的、未知的威胁网络安全行为的能力，结合关联分析、趋势分析、脆弱性分析，形成动态的安全风险评估及事件管理能力。

平台通过综合运用多种手段，全面、快速、准确地发现被扫描网络中的存活主机、网络设备、数据库，准确识别其属性，包括主机名称、设备类型、端口情况、操作系统，以及开放的服务等，为进一步脆弱性扫描做好准备。同时，资产管理功能作为脆弱性风险评估的基础部分，为评估主机和网络的脆弱性风险提供依据，实现资产风险快速定位。平台支持导入多种厂家的漏洞报告，并且支持灵活自定义的漏洞报告解析规则，可以轻松适配不同安全运维人员的漏洞管理需求。平台可以根据系统漏洞进行关联分析，实现自动化漏洞和风险评估。

8）威胁预警技术实现

威胁预警管理通过获取数据，分析子系统所发现的安全事件、安全威胁、漏洞信息等威胁信息，结合威胁情报信息进行深入分析，形成有效的安全预警信息，并及时通知安全运维人员。

威胁预警模块可将发现的系统漏洞、网站可用性、木马、僵尸网络、网站篡改、网站仿冒、网站挂马、暗链、APT攻击、DDoS攻击、缺陷等安全事件通过安全管理工作台、手机App等多种方式，及时上报、通报、下达，进行预警及快速处置。

9）威胁处置流程技术实现

威胁处置子系统以风险资产、风险用户为载体，以安全事件为视角，将全网威胁展现给运维人员，运维人员在系统中查看到安全事件的基础上，可以从多个维度对安全威胁进行处置。

在完成平台基本的区域、白名单、关联规则、情报规则、告警策略等设置后，随着对流量、日志数据的不断收集，实现安全事件的逐步细化与程序。发现安全事件后，运维人员利用系统可对安全事件进行分析、定位风险资产和风险用户，并通过对安全事件的处置手段，对资产/用户进行处置。

10）自动化编排、联动、闭环响应技术实现

安全联动的核心目标是辅助安全运营团队处置安全威胁，提高运营效率。平台支持通过安全编排将人员、流程和技术集合在一起，集成多系统、多平台、多技术、多工具来简化安全流程，提升安全事件响应速度。

安全事件被触发后，威胁数据被送入联动引擎。根据剧本定义的处理流程及处理优先级，可联动执行单元，如防火墙、IPS、交换机、路由器、终端安全软件、认证接入系统等，实现流量封堵、主机杀毒、主机隔离、强制非法用户下线等操作，并通过工单及时通知到安全运营团队；当匹配不到剧本时，平台会根据威胁的紧迫度和危险度等相

关预置条件,通过工单、短信等手段及时通知安全管理人员,实现人工介入。安全管理人员分析处置完成后,可重新对剧本进行优化,后续有相同威胁发生时可自动化进行处置,消除重复性工作。

13.2.2 安全运营团队建设

从安全运营业务开展的角度考虑,整个安全组织需要设置安全监测、分析、预警、预警响应、事件跟踪等相匹配的岗位。同时,从网络安全运行所需关键职能的角度考虑,完整的安全组织一般包含以下几个重要组成部分:网络安全管理组织、网络安全监督组织、网络安全执行组织。因此安全运营组织可参照整体安全组织架构划分为安全管理、安全监督、运营执行组织等。

网络安全管理组织:主要负责维护安全运营管理体系中安全规划、安全制度建立健全、安全检查等工作。管理层连接了决策层与执行层,是建立贯通整个运营组织沟通机制的重要桥梁。

网络安全监督组织:安全监督组织一般独立于网络安全管理组织和网络安全执行组织,一般强调事后审计,主要是对组织进行安全运营工作评价。

网络安全执行组织:成立专职的安全运营执行团队,负责为网络安全运营、安全管理提供支撑,落实网络安全运营规划和年度工作任务。

以下重点对安全运营团队进行描述。

1. 安全运营团队职责和架构

安全运营团队是负责确保组织网络安全并有效应对网络威胁的关键团队,其主要职责包括以下几个方面。

(1)监控和检测:实时监控网络流量,寻找可疑活动或攻击。通过使用各种工具和技术,检测到潜在的安全威胁,并立即采取行动。

(2)事件响应:如果发生安全事件,安全运营团队需要迅速响应,立即采取措施阻止攻击,并调查攻击者的来源和目的。

(3)预防措施:除了对当前的安全威胁做出快速响应外,网络安全运营团队还需要采取预防措施来防止未来的攻击。这包括定期更新软件和安全补丁,配置安全策略,以及为员工提供安全培训。

(4)报告和记录:定期生成安全报告,记录安全事件和威胁,以及采取的措施。这些报告对于组织的决策者非常有价值,有助于他们了解当前的网络安全性,以及需要改进的地方。

(5)合规性管理:根据组织的业务需求,网络安全运营团队需要确保组织符合特定的网络安全标准和法规。

城市安全运营中心一般构建 L1、L2、L3 三个层级的安全运营团队,不同的运营团队具备不同的安全能力,以解决整个城市运行过程中,安全分析和事件处置人员缺失与能力不足的问题。

(1)L1 层级安全运营团队(基础安全交付人员),具备基本安全攻防能力,对安全事件有敏感度,提供策略调优、应急响应、7×24 小时安全监测等服务。

（2）L2 层级安全运营团队（专业安全分析师），了解业务特征，具备专业攻防能力，提供 0day（零日）漏洞预警、事件响应、方案咨询、场景定制、威胁狩猎等服务。

（3）L3 层级安全运营团队（云端安全专家），具备丰富的新技术能力和安全攻防能力，提供疑难问题专家会诊、调度指挥、构建攻防知识体系、威胁场景研究、威胁建模等服务。

2. 团队建设保障措施

安全运营团队建设的本质是人员能力建设，因此需要从能力角度加强团队的建设保障工作。

具体包括知识库建设和技能培训。

（1）知识库建设：为保证运营工作效率，避免对相同问题重复投入精力，需建设安全运营知识库，积累日常运营经验，将问题处理过程落实形成文档，这对于安全运营工作的执行效率和效果至关重要，而且建设知识库是一个长期的过程。知识库的建设和维护应当由安全研究团队、安全运营团队、安全管理团队和基础设施运维团队共同维护，目的是确保知识库建设的全面性。

（2）技能培训：安全运营人员的技能水平是支撑整体安全运营工作有序开展的关键因素，运营工作要形成体系化，需要依赖一定数量的运营技术人员储备。为保证运营工作质量，可根据城市安全运营需要，安排合理的技术培训，并协助对每个人制定技能评估、KPI 考核计划进行跟踪，不断提升运营人员能适应新的安全监测业务的能力。

13.2.3 安全运营流程建设

完善的安全运营流程可以大大提升安全运营的效率，也是安全威胁能够及时发现和快速处置的保障。安全运营流程需要结合实际的业务流程和管理制度进行定制，其主要内容包含以下几个方面。

1. 通报预警流程

应开展常态化的安全通报预警管理活动，建立安全通报预警制度，明确接受安全通报预警信息、进行通报预警研判和通报的流程，并按相关要求开展信息共享等内容。对于可能造成较大影响的，应按照相关部门要求进行通报。

安全通报预警管理的目标是：制定安全通报预警制度，确定网络安全通报预警分级标准，明确通报预警流程和响应处置程序，对城市基础设施的网络安全风险进行及时通报预警。通过安全通报预警管理，确保各部门及时得到相关安全通报预警信息，提前防范安全威胁和事件，做到防患于未然。

2. 资产管理流程

网络资产是构成信息系统的软件、硬件、服务等资源的集合，是安全机制保护的对象和安全管理的主体对象。按照面向对象的设计原则，安全业务均会围绕资产来展开，不同领域的安全数据交织在资产这个核心数据库中，构成各种业务关系，从而产生客户关注的价值输出。只有首先精准地识别和有效地管理资产，后续一系列安全保障机制才能够按预期有效落实。

作为安全领域中环境感知的一个重要组成部分，资产管理承担着各类安全对象从发现、导入、存续管理、风险分析、变更监控及下线销毁等全生命周期的维护。

3. 漏洞管理流程

通过漏洞管理，识别网络资产所存在的隐患，采取合适的措施进行处置闭环，使网络风险处在良性的可接受状态。具体可参照以下流程开展漏洞处置工作。

通过脆弱性发现的脆弱性问题数据，通过和资产关联同步，产生漏洞处置单，并通过优先级评定，按照优先级给出客户修复顺序列表。

同时依托资产管理功能，通过资产、资产组维度的脆弱性统计、分析、展示，使得用户脆弱性问题一目了然，快速定位问题资产组、资产及关键漏洞。

漏洞处置工作台提供完备的漏洞筛选能力，可支持按照资产、资产组、漏洞、漏洞分类、漏洞等级、优先级、状态等不同维度进行漏洞快速定位。

通过漏洞处置单生命周期管理，实现对不同状态的设置，完成漏洞生命周期的流转。同时通过验证及批量验证的方式对设置为修复的漏洞进行进一步复验，保证修复闭环。

4. 威胁管理流程

威胁监测是利用监测到的原始流量，以及探针设备的安全告警日志，实现威胁的检测。及时掌握重要信息系统相关网络安全威胁风险，及时检测漏洞、病毒木马、网络攻击情况，及时发现网络安全事件线索，及时通报预警重大网络安全威胁，最终实现调查、防范和打击网络攻击等恶意行为。

5. 事件管理流程

安全分析专家利用基于大数据技术的威胁分析平台，以及采集的用户原始流量，通过对应用层流量还原、安全场景分析等手段，为高级威胁分析提供数据支撑，为客户提供尽可能准确的"结果"。利用平台的机器学习引擎和规则检测能力，及时发现网络安全事件线索，及时检测病毒木马、网络攻击等安全事件情况；利用专业平台的关联和取证功能，从多维度和多角度进行长时间跨度的关联分析，实现渐进式安全事件分析和取证；对威胁事件的整个活动进行分析，跟踪漏洞利用、软件下载、回连命令控制服务器外传数据等恶意软件各阶段的活动行为，并输出详细的威胁事件报告。

6. 安全人员管理流程

开展常态化的安全从业人员管理活动，从人员审查、人员筛选、人员调动、人员离职、职责分离，以及安全意识教育、专业技能培训等方面建立并执行安全从业人员的管理工作机制。

通过人员审查、人员筛选、人员调动、人员离职、职责分离，以及安全意识教育、专业技能培训等一系列安全从业人员管理管理工作机制的建立与执行，加强对安全从业人员的规范管理，尽可能地将因为人的因素所导致的安全风险降至最低。

7. 应急指挥流程

开展常态化的应急指挥活动，建立网络安全应急指挥制度，配备足够的网络安全应急响应资源，开展应急演练。以保证在重大网络安全事件发生时能够实施恰当的应对措施，恢复由于网络安全事件而受损的功能或服务，尽可能地降低网络安全事件造成的影响。

根据实际情况制定应急预案并定期评估。应急预案应保证在发生安全事件时，能够维持信息系统的基本业务功能，并能最终完全恢复信息系统且不减弱原来的安全措施。同时，通过定期开展应急演练，总结经验并持续改进。

13.3 "动态、闭环"的城市安全运营服务保障

以城市安全运营体系为支撑，从"全域监测、主动防御、检测分析、响应处置"四大维度，提升"动态、闭环"的城市安全运营服务保障能力，才是城市安全运营体系建设的根本目的所在。如图 13-2 所示。

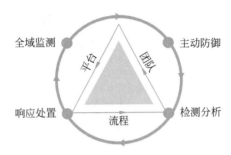

图 13-2 "动态、闭环"的城市安全运营服务体系

13.3.1 全域监测服务保障

从攻击者视角来看，资产暴露面越大，面临的安全威胁越大，故而应遵循"最大化收敛，最小化暴露"原则，尽可能减少资产暴露面，降低攻击面。

全域监测服务主要是做好攻击面管理，将攻击者可能引发攻击的向量进行管理，以便进行减少入口点、限制访问和特权、减少对外暴露的应用程序与服务，甚至管控供应商产品和开放应用程序编程接口（API）等。

实现攻击面管理保障，需要将外部信息收集、资产探测、漏洞跟踪、情报稽查、网站安全监测等各方面能力结合为一体，从而及时发现暴露在外的安全风险，并全面展现当前所暴露资产的安全风险点，为收敛信息资产暴露面，以及构建攻击面管理体系提供科学决策依据，最终实现资产风险可视、可控、可管的安全目标。

全域监测服务第一步需要能够摸得清资产，建立资产台账；第二步需要能够识别到风险，站在攻击者角度识别风险、收敛风险，最小化漏洞；第三步，基于攻击面管理体系，能够进行风险预测建模，提升对 0day 漏洞及风险的防御能力。

全域监测具体服务内容包括以下几个方面。

1. 资产暴露面管理

定期开展互联网信息资产检测，以及内网资产核查，检测范围包括资产信息探测、资产指纹探测、关联资产等。评估暴露在外的资产带来的安全风险，清除影子资产、无主资产，收敛互联网暴露面，减少资产风险带来的安全隐患。

在服务过程中，将借助安全运营平台中的资产检测模块对全域的网站、管理系统、VPN 系统、邮件系统等目标系统的互联网暴露面进行周期性检测，检测包括但不限于子域名、C 段 IP、邮箱、GitHub 敏感信息、管理后台／控制台、隐藏目录、微信公众号、App 资产、Web 指纹（如开发框架、第三方组件／插件、可用性状态等）、OS 指纹、DB 指纹、主机端口服务、系统版本及补丁等敏感信息，发现资产风险后，将通过运营支撑平台进行通报预警、风险处置和风险管理。

通过对资产的稽查和收敛，及时摸清信息资产的"家底"，绘制资产信息图谱，洞察资产的变更风险，基于最小化原则收敛暴露面，减少因为暴露面带来的安全威胁。

2. 资产脆弱性管理

网络安全工作是防守和进攻的博弈，是保证信息安全、工作顺利开展的奠基石。及时和准确地审视自身信息化工作的弱点，审视自身信息平台的漏洞和脆弱性问题，才能在这场信息安全战争中，处于先机，立于不败之地。只有做到自身的安全，才能立足本职，保证业务稳健的运行，这是信息时代开展工作的重要一步。

脆弱性管理是保证这场网络战争胜利的开始，它能够及时准确地察觉系统基础架构的安全，保证顺利地开展业务和高效迅速的发展业务，通过定期对 IT 资产进行漏洞扫描，及时发现高危漏洞，并及时下发整改。

在实际安全运营过程中需要持续关注 CVE、CNVD、CNNVD 等安全漏洞库的信息发布，同步关注在暗网、推特、产品供应商官网等平台发布的漏洞、事件信息，以及通过安全研究人员进行研究挖掘发现新的漏洞情报。通过对这些多源情报数据，多层次全面挖掘、搜集相关信息，进行识别筛选和关联分析；并通过求证、研判取得特定目标的真实信息，并将其转化为有价值的精确信息，在经过专业化的分析、鉴别后，将这些信息转化为高质量、高价值、高精度的可用情报知识；最后通过安全运营平台的威胁情报模块进行发布，并跟进和更新最新发布的 POC、补丁等，持续提供高价值的漏洞相关信息，并与资产指纹进行碰撞，精准评估漏洞的影响面，有序开展安全加固工作。

3. 威胁情报管理

威胁情报是从多种渠道获取用以保护系统核心资产的安全线索的总和，在大数据应用背景下，威胁情报的采集范围极广，如传统的防火墙、入侵检测系统（intrusion detection system，IDS）、入侵防御系统（intrusion prevention system，IPS）等传统的安全设备产生的非法接入、未授权访问、身份认证、非常规操作信息，沙盒执行、恶意代码检测、蜜罐技术等系统的输出检测结果，以及安全服务厂商、漏洞发布平台、威胁情报专业机构等提供的安全预警信息等。

通过接入的威胁情报，在攻击识别、威胁推理、行为分析、脆弱性分析等各业务模块，利用带有情报标签的情报事件、安全日志、资产信息，进行关联分析，生成可信度更高，上下文更丰富的安全事件和情报预警，最后供安全分析人员进行进一步确认和分析。其中安全事件和情报预警还可以继续下钻关联的各类情报信息，提供深度丰富的分析依据。

4. 风险及安全监测

攻击面管理需要清楚资产所面临的安全风险，但安全风险不可能被全面铺开，需要聚焦在有价值的漏洞或风险上。这对于攻击面分析同样适用，我们需要多维度、全方位思考资产价值，聚焦有效资产、核心资产，除了要考虑漏洞或风险的危害外，还需要结合资产价值，有效评估对业务的影响力，提升安全的投入产出比，这一阶段需要我们通过专家能力依托各类安全产品，提升自身的风险及安全监测能力。

13.3.2 主动防御服务保障

在当前的网络环境中，我们已经实现了从静态防御到动态防御的转变。这意味着我们的安全防护策略已经从过去主要依赖于固定、预设的防护措施，转变为了更加灵活、主动的防护方式。

因此，在实际的安全运营工作中，一方面需要继续做好静态防护工作，例如，通过设置防火墙、安装杀毒软件、定期更新系统等方式，防止病毒、黑客等对系统的攻击；另一方面，我们更要专注动态防护工作，如实时监控、渗透测试、主动诱捕等。通过主动防护手段，可以帮助我们及时发现并应对高级网络攻击，大大提高了我们的网络安全防护主动性。

主动防御具体服务内容包括以下几个方面。

1. 安全设备管理

制定日常巡检计划方案，通过安全运营中心，每工作日查看设备运行日志，分析设备运行状况，及时处理各类安全设备、安全系统的安全事件告警；配合业务部门完成各风险项的整改和复查，对于补丁管理、日志管理、策略管理等存在的常见技术问题要主动提出整改意见，针对不参与、不追踪整改效果视为工作不合格。

针对所有已经上线运行的安全类设备（包括防火墙、入侵检测、入侵防御、防毒墙、运营安全审计、数据库审计等），以及后期新增安全设备的运行状态，定期进行巡检并出具报告。

2. 日常运营审计

根据现有制定的安全规范和安全流程开展情况，进行日常安全审计工作，落实安全流程审计、安全管理审计、设备策略审计、数据安全审计等，形成审计报告。对审计报告中涉及的共性问题、重点问题要形成整改方案，并在下一次审计中跟踪整改情况和分析未完成原因，确保网络安全工作开展符合安全规范要求。

3. 安全检查和加固

根据国家、省级和行业等网络安全监管部门发布的相关网络安全检查文件要求，积极落实信息系统安全检查的相关工作。这些工作包括但不限于安全专项检查、安全合规检查、安全通报处置等。

（1）安全专项检查，即通过对信息系统进行全面的安全评估和漏洞扫描，发现系统中存在的安全隐患和薄弱环节。在发现问题后，及时采取相应的措施进行修复和加固，以确保系统的安全性和稳定性。

（2）安全合规检查，即根据相关法律法规和行业标准，对信息系统的安全管理措施进行审查和评估，确保其符合合规要求。例如，对系统的安全策略、访问控制、数据备份等方面进行检查，以确保系统的合规性和可靠性。

（3）安全通报处置，即依据国家、省级和行业等网络安全监管部门的网络安全通报，并结合行业通告、安全厂商安全通告等，第一时间提供加固方案与加固实施回退方案，配合业务部门开展各项安全加固工作，通过安全加固增强信息系统抵抗风险的能力，将漏洞、病毒、木马对业务的影响降到最低，从而提高整个系统的安全性。

4. 渗透测试

渗透测试是对网站或服务的全方位安全测试，通过模拟黑客攻击的手法，对标实战，提前检查信息系统的漏洞，即在没有源代码和服务器权限的情况下，从边界入侵到内网资产（由外到内）、从内网边缘资产漫游入侵到内网核心资产（由内到内）、在内网建立外网连接的隐秘隧道（由内到外）等方面进行全方位安全渗透。

对目标系统开展渗透测试工作，包括前期信息搜集、漏洞探测、钓鱼攻击和后渗透测试，验证当前的攻击防御能力、威胁分析能力、应急响应能力、业务恢复能力及员工的安全意识，发现安全管理的漏洞，补全安全建设的短板，明确后续安全建设的重心。

5. 新系统上线安全检测

业务部门在发起新系统上线安全评估服务申请单后，安全运营人员根据业务系统在设计阶段定义的网络安全保护等级、安全设计方案、规定的安全防护要求，对系统网络环境、主机、数据库、中间件、应用系统、API 接口等实施安全风险检测，检测方式包含漏洞扫描、基线核查、人工渗透等，并将检测结果上传至安全运营平台，系统开发人员可针对发现的问题参考指导建议或在安全运营人员的专业指导下进行修复。

6. 主动诱捕

传统的网络安全防御是被动等待攻击者，并将其挡在安全边界之外。这种防御方式往往基于规则和特征库，很难察觉是基于 0day 漏洞的攻击。在攻击行为发生后对其予以识别，再对攻击进行阻隔，这种模式有一定滞后性，让防御方处于防不胜防的被动挨打局面，且在很大程度上难以保证系统和敏感数据的安全。

主动防御理念的安全策略不再依赖于特征库，而是转守为攻，主动出击，通过对攻击方的目的进行诱导及预判，有针对性的防止可能发生的攻击，其中蜜罐即为当前较为成熟的一种针对攻击方进行欺骗诱捕的技术实现方式。

在安全运营过程中，通过在边界及内网布置一些作为诱饵的高仿真、高交互的蜜灌，如主机、网络服务或者业务信息系统，暗设陷阱，诱使攻击方对其实施网络攻击。最后，感知和记录攻击行为，隐匿真实信息资产，延缓攻击进程。

7. 威胁狩猎

传统的自动化防御监测分析手段和安全评估分析并不能检测到所有威胁，因此高级威胁一直存在。相比于攻击者，无论从时间精力还是武器库的丰富度来说，对于防御方都存在极大的不平衡。因此，在安全建设过程中，需要构建基于主动防御、创新技术、安全研究，以及深度威胁情报的综合能力来发现和阻止恶意的并且极难检测的攻击行为。

威胁狩猎是一个持续的过程，也是一个闭环，其是基于假设作为狩猎的起点，发现 IT 资产中的一些异常情况，针对一些可能事件提前做一些安全假设。然后借助工具和相关技术展开调查，调查结束后可能发现新的攻击方式和手段，再将其增加到分析平台或者以情报的形式输入安全运营管理平台中，触发后续的事件响应，从而完成一次闭环。

构建威胁狩猎体系，是基于主动防御、大数据分析、数据建模和情报赋能的能力深度发现未知威胁，并结合主动诱捕的方式，锁定攻击源，还原攻击链，定位失陷主机。

13.3.3　检测分析服务保障

随着安全技术的发展，在安全防护的基础上，安全检测分析的重要性越来越凸显。实践证明，通过检测分析，可以及时发现和识别网络中的异常行为和威胁，并及时采取有效的措施进行防范和应对。例如，通过对网络流量和用户行为的检测和分析，可以及时发现异常流量和攻击行为；通过对网络中的数据包进行检测和分析，可以发现潜在的安全威胁，如恶意软件、僵尸网络等；通过对网络安全防御体系的检测和分析，可以发现其中的问题和不足，从而优化网络安全防御体系，提高网络的安全性和稳定性。

检测分析具体服务内容包括以下几个方面。

1. 日志关联分析

安全运营实践发现，网络安全日志关联分析的重要性不容忽视。它有助于我们更好地理解网络行为模式，从而发现异常情况。例如，通过对大量日志数据进行关联分析，我们可以识别出潜在的安全威胁，提前采取防范措施；可以追踪攻击者的行为轨迹，为取证提供有力支持；有助于优化网络资源分配，提高网络运行效率等。

在安全运营过程中，可以基于安全运营平台对网络流量、设备日志、系统日志、安全日志等关键信息进行统一采集和日志规范化，通过复杂数据关联等技术进行 7×24 小时实时安全监测和自动化告警。

运营分析人员在收到事件告警后，结合关联报文上下文和威胁情报进行快速研判，甄别策略告警误报，锁定和标记真实网络攻击，通过短信、邮件、语音电话、平台发布等方式将安全事件告警通知运营处置人员及用户相关责任人。

2. 异常行为分析

Ponemon Institute 公布的《2018 年全球组织内部威胁成本》显示，在 3269 起事件中，有 2081 起（64%）都是由员工或承包商的疏忽导致的，而犯罪分子造成的泄漏事件则为 748 起（23%）。

内部员工具备合法访问内部数据的权限，但因其账号被冒用/盗用/借用或主观恶意操作的行为在传统安全检测方法看来没有任何问题，因此无法定位和发现，从而会造成检测安全欺诈、敏感数据泄露、敏感数据非法访问等新型安全问题。

通过安全运营人员梳理和识别系统的业务场景，借助 UEBA 技术（用户及实体行为分析），通过深度关联的安全分析模型及算法，利用 AI 分析模型发现各系统存在的安全风险和异常的用户行为。在此基础上，实现统计特征学习、动态行为基线和时序前后关联等多种形式场景建模，建立用户行为安全基线。

当冒用、盗用、借用账号进行恶意访问、越权访问时，基于用户行为基线快速识别安全风险，形成安全告警事件，最终通过安全运营平台以短信、邮件、语音电话、平台发布等方式将安全事件告警通知运营处置人员及用户相关责任人。

3. 失陷主机监测

安全运营人员借助安全运营平台的威胁建模、机器学习、AI 分析等技术手段，发现主机失陷后攻击者发起的安全事件，如横向漫游攻击、非法外联、非法内联、数据越权访问、拖库等，通过短信、邮件、语音电话、平台发布等方式将安全事件告警通知运营处置人员及用户相关责任人。

4. 安全监测预警

依托已经建设好的安全产品体系，提供常态化的安全监测能力，梳理并动态调整各类安全策略，同时通过对各类安全产品的安全事件分析、处置，提升整体的安全能力。

安全监测预警作为安全检测体系的核心能力，与响应处置、监督检查和持续优化工作实现动态互动支撑。通过全方位监测，发现网络、资产的安全威胁和脆弱性等问题，并以多种形式的有效预警，为响应处置工作提供翔实的处置依据，提高响应处置工作的效率，并且对响应处置反馈结果进行重点监测，检验处置工作的效果。

13.3.4 响应处置服务保障

一旦发生网络安全事件，如果没有及时的响应和处置，可能会导致重大的损失。因此，建立一套有效的网络安全应急响应机制是非常必要的。当网络安全事件发生时，如果能够迅速发现并采取措施，可以有效地阻止攻击者进一步破坏系统，从而减少损失。同时，及时响应可以提高业务恢复速度，快速恢复受损系统的正常运行，减少对城市业务的影响。对于智慧城市而言，及时响应还可以提高公众对网络安全的信心。

响应处置具体服务内容包括以下几个方面。

1. 协同处置保障

运营处置人员在收到安全事件告警后，按标准服务流程启动威胁响应机制，与业务部门、运维部门进行联合评判，根据事件影响、处置建议、业务属性制定对应的应急处置方案，指导相关人员通过下线断网、封禁 IP/IP 段、锁定用户、限定区域用户访问、添加 VPN 访问、防御设备安全策略新增 / 调整等技术或管理手段暂时缓解风险，有序开展安全整改。运营处置人员需持续跟踪事态发展和整改进度，并在安全运营平台记录事件的处置过程，直至事件的闭环解决。

告警事件处置完成后，运营处置人员恢复原来的安全策略，并对事件处置全过程进行复盘，找出分析和处置过程中好的经验或存在的问题，优化和固化服务流程，组织编写或更新知识库、案例库。

2. 通报预警溯源

开展常态化的安全通报预警管理活动，建立安全通报预警制度，明确接受安全通报预警信息、进行通报预警研判和通报的流程，并按相关要求开展信息共享等内容。对于可能造成较大影响的，应按照相关部门要求进行通报。

通报预警溯源涉及的内容主要包括以下几个方面。

（1）威胁评估：对已识别的网络安全威胁进行评估，分析其潜在影响范围、危害程度和可能造成的后果。

（2）预警和通报：根据分析结果，对可能对组织信息系统构成威胁的安全事件进行预警，并及时向相关部门和人员通报，以便采取应对措施。

（3）预警级别设定：根据威胁评估结果，设定相应的预警级别，以便对不同级别的威胁采取不同的应对措施。

（4）预警发布：通过电子邮件、短信、电话等方式，向相关部门和人员发布预警信息，提醒其加强防范，做好应对准备。

（5）事件调查：对已发生的安全事件进行调查，了解事件发生的原因、过程和涉及的人员等。

（6）线索追踪：通过分析网络流量数据、日志信息等，追踪攻击者的 IP 地址、使用的工具、攻击手法等信息，以便找出攻击者的真实身份。

（7）责任认定：根据追踪到的线索和调查结果，认定攻击者的责任，并采取相应的法律和行政措施对其进行处罚。

3. 协调指挥调度

网络安全协调指挥调度工作能够有效地预防和应对各种网络安全威胁，在遇到网络安全问题时能够迅速、准确地做出反应，实现安全资源的统一调度和一体化保障。

协调指挥调度涉及的内容主要包括以下几个方面。

（1）制定应急预案：针对可能出现的网络安全威胁，制定详细的应急预案，包括预警、响应、恢复等各个环节的应对措施。

（2）建立信息共享机制：通过建立集中的信息共享平台及完善的共享机制，实现各个部门之间的信息交流和实时共享。

（3）定期召开安全会议：定期组织各个部门召开安全会议，共同分析网络安全形势，分享最新的安全信息和最佳实践。

（4）紧急情况下的沟通机制：在面临紧急的网络安全威胁时，建立高效的沟通机制，确保各个部门之间的信息传递及时、准确无误。

13.3.5 专项运营服务保障

1. 重保服务保障

重保服务的主要工作就是在重要会议或重大活动（如国庆、两会等）期间，从网络层面、服务器层面、数据层面，构建全方位的重要敏感时期的安全保障服务。保障网络基础设施、重点网站和业务系统安全，提供全方位的安全防守建设咨询，以及事前、事中、事后的全面安全保障服务，确保业务系统能够在重大活动期间安全平稳运行。

为解决重保时期存在的未知风险、安全防护、安全运营等问题，重保服务从备战阶段、决战阶段、总结阶段三个阶段，提供针对性的安全服务。备战阶段以发现未知风险为目的，在事前防患于未然。决战阶段为应用系统提供全面的安全防护和应急保障服务。战后进行深度分析和总结阶段，使业务系统安全性得到提高，团队重保活动经验得到提升。

2. 应急演练和响应

开展常态化的应急演练活动，建立网络安全应急响应制度，配备足够的网络安全应急响应资源，开展应急演练，以及在突发 / 重大网络安全事件发生时能够实施恰当的应对措施，恢复由于网络安全事件而受损的功能或服务，尽可能地降低网络安全事件造成的影响。

通过建立网络安全应急响应制度规范、资源配备、定期演练，以及体系化的应急机制等一系列措施，确保在发生重大或突发网络安全事件时，能够尽快恢复受损的功能或服务，尽可能地降低网络安全事件造成的影响。

一般而言，主要围绕以下几个方面开展应急活动。

（1）根据国家、行业相关应急响应要求，以及实际情况，建立网络安全应急指挥制度和流程，由网络安全管理机构及相关人员或角色审查和批准。

（2）根据国家、行业相关应急响应要求，以及实际情况，制定应急预案并定期评估，以及至少每年一次评估。应急预案应能够在发生安全事件时，确保应急预案的实施能够维持信息系统的基本业务功能，并能最终完全恢复信息系统且不减弱原来的安全措施；制订应急演练计划并定期开展应急演练，总结经验并持续改进。

（3）为网络安全事件处置提供相应资源，具备专门网络安全应急支撑队伍、专家队伍，保障安全事件得到及时有效处置。

（4）在发生重大或突发网络安全事件时，能够根据应急预案，遵循事件报告、事件处置、事件恢复、事件总结，以及事件通报的响应流程，第一时间报告相关部门，并快速采取恰当的措施进行应对和处置，并向相关部门通报应急响应的情况。

3. 攻防演练培训

网络实战攻防演练，是新形势下关键业务系统网络安全保护工作的重要组成部分。演练通常是以实际运行的业务系统为保护目标，通过有监督的攻防对抗，最大限度地模拟真实的网络攻击，以此来检验业务系统的实际安全性和运维保障的实际有效性。

在国家监管机构的有力推动下，网络实战攻防演练日益得到重视，网络实战攻防演练工作也受到了监管部门、政企机构和安全企业的空前重视。

为检验和提高智慧城市安全保障体系的监测发现、安全防护、应急处置能力，促进网络安全积极防御体系建设，应定期组织开展攻防演练。

另外，安全意识也是网络安全保障的薄弱环节。通过宣传和教育的手段加强网络安全培训，确保业务人员、开发人员、供应链、运维人员等相关工作人员充分认识网络安全的重要性，具备符合要求的安全意识、知识和技能，提高其进行日常安全防护的主动性、自觉性，减少有意、无意的操作失误引出的新的安全风险，确保业务系统安全稳定运行。

13.4 可管理、可评价的安全运营体系

为了保证安全运营的效果，智慧城市安全运营体系建设，最终需要构建一个"可管理、可评价的安全运营体系"，所谓"可管理、可评价"，即可以根据预设的标准和指

标，对网络安全防护效果进行评估。这个体系需要包含多个评价指标，包括但不限于漏洞数量、安全事件处理速度、用户满意度等。通过这些指标，可以了解安全运营体系在各个方面的表现，从而找出存在的问题并进行改进。

那么，如何构建一个可管理、可评价的安全运营体系呢？主要需要做好以下几方面工作。

（1）建立全面的安全监控：需要建立一个全面的安全监控体系，包括实时监控、日志审计、入侵检测等多种手段，以确保我们能够及时发现任何可能的威胁。

（2）制定合理的评价指标：需要根据我们的业务需求和安全目标，制定出合理的评价指标。这些指标应该能够全面反映我们的安全运营效果，同时也要具有可量化和可比较性。

（3）建立反馈机制：需要建立一个有效的反馈机制，以便我们能够及时了解安全运营效果。这个机制包括定期的安全审计、用户反馈、第三方评估等方式。

（4）不断优化和改进：需要根据安全运营的实际效果，不断优化和改进安全策略。具体包括升级安全设备和防护手段、完善安全运营流程、提升相关人员安全意识等。

总体来说，构建一个可管理、可评价的安全运营体系是一个复杂但必要的过程。只有通过做到可管理、可评价，才能不断提升安全运营的效果，有效地应对不断变化的网络安全威胁。

以下分别从管理和评价两个维度进行分析。

1. 安全运营管理体系

可以参考 ISO 27001 信息安全管理体系认证和等级保护等标准要求，以业务为核心，制定一套具有区域特色、可落地的安全运营管理体系。目的是完善安全运营管理制度，评审制度适用性，加强制度执行力度，明确责任部门及责任人，定期维护与修订，确保安全管理处于较高的水平。

参考通用安全管理体系要求，安全运营管理体系框架分为以下四层。

第一层：安全策略。阐明安全运营中心的总体目标、范围、原则和安全框架等。

第二层：安全管理制度。通过对安全运营活动中的各类内容建立管理制度，约束安全运营相关行为。

第三层：操作规程。即安全运营操作层面的流程和要求等，通过对安全管理人员或操作人员执行的日常活动建立操作规程，规范安全运营管理的具体技术实现细节。

第四层：记录、表单。即安全运营实施时需记录和填写的表单、操作记录等。

从落地角度看，安全运营管理体系主要分为以下两个方面。

（1）安全运营管理规范：明确智慧城市整体的安全运营管理组织架构，实现"管、监、察"分离的安全运营管理，明确分工、加强沟通协作、落实安全责任、把握安全运营全方位的安全管理要求，细化安全运营操作标准和流程，包括但不限于安全监测预警流程、风险评估与加固流程、安全漏洞管理流程、安全检查流程、安全巡检流程、安全事件应急响应流程及溯源取证流程等，真正做到风险可知、风险可管、风险可控。

（2）安全运营监管规范：制定安全运营度量指标，以便加强对组织安全运营的监管能力和考核能力，确保安全运营真实落地，同时能够加强对第三方服务提供商的持续监督管理，对业务运行过程中的安全风险进行有效的管控。

2. 安全运营度量指标

安全运营度量指标在网络安全运营中发挥着重要作用，通过安全运营度量指标可以评估安全运营的效能和效率，也可以为后续安全运营效能的提升提供指引。

以下从实践出发，对相关指标进行分析。

1）资产管理指标

从以下几个维度对资产管理进行评价。

（1）能够建立并维护资产清单，包括资产名称、级别、责任人等属性。

（2）能够定义数据密级及不同级别数据范围，按不同级别建立管理策略。

（3）能够对全网资产进行自动探测，识别资产类型、版本类型、版本号等关键信息。

2）告警验证指标

安全告警风险等级可以分为以下三类。

（1）紧急：即高危风险，例如，服务器中检测到了入侵事件（如反弹 Shell 等），建议立即查看告警事件的详情并及时进行处理。

（2）可疑：即中危风险，例如，服务器中检测到了可疑的异常事件（如可疑 CMD 命令序列等），建议查看该告警事件，判断是否存在风险并进行相应处理。

（3）提醒：即低危风险，例如，服务器中检测到了低危的异常事件（如可疑端口监听等），建议及时查看该告警事件的详情。

三类的告警信息，严格按照考核评价指标要求：紧急告警工单响应时间不高于 5 分钟，工单审核时间不高于 30 分钟；可疑及提醒告警按规定响应时间进行响应及审核，有效安全事件数量或主动挖掘安全事件数量不低于 90%。

3）安全分析指标

安全分析度量指标有以下几个方面。

（1）能够定期获取系统漏洞与补丁评估系统面临的风险。

（2）能够定期对设备与系统进行漏洞扫描，并依据风险等级进行加固。

（3）能够定期对设备与系统进行安全配置核查，并依据结果进行加固。

（4）能够利用威胁和漏洞情报数据，及时对安全漏洞进行监测告警。

（5）能够通过平台对安全事件统一进行分析溯源。

（6）能够对安全事件进行实时监控预警，并进行自动通知。

（7）能够对安全攻击与威胁进行深度分析与追踪，并进行主动取证。

（8）能够对设备、系统、应用等实体进行实时分析，对异常提前预警。

（9）能够进行用户行为分析，对特权用户违规、异常行为进行检测。

4）安全响应速度指标

安全工程师要及时、准确地向运营中心报告信息安全事件有关信息。按照安全事件可能造成的危害、紧急程度和发展势态，分为两级：Ⅰ级（重大安全事件）、Ⅱ级（一般安全事件），依次用红色和蓝色表示。

对于不同安全事件提供不同的响应服务。当发生重大安全事件时，进行应急响应，快速确定安全事件类型，评估安全事件的影响，提出基于安全事件的整体安全解决方案，排除系统安全风险。当发生一般安全事件时，执行标准化处置流程，按工单流程进行考核，对超过时长未处理的责任人，按绩效进行考核。

5）定期报告指标

报告可按周、按月、按季度及按年进行整理。报告中应包含如下内容。

（1）全网安全风险概况，不限于整体安全、安全事件、资产安全、用户安全、弱口令、配置风险及漏洞等。

（2）对资产安全风险要有详细分析，风险资产按高危资产、中危资产、低危资产进行分类。

（3）显示 Top 50 的用户安全详情，其用户安全详情也按高危用户、中危用户及低危用户进行分类。

（4）给出安全规划建议，如安全防护策略调整、安全产品检测功能的开启、定期进行漏洞扫描的提醒等。

（5）详细记录风险的危害，并给出处置建议。包括漏洞利用、恶意 DGA 域名通信、恶意 DNS 隧道通信、暴力破解、恶意程序、违规外联、恶意 URL 事件等。

6）资产梳理与管理指标

资产梳理与管理指标主要识别内网及互联网侧的如下类型资产。

（1）关键服务器类资产：落实服务器类资产发现与梳理工作，备案确认的资产，备案信息包括 IP、所属系统、操作系统类型、中间件、数据库、用途、所属业务单位、运维责任人、联系方式。与各个单位相关人员对未知资产进行确认。

（2）关键网络设备类资产：落实网络设备类资产发现与梳理工作，备案确认的资产，备案信息包括 IP、所属系统、设备类型、管理方式、用途、所属业务单位、运维责任人、联系方式。与各个单位对未知资产进行确认。

（3）安全设备资产：落实安全设备资产发现与梳理工作，备案确认的资产，备案信息包括 IP、所属系统、设备类型、管理方式、用途、所属业务单位、运维责任人、联系方式。与各个单位相关人员对未知资产进行确认。

（4）互联网业务资产：落实互联网业务资产发现与梳理工作，备案确认的资产，备案信息包括域名、数据库、中间件、管理方式、用途、所属业务单位、运维责任人、联系方式。

（5）影子资产：属于一种不透明的资产，如部门个人搭建的服务器或历史遗留无责任归属的资产等。影子资产需要通过相关技术手段进行发现识别并备案。

7）脆弱性识别指标

除已知、未知的漏洞外，安全配置的弱点或配置上的缺陷也同样会被攻击者利用。基线核查是针对漏洞扫描工具不能有效发现的方面（如网络设备的安全策略弱点和部分主机的安全配置错误等）进行安全辅助的一种有效评估手段。

脆弱性指标可以从以下维度进行评估。

（1）发现脆弱性的数量：这是衡量安全脆弱性管理效果的基础指标之一。通过定期进行扫描和安全审计，可以发现更多的安全脆弱性并及时修补。

（2）脆弱性修复率：修复已知脆弱性的速度和效率是衡量安全脆弱性管理的一个重要指标。及时修复可以减少潜在的安全风险。

（3）风险评估准确性：对脆弱性进行准确的风险评估是安全脆弱性管理的关键。通过使用适当的工具和技术，可以评估脆弱性对组织安全性的影响，并根据风险程度确定优先级进行修复。

（4）控制措施的有效性：为了控制和减少安全脆弱性的风险，需要采取一系列的控制措施。这些措施的有效性需要进行定期评估和验证，以确保其能够有效地保护组织的安全。

8）攻击对抗和异常处置指标

（1）针对性、持续性的攻击：及早发现并遏制针对性、持续性攻击，对重点安全事件进行重点防护与监测响应。

（2）异常处置：对页面篡改、通报、断网、WebShell 等各类严重安全事件进行紧急响应和处置。

9）重保期间的安全运营保障指标

基于重保行动开展的全流程，提升整体安全基线，同时结合实战经验，补强常见丢分弱点。其涵盖资产梳理、安全意识提升、脆弱性识别、安全加固、攻防演练等方面，最终实现纵深网络安全防御，建立持续有效的网络安全运营机制。

第14章 "产业人才"是保障城市安全体系效能的重要支撑

14.1 着力构建城市级网络靶场

推进城市网络安全产业发展,加强网络安全人才的培养,是保障城市安全体系效能的重要支撑。从城市安全体系"产业人才"建设实践来看,构建一个支持快速构建、大规模网络仿真的网络靶场具有重要的支撑意义。

14.1.1 什么是网络靶场

网络空间是一个信息技术与物理实体深度融合后形成的虚实结合的复杂系统,其中设备种类、拓扑结构、应用需求、用户群体等组成要素拥有多样性、复杂性、可变性等特征,这也使得网络空间人才培养一直存在理论与实践脱节、技术验证场地不足、方案测评不充分等系列挑战,也迫使研究者需要采取创新的思路和方法对已有的验证、测试、评估等一系列过程和环节进行革新,从而构建一个可控、可管、可信、可定制的网络空间安全环境,并对网络空间活动和安全能力进行系统研究和全程监控。

随着虚拟化、云计算、SDN 等技术的成熟,如今网络靶场已经可以高度真实地对网络空间中的网络架构、系统设备、业务流程、用户行为等进行模拟和复现,提供仿真的虚实融合环境,以更有效地实现与网络安全相关的人才培养、技术验证、安全测评、实网演练等活动,支持网络空间安全攻防人才培养和能力建设。

网络靶场的实现技术和服务能力,随着信息技术的发展不断更新迭代。早期靶场以单体的沙箱或者小型网络为主,实现安全代码验证、攻防实验(如木马、病毒的动态原理性分析等),主要用于技术试验和科研支持。

当前,靶场迅速从学术界走向产业界,有关靶场的体系架构、技术理论研究也进入快车道。靶场已经能够构建虚拟化高仿真环境、支持中型攻防对抗演练、互联网开发测评和方案验证,以及各行各业的场景化人才培养和研究活动,网络靶场开始步入产业化,并更贴近场景。

随着人工智能、无线通信、工业互联网等技术的不断发展,互联网泛化进程的快速推进,以及产业界对靶场价值的认同、安全运营的发展和普及等因素的影响,异域互联、虚实结合、可持续运营的大规模复杂网络靶场会成为未来的发展趋势。

网络靶场作为网络空间的训练场、演练场、测试场,通过提供高逼真、大规模的仿真环境,满足百行百业人才培养、实训教学、实战演习、测试评估、技术研究、推演复盘的需求,从国家到企业的信息安全战略决策者、安全专家和研究人员,到政府和行业安全运营中心,以及高校教育工作者、学生和网络安全活动组织者,都是靶场的目标用户和实体。

14.1.2 网络靶场架构及核心功能

从网络靶场架构来看,主要包括场景层、应用层、业务支撑层、基础设施层,以及系统管理和运营管理功能。如图 14-1 所示。

各层级的作用包括以下几点。

(1)场景层是靶场可以应用的场景,如工业互联网、车联网、5G、云原生等典型场景,助力相关场景提升网络安全能力。

(2)应用层是靶场主要的应用方向,包括实训教学、安全竞赛、攻防演练、测评验证、技术研发、推演复盘等,通过学、赛、练提升网络安全人员的能力水平,通过测评验证、推演复盘提升设备、系统的安全能力,通过技术研发,加快新网络技术或安全技术的研发速度。

(3)业务支撑层为应用层提供公用的资源和能力,例如,靶场资源(包括靶标库、工具库、试题库、漏洞库、知识库、情报库等)为上层应用提供资源支撑;仿真模拟通过背景流量模拟、网络服务模拟、用户行为模拟等能力为上层应用提供真实环境的模拟能力。

(4)基础设施层为应用层提供基本的计算、存储、网络、安全设备设施,为应用层环境的构建提供基本的虚拟机、容器、虚拟网络、虚拟安全设备、虚拟网络设备、虚实结合等的管理能力。

(5)系统管理主要提供靶场使用过程中的管理功能,包括用户管理、日志管理、配置管理、安全管理等。

(6)运营管理是靶场在交付使用后,持续的运营过程所需的管理功能,包括在运行过程中对靶场平台运行情况的监控、对不同地点的靶场互联以便进行资源和能力的整合、对靶场数据的管理、对靶场内资源的持续更新等,让靶场持续发挥价值。

从靶场的核心功能来看,一个靶场任务从需求导入、环境构建、任务执行到环境销毁的整个生命周期中,主要涉及的功能包括场景生成、流量生成、采集评估、环境消毒四个核心模块,另外,还包括资源管理和任务管理模块。

1. 场景生成

网络靶场内的场景生成至少包括剧本生成、拓扑生成(包括虚实组网、分布式靶场互联)和场景拉起。靶场导调人员接受任务需求,调取适应剧本,进行拓扑绘制,利用网络靶场中的各种靶标资源,快速形成目标网络,并且对系统中的靶标进行网络、系统、应用配置,亦可结合虚实靶标接入、虚实组网接入、分布式靶场等形成复杂拓扑形态,生成最大化的仿真目标网络的拓扑环境。

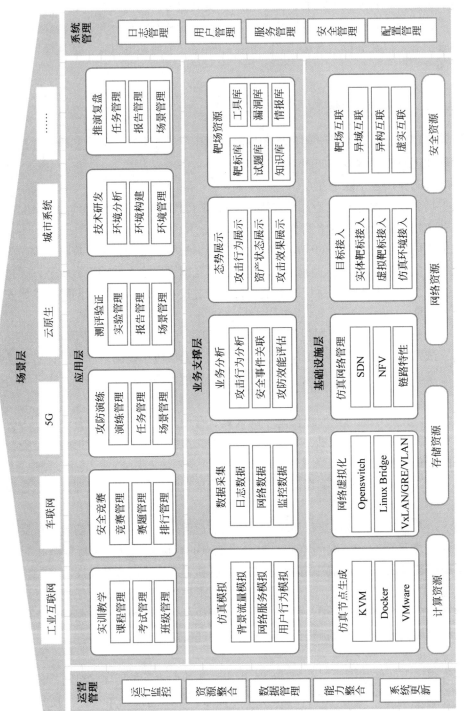

图 14-1　网络靶场架构

通过虚拟化、云计算、SDN 的能力，实现对计算资源、网络资源、存储资源、安全资源、实体接入资源的灵活编排、调度和目标网络系统的快速构建，甚至可形成模板，使其自动进行场景拉起。

2. 流量生成

流量生成包括背景流量（如模拟用户网络行为）、业务流量（如靶场内测试任务）、以及攻击（病毒）流量等靶场内流量模拟。背景噪声可以提升环境复杂度，逼近真实复杂业务，以构造多因素协同影响的测试环境。从协议上说，流量生成可以覆盖如无线协议、5G 网络、C-V2X、航空业务网络等，从而支持无线近源攻防、5G 协议漏洞挖掘、车联网安全方案验证等创新场景；在网络行为方面，流量生成能覆盖如互联网用户行为、专网流量行为、网络攻击行为和病毒传播行为等，从而支持攻防实操教学、产品安全性验证、方案完整性测试、比赛夺旗等场景。

3. 采集评估

靶场内部署了态势感知及其探针设备，以便进行相关数据采集，通过"上帝视角"观察网络靶场中发生的安全事件，再对其进行分析、评估、可视化呈现，做到过程可理解、结果可解释、全程可展示。采集评估服务于宏观、微观态势的呈现、效能度量评估，以及人员画像等场景。

采集的原理是使用链路、带内、带外采集技术，对仿真环境中的靶标进行日志、流量、监控信息等数据的采集，并进行关联分析，为靶场业务提供分析和研判能力支撑。采集的核心是完整而不过度，因此如何实时、低损、高效的采集完整数据是关键。靶场内态势感知，不仅针对多源、异构数据需要迅速关联分析，还必须适配多试验并行，分布式、高并发采集分析的场景，并结合靶场任务生命周期，定期擦除任务数据，不能造成误漏报。

4. 环境消毒

靶场环境使用过程中，会涉及一些危险程序如木马、病毒，以及一些敏感数据如新技术、新方案，当任务完成后，需确保这些代码和数据不扩散到靶场外。靶场任务编排中也可能会使用到一些实体靶标，当任务结束后需要对实体靶标进行复原，包括配置的复原、过程数据的删除等，以便后续复用。因此，针对不同的非易失性存储器，靶场能采用不同的手段进行主动擦除，做到环境随任务生命周期消毒的目标。

5. 资源管理

资源是网络靶场的核心要素，资源的丰富程度决定了网络靶场的可用性，进一步影响靶场的建设效果、场景范围。靶场中的资源包括习题、赛题、课程、模板、剧本、工具、靶标、知识库、消毒工具和脚本等，有实物资源和虚拟资源多种形态。资源的管理包括靶场对以上资源的调配，以及对资源的持续运营，如资源调用、添加、删除等。靶场资源建设形式多样，支持线上开发和持续更新、用户导入、定制开发和联合开发。

6. 任务管理

靶场任务管理负责串联以上的核心功能，使其能协同工作，成为一个有机的系统。任务前期结合需求性质、任务目标，在靶场内生成或调用对应方案，生成场景与拓扑，并对其进行资源调用、流量启停、态势监控、环境消毒的工作。靶场任务管理，还包括人员的管理，角色的下发，任务的新增、暂停、结束，资源的分配、回收、消毒，以及监控策略的动态调整和调度，以支撑安全教学、演练、CTF、AWD、科研、测试等不同性质的靶场活动，做到靶场任务全生命周期的管控。

14.1.3　网络靶场的关键技术

1. 场景网络复现与重构技术

场景复现和重构是指使用网络靶场中丰富的虚拟靶标或实体靶标，以及工具资源，通过 Web 页面拓扑拖拽编辑的方式，绘制场景网络结构、配置仿真节点，以完成仿真环境的编排。其主要动作包括虚拟节点的创建及配置、虚拟网络的创建及配置、虚实网络的打通、工具的接入等，其中主要技术为靶场虚拟化、云计算和 SDN（Software Defined Network）等技术。

主流虚拟化技术分为服务器虚拟化和应用虚拟化，形态上即虚拟机和容器。虚拟机拥有自己完整的内核，资源占用大但隔离性强，支持同一台宿主机上同时运行不同操作系统。容器共享宿主机的内核，资源占用少但隔离性差，同一台宿主机上只能跑与宿主机内核匹配的容器。靶场中的虚拟靶标由按需使用虚拟机或者容器制作而成。

云计算平台根据提供服务的层级，可以划分为 IaaS、PaaS、SaaS 层，网络靶场主要涉及 Iaas 层。云计算平台管理底层提供的计算资源、存储资源、网络和安全资源，为网络靶场场景的拉起提供虚拟机和容器的创建及配置、虚拟网络的创建及配置等功能，还包括集群资源的统计和监控、虚拟资源创建的调度、虚拟资源的生命周期管理等功能。

SDN 技术让网络靶场的部署和导流更加智能。传统的网络是分布式的架构，每台设备中都包含独立的控制面和数据面，独立计算，缺乏统一协调。SDN 技术的特点是控制和转发的分离，使网络架构摆脱对网络设备的依赖，提升网络可编程能力，其快速部署不同的网络功能和调整网络架构的特点，非常适合靶场任务创建时的拓扑路径灵活调整、检测流量按需调度，达到减轻靶场运维难度、提升靶场工作效率的作用。

网络靶场的仿真性还体现在实体靶标的接入上。为提高模拟环境的真实度，网络靶场还需要将实体靶标通过网络接入靶场平台内的虚拟网络中。实体靶标既可能是单个设备，也可能是一个网络，还可能是多个网络。

2. 网络流量模拟与仿真技术

流量是网络活动的动态呈现，网络靶场中的流量主要包括背景流量、测试流量、攻击流量等。背景流量用于在网络安全竞赛演练中制造噪声，增加分析难度，类似军事训练中的干扰炮弹，主要作用是提升演练环境的真实性，增加参演人员心理压力和解题难度。测试流量主要用于对系统、设备进行功能或性能测试。攻击流量主要用于对系统、设备进行安全性测试。

流量的模拟仿真技术主要包括流量生成和回放。流量生成既可以根据用户指定参数生成，也可以通过预测网络环境中的流量活动，采集建模结合规则自动生成。流量回放技术，主要是事前使用流量嗅探和捕获工具从真实网络中获取流量数据，并将其记录下来，通过专用的回放系统将其按需、有序地注入靶场任务中以重现网络环境。

3.靶场全域检测与分析技术

靶场体系设计之初需要考虑全域检测和分析的需求，提前进行探针和采集节点、分析能力的部署。靶场构建起任务所需的环境之后或在任务进行的过程中，靶场检测和分析组件需要全程对靶场中的设备日志、网络流量、节点状态等进行采集和分析，形成对实验环境的动态数据描述，一方面用于靶场宏观和微观态势的实时呈现，另一方面为后续的分析和评估度量做输入，同时也对靶场裁判业务（如自动裁决、作弊检测、威胁研判等）进行支撑。

靶场通过带内、带外采集技术实现节点日志、流量、状态、行为等信息的采集，供后续的分析使用。

其中，带内采集指通过在仿真环境的节点中安装采集探针，对节点的进程、文件系统、网络、日志等信息进行采集，并通过特定的网络通道把采集的信息传输至节点外。带外采集指在仿真环境中的节点外采集节点的状态信息，包括开关机状态、资源使用状态等。链路采集指通过在仿真环境中的网络设备上部署流量采集探针，采集网络链路上的流量数据。采集的核心是完整而不过度，另外，如何实时、低损、高效的采集分析所需完整数据是关键。

靶场内分析的主要技术有深度包检测（deep packet inspection，DPI）、安全威胁情报、安全特征库、威胁知识图谱、威胁大数据分析、加密信道检测、加密应用识别、隐蔽信道发现、DGA 识别，以及 AI 参与的攻防研判系统等。靶场采集和检测系统需要对测绘探针、主机探针和网络探针输出的多源、异构数据进行关联分析、持续优化评估维度图谱算法，降低误报，消除漏报。

靶场检测与分析的结果是靶场其他研判分析业务的支撑，其结果将直接影响靶场态势呈现的真实性、效能评估的准确性，以及人才能力画像的偏差度。

4.任务效能度量与评估技术

网络靶场为网络安全基础设施提供了一个高度逼真的测试环境，在人才培养之外，还可以进行攻防试验、产品方案、新型技术、系统装置的验证、测试和评估，并通过靶场任务的方式，进行管理和对外提供服务。同时，在任务结束时能提供量化分析结果，指导后续复盘调优，形成报告。从这个意义上讲，针对靶场任务的效能度量与评估是网络靶场分析能力的关键组成，它以采集数据为基础，叠加其他输入，如人才培养模型和路径、任务地图、武器评估模型等，综合完成任务效能评价，输出人才能力画像、任务完成度、武器效能评估报告等特定分析，以发现靶场任务中涉及的人员、产品、技术、方法、模型、装置所存在的短板和不足，并最终判断是否实现或达成任务目标，或任务完成度、目标达成效果，以起到用数据指导改进、提供决策依据；指导迭代方向的作用。

任务效能度量与评估技术涉及两个方面，一方面是度量技术，另一方面是评估技术。度量技术需要确定每次任务评测的维度和方法，评估技术需要确定每次任务的标准和模型，最终形成任务效能评估结果。效能评估的结果与度量和评估指标体系的选择和建模强相关，评估指标在不同类型的技术甚至功能不同的同类型技术之间，一般不能通用，评估指标之间又可能存在一些潜在不易觉察的关联性，因此使得构建一个合适、客观、可操作、可推广的指标体系和模型成为关键挑战。通常国家、行业可以引导制定有公信力的评估体系，将功能相近或同类型技术的评估指标进行重叠分析和高度提炼，形成规范；行业内也可以对国标、行标进行解读，通过靶场语言进行描述，落地成靶场评估规则。需要注意的是，网络威胁攻击的动态发展和复杂多变性，导致针对网络安全技术、武器装置、人才培养指标体系的评估模型也需要适应技术发展，保持动态维护和调整。

5. 多层次靶场安全隔离技术

为防止靶场内恶意代码、敏感信息的风险扩散，以及并行活动的相互影响，靶场需要做好三层安全隔离，包括靶场内部任务之间的隔离、靶场任务与靶场平台之间的隔离，以及靶场平台与外部环境之间的隔离，保证任务切片之间、租户之间、靶场与外部网络之间的相互透明，需要注意的是，在保障靶场内活动效果的同时，也要兼顾安全风险控制。

网络靶场内的安全隔离技术主要包括逻辑隔离和物理隔离两种，逻辑隔离主要是利用命名空间、容器、虚拟机、VLAN、VxLAN等技术在网络层面进行隔离，物理隔离主要是利用物理网闸等专用硬件设备对高密级的场景进行物理隔离，从而保障隔离域内场景、靶标、武器、数据的安全。

6. 智能化与服务化运营技术

随着网络空间对抗形势的严峻、国家和行业对网络安全建设的重视，网络靶场作为城市、行业安全建设的基础设施已经逐渐被接受。在承担培训教学、攻防演练、测试评估、技术验证、应急演练等众多职能的同时，靶场也需要充分运营，持续发挥价值，并且根据场景需求逐步扩展，一次建设，持续运营，终身受益。

靶场智能化与服务化是未来靶场提升效能和发挥生命力的关键，包含技术层面和模式层面两部分。从靶场自身建设来看，靶场数字化底座、靶场资源、靶场任务需要智能高效编排；从靶场建设内容来看，靶标、课件和赛题需要贴合业务诉求，进行场景化开发；从靶场运营效率来看，智能化和服务化的运营技术和工具有助于减轻靶场运维难度、提升运营效率；从靶场建设价值来看，云化、科学、持续的安全运营服务模式可以最大化地达成建设收益。

靶场智能化体现在两个方面，一方面，靶场试验中具体操作动作可以通过提前封装，对用户屏蔽，以服务内容菜单或目录形势呈现，用户无须关心试验过程中的细节，就能快速拉起相应组网、进行相关采集配置，只需聚焦于试验方案和结果。另一方面，靶场内通过内置智能化分析编排工具，包括靶场内威胁发现、行为分析、关联分析、威胁智能监测分析、流量智能编排、无剧本自由演习模块、智能渗透机器人等，实现任务自动化、分析智能化。

靶场服务化也是一个非常重要的趋势。然而由于网络靶场中涉及众多专业工具，如攻防武器库、环境仿真模拟工具、数据采集分析工具、测试评估工具等，覆盖网络安全多领域专业技能，还需要辅以具体场景的业务知识，这对建设者的运营提出了更高要求。此时，专业靶场运营团队则能从实施保障、任务协助、比赛组织、分析报告等多方面提供服务，在拉动专业资源、借助专业工具、复用平台能力等方面具有很大优势，也能联合建设方的需求，开发针对性的运营模式，提升靶场的使用效率和建设效果。

14.2 推进城市安全产业和人才体系建设

14.2.1 打造城市安全产业和人才发展三大体系

推进城市网络安全产业和人才发展三大体系建设，将城市安全能力提升落到实处。

1. 打造城市网络攻防对抗实训体系

通过构建网络攻防对抗实训业务系统，实现以下两大核心能力。

（1）网络安全人员培训能力，即可按照课程体系、岗位体系、技能体系等不同体系进行培训，并能对培训人员理论水平、技术水平等进行综合评估。

（2）网络攻防对抗演练与竞赛能力，即为网络安全人员对抗演练和竞赛提供场景支撑，并能对竞演态势进行实时分析、评估和展示，对竞演结果进行综合评估和研判。

基于网络攻防对抗实训体系，配套专业安全人员服务，最终实现网络攻防对抗实训体系两大场景化机制落地：

（1）建设培养高水平的网络安全人才实训平台，提升网络安全人才的网络安全知识技能水平，为整个城市网络安全专业技术人员提供网络空间安全教学培训支撑，也为提升全民网络安全意识、普及安全知识提供内容。

（2）建设网络安全综合实战演练平台，支撑常态化的应急攻防演练，提升系统安全防御能力，为城市提供网络安全人员实战能力的作训基地。

通过打造网络攻防对抗实训体系，可以实现以下 4 点。

（1）可以面向各委办局党政干部人员提供培训，实现相关人员的安全意识提升和掌握基础安全技能。

（2）可以面向各信息中心技术人员提供培训，实现相关人员网络安全专业技能的提升。

（3）可以面向高校师生提供培训，在提高相关人员技术能力的同时，也可以给学生提供网络安全专业认证，提升学生就业技能。

（4）可以面向社会公众提供培训，实现全民安全意识的提升。

2. 打造城市网络空间仿真测评体系

通过构建研究和测评类业务系统，实现以下两大核心能力。

（1）网络安全新技术、新场景研究和验证能力，即为科研人员、创新企业提供新技术、新场景下，网络安全攻防技术研究和验证功能。支持按需生成试验环境，支持对试验数据进行采集、分析和导出等。

（2）关键信息系统复现模拟和测评能力，即利用虚拟化技术、虚实互联技术、应用行为仿真技术等，对关键信息系统的人、物、信息进行复现模拟和研究。利用标准化、产品化能力，进行关键信息系统的测评和评估。

基于网络空间仿真测评体系，配套专业安全人员服务，最终实现网络空间仿真测评体系两大场景化机制落地。

（1）新技术、新场景系统仿真研究和测评，即能够同工业控制系统、自主可信试验平台等新技术、新场景试验平台互联互通、联合试验，实现对新技术、新场景系统的研究、测试、评估和认证。有效保障区域内新技术、新场景系统的安全、稳定运行。

（2）关键信息系统的仿真研究和测评，即能够对金融、电信、交通、能源等各行业关键信息系统，甚至金融机构、运营商、电力公司等内部网络拓扑和应用环境，进行网络复现仿真、研究与试验，及时发现安全问题和隐患。同时，通过将研究成果转化为安全标准和规范，以及安全测评产品，实现关键信息系统安全的可知、可管、可控。

3. 打造城市安全产业融合发展体系

在网络安全人才培养、网络安全前沿技术创新研究和应用的基础上，要想实现区域网络安全事业持续、稳定的发展，需要从网络安全产业融合发展方面进行积极推动。通过行业内优秀的专家学者、网络安全领军企业，以及网络安全生态单位共同建言献策，打造以人才培养为核心、技术创新为突破、产业融合发展为依托的网络安全高质量生态环境，才能更好地为区域数字经济发展保驾护航。

基于安全产业融合发展体系，配套专业安全人员服务，最终实现三大场景化机制落地。

（1）建立城市常态化网络安全竞赛机制。面向党政机关、重点行业及高校等单位，定期举办网络竞赛比武、联合训练等事宜，提升网络安全人员攻防对抗能力，成为城市各类网络安全大赛的主赛场，引领区域网络安全产业发展方向。

（2）建立城市常态化网络安全论坛机制。拉通安全行业专家、安全研究机构、网络安全企业、高校等全国及区域安全相关资源，以论坛及相关形式，推进网络安全技术协同创新和转移，并依托安全生态融合发展进一步促进区域网络安全整体水平的提升。

（3）建立面向城市全域的安全保障能力输出机制。优秀的安全人才、领先的安全技术，以及蓬勃发展的网络安全产业，是城市网络安全整体发展的核心优势。依托区域整体优势，辐射全域，进行人才输出、技术输出、产业输出，以及服务能力输出，将有利于进一步提升城市网络安全区域优势。

14.2.2 推进网络靶场与城市发展深度融合

城市安全产业和人才发展体系为网络靶场提供了广阔的应用空间。推进网络靶场与城市发展深度融合，主要包括以下核心应用场景。

1. 实训教学

实训教学是以理论知识和实操技能学习为目标，通过学习、练习、考试、评估等过程，结合完备的培养体系和能力评估体系，完成对学员的持续、系统化的培养。

基于网络靶场平台，面向培训对象，提供可查看、可操作的实训环境，并配套辅助的视频与指导手册，让用户能够从简单到复杂，从入门到专业的阶梯性路径进行学习。同时也可提供网络安全、应用安全、系统安全和软件安全多个岗位与方向的实训内容，然后针对不同体系提供不同内容的教学课程。

2. 安全竞赛

安全竞赛为网络安全人才展示水平、竞技比拼和交流互动提供舞台，为发现、聚集和培养网络安全人才和加快网络安全人才队伍建设提供支撑。竞赛平台为各种形式的网络安全竞赛提供贴近真实的网络环境与竞赛的题目，对参与比赛的人员队伍进行管理，能方便快捷的组织一场比赛。结合多种防作弊手段、多种 Flag 形式，达到以赛促学，以赛促练，在比赛中提升网络安全人员实战能力。

3. 攻防演练

根据不同的需求，靶场内的实操演练可以有多种形式，如攻防对战、实战演习、应急演练等。在高校教学和比赛中，攻防对战模式能从实操的角度补充和验证学员的理论掌握程度，使用较多；在监管和城市安全运营场景中，实战演习则比较常见，主要通过真实的渗透攻击活动找出城市安全建设的薄弱点，反向指导顶层规划和修复计划；在关基工控等对信息安全要求较高的行业，应急演练是常见的演习活动，通过模拟突发事故检验安全管理、流程、制度、人员的响应水平，促进整体信息安全建设水位的提升。

因此，在攻防演练时，可以基于靶场平台快速构建严格隔离、业务高仿真、高复杂和逼真度的网络环境，在指定环境中对模拟目标进行渗透攻击或红蓝对抗。或者通过靶场接入真实网络，切实深入网络建设中的安全隐患，直面安全问题，期间需要通过靶场进行严格的接入验证、过程监控、实时呈现、留存复盘。

4. 测评验证

测评验证可以支撑诸如产品测试（包括众测）、产品评估、方案验证（包括漏洞复现）等多种测评活动。根据测试对象的空间关系，又可分为靶场内测试场景和靶场外测试场景。

（1）网络靶场内测试场景是网络靶场利用虚拟化技术、虚实结合技术，结合内置丰富的靶标资源，高度仿真（或直接部署）目标系统或应用环境，通过靶场内置流量行为仿真工具、攻击工具等武器库对目标系统进行可控的测试，包括攻击、压力测试、模糊测试、渗透测试等行为，并结合靶场采集和分析手段进行结果分析复盘，多用于产品、系统、方案上线前的系统测试和自我验证，也可以用于"社区白帽"对靶场内的靶标系统进行有组织的渗透测试和漏洞挖掘活动。

（2）网络靶场外测试场景是利用靶场内的武器库，如自动化攻击系统、流量行为仿真工具、渗透攻击工具等对外部的实际网络系统或应用进行计划内的安全验证测试，具有真实性高的优势，但也有业务阻断的风险，需要做好全程感知、监控和审计，整个活动需要在受限和受控的条件下进行。

5. 技术研发

网络靶场的环境模拟和安全隔离功能，提供了一个高仿真、高可靠、全记录，以及可管、可视、可控的安全场地，是重点行业、军工企业、科研机构等进行新技术、新产品、新方案的理想研究环境。靶场通过主机、交换机、路由器和防火墙等设备虚拟化，辅以真实实物设备接入、组网接入、分靶场接入，为安全研究迅速搭建低成本、高可靠、可反复利用的实验环境。靶场内对任务的灵活控制，支持反复执行、随时回放、精细粒度的管控分析和记录呈现，为科研工作提供了良好的平台环境。

6. 推演复盘

严峻的国际形势下，重点行业，重点领域，关键信息基础设施，地缘安全敏感区域，在进行本领域安全规划、顶层设计时，需要梳理清楚本领域的业务和数据安全与总体国家安全的关联影响。在全球网络空间共同体的背景下，分析可能发起攻击的威胁行为体，并基于威胁行为体的能力、作业风格等信息，完成敌情想定。

然后基于敌情想定，利用网络靶场的虚拟化技术、虚实结合技术，结合内置丰富的靶标等资源库，构建初始想定数据，然后通过内置流量仿真工具、行为仿真工具、攻击工具，以及结合威胁行为体的情报分析能力，在网络靶场中进行动态攻击防御推演，并对攻击防御过程中的任务进行全盘记录。

最后根据推演结果，以及推演形势的发展，动态评估攻击防御双方的利害影响，从而建立数据驱动模型，调整想定方案，并持续推演，最终做出最合理的安全规划。

在推演过程中，可以控制任务的执行进度和执行状态，并对任务的执行步骤和顺序等信息进行全域全息的采集，完整记录推演过程，用于事后复盘分析。

第 5 部分
智慧城市安全建设实践和展望

在智慧城市的建设浪潮中，安全建设作为其中的重要组成部分，涌现出了许多具有代表性的案例，它们以独特的视角和方法，为全球智慧城市安全建设提供了宝贵的经验和启示。

本部分通过分享智慧城市优秀的安全建设案例，旨在引起大家对智慧城市安全的关注和兴趣，并结合实际场景产生更加深刻的理解。我们将分享一些具有代表性的智慧城市安全建设案例，并详细描述其建设背景、建设需求和问题、建设内容和特点，以及最终解决的问题和产生的价值等。通过对这些智慧城市案例的了解，我们可以更好地理解智慧城市建设的目标、方法和成效。同时，也可以借鉴其他城市的成功经验，为我们的智慧城市安全建设提供有益的思路和启示。

同时，我们也应该以发展的视角，看到新技术、新场景在不断推动着智慧城市的创新和发展，并对网络安全产生着深远的影响。本部分将以当前快速发展的生成式人工智能（artificial intelligence generated content，AIGC）技术为例，和读者共同探讨未来智慧城市发展的机遇和挑战。

第15章 优秀案例分享

15.1 某市智慧高新建设项目

15.1.1 案例概述

1. 案例背景

该市高新区管委会自成立以来，逐步建成了互联网、电子政务外网、业务专网，这三张网服务于各业务部门的内部办公、数据采集、分析决策、监控预警、政务服务等功能的上百个业务信息系统，对内部管理和各类业务的开展起到了举足轻重的支撑作用。该市高新区管委会各项业务的开展离不开信息系统的正常运转，网络安全是确保信息系统正常运营的基础，没有网络安全就无法保障该市高新区管委会各项业务的正常开展。

在网络空间攻击多元化、资源大数据化、信息系统虚拟化、移动终端接入多样化等因素的综合作用下，该市智慧高新整体网络安全隔离难度加大、网络安全边界模糊、网络安全防御点分散。传统依靠网络安全项目建设、网络安全设备采购的做法，只能打牢基础，无法实现真正的网络安全防护。网络安全本质上是攻防双方动态的对抗，网络安全设备和系统都需要专业人员持续不断地进行攻击特征库更新、安全策略更新，需要专业人员根据最新的威胁情报信息联动安全设备和系统，用以识别、阻断不断变化和有组织的黑客攻击行为。

"安全既服务"，作为一种专业权威、全面覆盖、持续不断、不断提升、动态更新的网络安全服务保障能力，已经成为国内外网络安全业界的共识。该市智慧高新积极拥抱新的安全建设理念，贯彻国家法律法规要求，落实网络安全主体责任制，以网络安全等级保护2.0为指导纲要，构建全天候、全方位的网络安全综合服务保障体系，实现了"整体、动态、开放、相对、共同"网络安全目标。综合服务保障体系覆盖网络安全的"事前、事中、事后"的全过程，实现了从单点防护向整体防御转变，从静态防护向动态预防转变，从被动防护向主动检测转变，达成了"整体安全、全面保障"总体目标，构建了常态化、实战化的智慧高新网络安全综合防御体系。

2. 建设目标

该市智慧高新安全体系建设项目按照"安全既服务"的指导思想，采用新模式，实现真安全。以安全责任为纽带，不搞系统集成和设备堆砌，从购买安全设备和系统向购买安全服务转变。项目建设通过整合分散化的安全系统和碎片化的安全防护能力，以

"无严重影响业务系统运行的重大网络安全事件、等级保护测评及各项安全检查全面合规、无国家有关部门重大安全通告、确保重保任务圆满完成"为总体安全目标，购买专业的安全服务，建设全面的网络安全综合服务保障体系。

该市智慧高新网络安全综合服务保障体系的建设以安全管理中心平台软件为核心，对网络安全进行综合管理和指挥调度，构建包括"服务工具集、服务团队、服务运行长效机制"的一体化网络安全服务保障体系。

15.1.2　解决方案

1. 建设原则

1）以保障该市智慧高新网络安全为最高利益

深入调研该市智慧高新网络安全现状，积极探寻网络安全与业务发展的平衡点，以体系化防护为目标，以整体保障为视角，统筹设计网络信息安全整体保障体系，为该市智慧高新提供先进可靠、持续有效的网络信息安全整体保障服务。

2）以整体保障为视角，系统规划服务需求

统一整合网络安全产品及系统，系统规划服务需求，为该市智慧高新提供专业化、体系化的网络安全整体保障服务。

3）服务工具选型遵循先进性、协同性与合规性

通过开放式的体系架构集成，融合网络安全产业链中的先进产品和解决方案，在建设过程中对所需产品进行严格把关，遵循产品先进性并且能够与已有环境协同联动，以及满足国家及行业标准合规要求。

4）遵循标准、结合现状，充分实现双体系融合

充分兼容该市智慧高新现有的安全防护措施，有效利用存量安全设备和资源，在满足国家有关网络信息安全法规的基础上，着力提升应对体系化网络对抗的能力。

2. 建设内容

该市智慧高新网络安全综合服务保障体系建设将围绕"三个一"体系展开，重点"以打造一个网络安全服务工具集为基础，以组建一支网络安全服务团队为核心，以建立一套网络安全服务运行长效机制为保障"，如图15-1所示。

1）网络安全服务工具集

网络安全服务工具集的打造，由整合工具、输出能力两个相互关联的部分组成。

（1）整合工具。通过网络安全综合服务管理平台软件，集成新增的态势感知平台、沙箱、漏洞扫描等安全工具，整合原有的上网行为管理、防火墙等安全工具，将综合研判所需的各类数据统一进行采集，实现流量数据、日志数据等集中采集，并对这些数据进行标准化处理和存储，关联威胁情报，打造数据底座，实现关联分析，打造安全服务工具集。

（2）输出能力。在整合工具的基础上，形成以服务能力为基础的服务保障体系。该市智慧高新网络安全能力体系依据国际通用的安全能力框架模型，通过新建安全大数据库整合现有的安全设备、集成新购的安全设备，建设预测、防御、检测、恢复四种安全服务能力，实现对网络攻击的事前预警、事中防御、事后恢复的全方位应对，以服务能

打造一个网络安全服务
工具集。以网络安全综
合服务管理平台软件为
核心，建立安全大数据
库，整合各类服务工具，
形成服务工具集。

组建一支网络安全服务
团队。组建由驻场人员、
远程支持、安全架构师
组成的层次化服务团队。

建立一套网络安全服务
运行长效机制。规范安
全服务过程，建立长效
的服务运行机制，形成
服务交付、服务考核、
服务优化的循环闭环管
理体系。

图 15-1　网络安全综合服务保障"三个一"体系

力体系为基础支撑服务团队开展工作，支撑网络安全综合服务管理平台的指挥调度。

2）网络安全服务体系的建设步骤

Gartner 认为自适应安全架构（adaptive security architecture，ASA）是面向下一代的安全体系，以持续监控和分析为核心，覆盖预测、防御、检测、响应四个维度，可自适应于不同基础架构和业务变化，并能形成统一安全策略应对未来更加隐秘、专业的高级攻击，如图 15-2 所示。

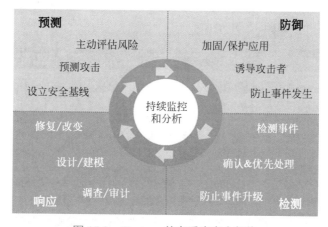

图 15-2　Gartner 的自适应安全架构

该项目中，Gartner 的自适应安全架构将作为该市智慧高新网络安全服务能力体系的设计标准。

网络安全服务能力体系建设按照如下的步骤进行。

（1）建立资产档案，完善资产管理手段。采用多样化信息采集方式，全面获取网内各类信息资产，构建全网配置管理库，以业务应用为核心建立信息资产与业务应用的整体关联关系态势图。

（2）全面的安全大数据收集。将安全分析所需的各类数据统一进行采集，并对这些数据进行标准化处理和存储，关联威胁情报，打造数据底座，为安全服务能力的建设打下基础。

（3）建设安全服务能力。

① 预测能力：通过对接威胁情报，全面、及时了解境内外威胁攻击动向，及时采取预防措施；通过安全风险管理，及时发现网络中存在的安全漏洞并对其进行修复，以降低暴露的攻击面。

② 防御能力：通过安全设备自动联动和标准的安全事件处置流程，对外部入侵攻击、内部横向渗透攻击进行快速防御，尽量在信息系统受影响前拦截攻击行为。

③ 检测能力：通过收集和检测网络流量、告警日志、文件内容、业务行为等信息，全面感知网络层、主机层、应用层、数据层、终端层安全状况。

④ 响应能力：通过安全管理中心平台的综合调度，对安全事件进行全方位的分析研判，判断安全事件影响范围、危害程度，识别攻击意图、攻击手段，联动安全设备，实现自动的响应处置，并最终提出全面的系统修复、安全结构优化建议。

3）网络安全服务团队

组建一支线上与线下联动、远程与驻场协同的服务团队，包含安全架构师、远程支持团队、驻场服务团队，从顶层设计咨询、远程技术支持、现场服务三个层面为该市智慧高新提供立体、纵深的安全服务保障。

4）网络安全服务运行长效机制

该市智慧高新网络安全综合服务保障体系建设，按照准备阶段、规划阶段、实施阶段、测试阶段、运行阶段分阶段进行，其中最核心的是在服务运行阶段，该阶段保障服务稳定、高效的运行，如图 15-3 所示。

准备阶段	规划阶段	实施阶段	测试阶段	运行阶段
· 资产梳理	· 架购设计	· 工具分发	· 基线检查	· 日常服务
· 存量对接	· 体系整合	· 现场引导	· 单点测试	· 事件闭环
· 风险评估	· 方案审定	· 进度监控	· 联调测试	· 运营闭环
· 策略制定	· 实施计划	· 沟通协调	· 功能测试	· 持续改进
· 目标共识	· 产品到货	· 异常处理	· 压力测试	· 应急演练
· 范围确认	· 联系接洽	· 信息管控	· 兼容测试	· 人员培训
· 责任边界	· 人员到位	· 资源保障	· 攻防测试	· 安全治理
· 协商机制	· 时间节点	· 工作例会	· 测评申请	· 能力完善

图 15-3　智慧高新网络安全综合服务保障体系分阶段推进内容

该项目，参照 ISO/IEC 20000、ITIL、ITSS 等国内外信息服务标准体系，制定了详细的服务管理文档集，对服务的发布、服务的协同调度、服务交付过程管理、服务考核与持续改进进行全面的规范管理和落地实施。

15.1.3　案例价值

1. 构建整体的网络安全防护体系

该市智慧高新通过构建具有风险评估、安全防护、威胁监测、态势感知、通报预警、应急响应和事件处置等能力的闭环式网络安全服务保障体系，保障整体安全。事前可洞悉安全隐患，修复安全短板；事中可抵御网络攻击，识别潜在威胁；事后可全局预警协同，及时响应处置，以便实现对网络安全全生命周期的可感、可视、可管、可控。通过常态化的渗透测试服务、漏洞及基线扫描服务，建立健全安全通报预警机制，打造内外联动、统分结合的网络安全服务多级协同联动体系，基于重特大网络安全事件的协同响应机制、信息通报预警机制、网络安全信息共享机制等保障机制，实现该市高新区管委会上下级机构间的联动协调，实现与国家监管部门之间的消息互通。最终，构建整体的网络安全防护体系，一方面可以提升该市高新区应对重大安全事件的响应能力，减少重大安全事件造成的损失和危害；另一方面可为国家层面的全局把控和协同指挥提供支撑。

通过"可感知""可预警""可防护""可处置"四位一体的网络安全服务，实现对该市智慧高新的全方位、全天候、全过程的安全防护，做到威胁攻击"早发现、早报告、早处置"，确保业务应用的安全稳定运行及数据资产的可信安全。

当前，该市智慧高新已经从"等保2.0"合规性安全，全面提升为能够应对网络攻防实战的增强性安全。

2. 构建统一的网络安全防护体系

通过网络安全防护体系建设，构建该市智慧高新统一的安全防护体系。重点打造"五个一"。

1）支撑指挥调度一盘棋

以安全管理中心平台串联网络安全服务队伍、安全工具、安全流程，实现网络安全服务过程中人员、工具、流程的协同，支撑指挥调度一盘棋。

2）绘制资产态势一幅图

依托安全管理系统基础资产发现数据，配合平台实施过程中全面的资产梳理工作，绘制资产态势一幅图。

3）构建安全数据一个库

通过汇聚安全设备的日志数据、流量监测数据，对接外部威胁情报资源，开展综合关联分析，构建安全大数据库。

4）形成风险管控一条线

实现网络安全基线划定、分类施策、标准规范编制、实时监测，动态处置，打造风险管控一条线。

5）打造安全管理一站通

打造安全管理中心平台门户，全面集成网站、电话、微信、短消息等多种手段。该市高新区管委会、监理公司、服务厂商、信息系统用户在一个门户沟通，一个平台开展工作，实现对安全服务全过程可见、可管、可控。

3. 构建纵深的网络安全防护体系

遵循由外到内、分层防御的思路，将该市智慧高新网络安全分层防御体系规划为四层：站岗层、收口层、补漏层、底线层。全面构筑网络安全的纵深防线，实现"进不来、可预警、拿不走、看不懂、可追溯、可处置"的安全防护目标。

15.2 某市开发区智慧城市建设项目

15.2.1 案例概述

1.案例背景

该市经济技术开发区（以下简称开发区），1984年10月经国务院批准设立，1985年3月开工建设，是全国首批14个国家级开发区之一、中国自由贸易试验区承载地，是该市国际招商产业园、中韩产业园、中日产业园和综保区主阵地，省新旧动能转换核心区，总人口为53.8万。先后荣获"ISO 14000国家示范区""中国工业园区环境管理示范区""全国循环经济试点园区""国家新型工业化示范基地""国家知识产权试点园区""全国模范劳动关系和谐工业园区""联合国绿色工业园区"等称号。2019年地区生产总值增长7.5%，固定资产投资增长9%，实际使用外资增长12.1%。

数字中国战略进一步加速推动开发区智慧城市的建设，"网络安全"作为高质量发展的基础，对开发区智慧城市的关键性作用日益凸显。但是，相对于开发区智慧城市投入规模和日渐成熟的建设思路，与之相适应的网络安全建设还不充分，意识还不到位。一方面，开发区智慧城市建设涉及庞大的支出，但网络安全占比微乎其微。另一方面，网络安全在开发区智慧城市体系当中一直扮演"救火队员"的角色，只有出现了问题，其重要性才会被意识到。此外，在开发区智慧城市的规划和建设阶段，网络安全往往"缺席"，这可能会对未来开发区智慧城市体系的运行，留下潜在的安全风险。

除此之外，开发区智慧城市的发展并不孤立，它会驱动大量传统产业通过数字化和生态化的方式相互连接。如果针对产业环节中的某一个点发起的网络攻击，必然会"牵一发而动全身"对整体城市安全造成威胁，即某一个微小的安全事件极有可能对企业造成严重影响，甚至危害社会公共安全乃至国家安全。

因此，为了与开发区智慧城市的发展相配，城市管理部门通过政策驱动，以及产业规范的建立，将网络安全纳入开发区智慧城市的顶层架构和设计当中，实现开发区智慧城市全融合安全能力的形成。

2.建设目标

开发区智慧城市网络安全顶层规划是开发区智慧城市安全运行及网络安全治理的基础，支撑和指导着开发区智慧城市安全管理、技术、建设与运营活动。为全面保障开发区智慧城市安全、稳定、可靠的建设和运行，本项目重点打造完善的开发区智慧城市安全防护子系统，以安全合规为基本要求，以业务安全为导向、以数据驱动为核心、以安全运营为手段、以专业团队为核心、以协同联动为机制、以本地支撑为特色，构建智能化、数字化、高效化的安全运营保障体系。

15.2.2 解决方案

1.建设内容

本案例在严格遵照《中华人民共和国网络安全法》《信息系统等级保护安全设计技

术要求》和《信息系统安全等级保护基本要求》等相关法律法规和标准要求构建安全体系的同时，重点结合开发区智慧城市的实际业务安全需求，以业务保障为主线，对开发区智慧城市基础设施总体架构进行了详细的规划设计。

（1）互联网接入区：在互联网接入区提供流量清洗设备实现对 DDOS 等异常流量的清洗，同时部署负载均衡设备自动匹配最优线路，保障互联网业务可用性的同时实现快速接入。在出口边界利用防火墙进行隔离和访问控制，保护内部网络，利用 IPS 实现 2～7 层网络攻击防护，同时实现对入侵事件的监控、阻断，保护各个安全域免受外网常见的恶意攻击。

为了加强互联网区的安全，可利用上网行为管理设备对出口流量进行识别并对行为进行审计，保障绿色上网环境。利用 Web 防火墙实现对 Web 应用访问的深度检测和过滤防护，阻断不安全的 Web 访问请求，确保对外发布服务的安全稳定。同时，在各 Web 网站服务器上部署网页防篡改软件，通过驱动级防护实现对 Web 网站源文件的防护，避免被攻击者恶意篡改网站。以集约化建设思想，利用安管一体机内集成的数据库审计、日志审计、运维审计堡垒机、终端安全防护系统、漏扫等安全能力，及时发现互联网区业务、应用等存在的安全隐患，加强终端恶意代码防范能力，提升运维人员认证和授权管理能力，并实现对数据库访问、主机运行和人员运维管理操作的全面审计，满足事后溯源分析需要。

（2）跨网交换区：互联网区和公共服务区内运行的业务、数据的重要程度和面向对象均不相同，因此必须采取安全有效的隔离措施，确保两网之间的隔离。可在两网之间部署网闸，实现两网间的有效隔离，所有跨网数据交换均需通过网站的摆渡实现安全隔离。

（3）公共服务域接入区：本次建设的数据中心通过公共服务域接入区实现与市电子政务外网的互联互通，在边界部署安全网关进行隔离和访问控制，以保护内部网络。该区利用安全网关的 IPS 模块实现 2～7 层网络攻击防护，同时实现对入侵事件的监控、阻断，保护各个安全域免受外网常见恶意攻击；同时，利用安全网关的防病毒模块实现区域边界的恶意代码防范，避免病毒传播扩散。

（4）安全监测区：流量分析是安全威胁检测的重要手段，通过复制分流器将需要审计、分析的流量进行统一收集，并复制给态势感知的流量探针、沙箱 APT 设备、IPS 入侵防御/检测设备、网络流量分析设备，满足不同设备的流量分析需求。

（5）应用安全区：针对公共服务域的重要应用，提供服务器负载均衡和应用级防火墙服务；针对不同应用间互相访问的流量进行深度和解析和过滤，提升应用安全防护能力。

（6）安全管理区：作为全网的安全管理中心，实现对全网安全能力的统一管理。部署漏洞扫描系统，实现对全网资产的弱点主动扫描和发现，及时发现安全隐患并及时采取加固措施。部署终端安全控制中心，实现对终端的恶意代码防范和终端安全统一管理。部署运维审计堡垒机，实现对所有运维人员的认证、授权和审计，加强运维安全管控。部署网站监测系统，针对对外提供服务的网站进行 7×24 小时实时监测，及时发现网站可用性、安全漏洞、敏感词、黑词黑链、页面篡改等方面的安全问题。部署态势感知平台，全面收集日志、弱点、流量、威胁情报等各类异构安全数据，利用大数据、AI、自动建模、关联分析等技术深入分析和发现全网存在的安全隐患和风险，并利用工单系统实现事件的流转和管理闭环，全面掌握全网安全态势。

（7）视频接入区：开发区智慧城市视频网区域将接入公安视频专网及其他委办局的视频资源，为了确保视频资源的安全接入，避免影响政务外网数据正常传输，将建立独立的视频接入边界。参考公安视频专网安全建设标准，通过部署多级安全互联交换平台实现与公安视频专网的视频资源对接，分别构建独立的视频传输边界和数据传输边界，实现视频资源的隔离和安全访问。通过委办局接入的新建视频资源，以及边界部署视频安全网关，实现对视频前段的准入控制和对视频终端弱密码和漏洞等安全隐患的检测，同时实现对流量的深度检测和安全防护。

2.特色亮点

1）安全大脑

应用机器学习等技术构建安全大脑，通过分类、聚类、回归、深度学习等算法进行模型训练，提供相应的安全 AI 能力，提升深度防护能力，实现从被动监测到主动防御的跨越，提前预警安全风险。

2）个性化安全驾驶舱

针对不同角色定义，将数据指标差异化、形象化、直观化、具体化的呈现，使不同用户能够直观地看到安全风险，明确当前的安全态势，并及时做出应急响应和安全防范，从而更好地提升用户的安全体验。

3）多样化数据采集

安全态势感知平台采用主动、被动技术相结合的方式，实现各种网络设备、安全设备、漏扫设备、互联网爬虫、主机及应用系统日志的统一采集、海量日志集中存储和全生命周期管理，并可通过日志范式化和日志分类实现不同厂家多源日志的快速适配。

4）安全即服务化

基于安全即服务化理念，通过安全即服务的交付模型，在情报合作共享、安全检测、主动防御和安全合规等方面，为各级用户提供差异化的服务能力，实现运维服务、检测服务、防御服务和等保服务等一体化交付。

15.2.3 案例价值

1.案例成效

开发区智慧城市依据云网安一体化建设思路，实现了安全管理平台和现网云平台的统一和融合。该案例不但符合等保 2.0 中"一个中心"的建设思想，同时也能实现安全能力在云端统一展现，便于云上资源统一调配和协同处置；解决了云存储、计算、网络资源管理和安全管理割裂的问题。具体成效包括以下几点。

（1）可有效解决账户信息同步的问题：无论是云平台安全还是云租户安全，安全的防护对象应与云计算平台的角色分配保持一致，其中包括租户、租户管理员、平台管理员等。每个角色都应有不同安全处置权限，所以账户信息的同步是非常必要的。此方案依托云网安一体化建设思路，安全云可直接使用云计算平台的账户信息，无须二次对接开发，在保障时效性的同时也保证了代码的稳定可靠。

（2）可解决网络部署关联性问题：在部署租户安全防护组件时，如防火墙、WAF（web application firewall），需要在逻辑上串行部署在租户虚拟网络。此方案依托云网安一体化建设思路，可保证创建时，即可将防火墙、WAF 组件和租户网络关联好，无须采用"筛选—引流—回注"的引流方案单独引流。这样不但缩短了业务流量处理流程，降低了业务延时，同时还能避免引流之后所带来的故障风险问题。

（3）可提升运维效率，降低升级维护风险：当云平台需要升级维护时，可能导致与之关联的其他产品出现适配不了的问题。但选用云、网、安一体化方案时，可保证新版本云平台在代码开发阶段，即加入了衔接问题的考虑，将问题解决在前面。若云平台接口出现必要的修改，安全云也可以随之修改，然后一同升级。而不会出现云平台升级之后才发现无法对接的问题。

（4）可提高应急响应时效，缩短排障时间：借助一体化交付模式，保证出现问题后可快速响应而无须协调多个厂商共同排查，可将损失降到最低。

2. 核心价值

1）"云网安融合"保证原生安全

凭借在本案例中云、网、安的体系化建设，实现云网安体系的全面融合，以原生安全保证安全随动、安全随享。

2）服务化运营助力安全增值

以专业的安全专家团队和多年的安全服务经验为依托，通过安全运营服务形式为智慧城市输出安全能力，有效提升安全效能。

3）AI 驱动实现智能安全

面对数字化变革中的新型安全挑战，如 AI 攻击、新型应用检测、加密流量识别、攻击目标多元等问题，人工智能技术将成为有效利器，能够更高效、精准、快速地处理网络安全问题，降低安全投入的人力成本。

4）场景化安全保证贴合业务

通过本项目的落地实施，实现了智慧城市业务安全需求的深入挖掘，为场景化业务安全提供了贴身保障。

15.3　某市高新技术产业园智慧城市建设项目

15.3.1　案例概述

1. 案例背景

某市高新技术产业园区（以下简称高新区），成立于 1992 年 5 月，2012 年 8 月经国务院批准，升级为国家级高新区，是中国西部唯一的国家级显示器件产业园、国家火炬计划特色产业基地和承接东部产业转移国家级示范园区。

该市高新区位于市主城区西部，区域面积为 123.39 平方千米，重点发展"电子显示、高端装备制造、生物医药、新型合成材料"四大主导产业，以打造"×××科技成果转化先行区"为目标，力争到2024年工业总产值达到1000亿元，GDP突破500亿元，向全国一流国家级高新区迈进。

随着新一代信息技术迅速崛起，以及新一轮科技革命和产业变革孕育兴起，技术驱动下的创新融合发展正向社会各个领域扩张，引起城市治理向精细化、智能化方向转变，5G、物联网、大数据、人工智能等技术正处于产业化突破的关键窗口期，使高新区的数字经济有更大想象空间，该市高新区选择在此时大力推进智慧治理正是顺应信息技术革命浪潮的主动作为。

面对日趋严峻的网络安全形势，国家及相关机构出台了一系列的网络安全政策法规，对各行业信息化系统安全提出了严苛的要求。同时，各区域监管部门也陆续颁布了具体的监察及处罚细则，要求各级单位在建设信息化系统的同时必须同步建设网络和数据安全的保障体系。例如，2018年12月11日，在《××省人民政府办公厅关于加快推进全省新型智慧城市建设的指导意见》中，指出建立网络安全态势感知、安全评测、应急救援等技术服务体系，落实信息安全等级保护、涉密系统分级保护和风险评估制度，加强重点领域、重要行业和重要系统安全防护，强化基础设施、数据资源和智慧应用安全管控，建设与新型智慧城市发展水平相协调的安全保障体系。2022年4月7日，在《××省新型智慧城市建设评价指标（2022）（征求意见稿）》中，明确了新型智慧城市的信息安全的指标，并可用于评价智慧城市网络安全落地执行情况，包括网络安全指标和数据安全指标。

2. 建设目标

为确保该市高新区智慧城市相关数据、信息的机密性、完整性、可用性、可控性与可审查性，该市高新区智慧城市网络安全顶层规划围绕数智高新云平台，构建数智高新安全运营中心，筑牢网络安全屏障。利用云计算、大数据、人工智能、主动防御等先进信息技术，以纵深防护、全面防御为核心思想，全面提升数智高新基础合规、数据安全、应用安全、物联安全，以及安全运营保障等能力。

15.3.2 解决方案

该市高新区智慧城市网络安全顶层规划全面贯彻落实国家、省、市各项网络安全决策和要求，结合数智高新实际业务情况，顺应信息化、数字化及新技术发展趋势，深入推进网络空间安全建设，提升网络信息安全综合治理水平和应急保障能力。

本次安全体系建设以合规安全为基础，重点加强数据安全、应用安全、物联安全，以及整体安全运营保障能力的建设，着力打造安全特色亮点。具体包括以下几个方面。

1. 打造安全运营中心

安全运营中心主要负责区级安全体系保障。作为数智高新的重要组成部分，通过整合分散化的安全系统和碎片化的安全防护能力，按照"无严重影响业务系统运行的重大网络安全事件、等级保护测评及各项安全检查全面合规，无国家有关部门重大安全通告，确保重保任务圆满完成"的总体安全目标，建设全面的网络安全综合服务保障体系。

安全运营中心将"平台＋工具（产品）＋流程＋团队"紧密结合，提供威胁情报、资产／漏洞管理、安全响应、安全监测，以及人才培养 5 大服务能力，实现"云网结合、全面感知、主动防御、智能协同、持续迭代"的总体目标。

2. 威胁诱捕服务提升应用安全

除在安全运管区部署 Web 应用防火墙外，还重点部署威胁狩猎系统提供威胁诱捕服务，分别对相关业务区域的核心业务系统进行仿真，主动出击对攻击者进行诱捕，获取攻击者的攻击方式、攻击手段、攻击目标，以及攻击过程，以此来达到主动防御、威胁溯源、震慑攻击者、保护网络安全的目的，同时在发生重大网络安全事件时可以作为威胁反制的重要依据。

威胁狩猎系统提供简单、便捷的部署方式，在网络通路的前提下可以实现全网的威胁检测。威胁狩猎系统在捕获进入系统所有数据的同时，不占用网络资源、不影响业务系统的正常运行，保证业务和安全并行。

3. 密码安全与数据安全共同作用

业务数据动态流转于业务各个环节，本项目重点以应用为抓手，着力构建国密防护体系和数据安全体系。

针对信息系统应用终端的身份认证、应用服务数据加密传输和存储、数字签名、密钥管理等密码应用需求，该项目对系统进行了体系化国密建设。在部署了全套的密码安全设备的同时，更是对业务数据流转各个环节所需的应用系统进行了体系化的国密改造。

数据安全建设以数据流转的全生命周期各个过程域为着眼点进行数据安全能力建设。该项目从数据安全策略、安全管理、技术措施和数据安全服务四个维度对数据安全防护能力进行规划设计，并贴合未来开展大数据业务，进行可落地、可实施的政务数据安全保障体系建设，同步编制相关配套的数据安全标准，从而发挥数据安全对数智高新大数据业务健康发展的保障作用。

4. 构建基础平台的网络安全协同指挥能力

通过覆盖全区的网络安全监测系统，结合监管机构下发的各类检查和通报结果，对每个安全事件通过数智高新网络安全协同指挥体系进行闭环管理，并链接区内网络安全相关人员和单位，做到件件有着落，事事有回应，从而不断提升全区网络安全综合能力。

15.3.3 案例价值

1. 案例成效

1）夯实基础安全防护，满足安全合规

本项目基于业务的发展和技术的迭代，对现有的安全防护能力进行完善升级，让整体安全防护能力持续有效。通过基础设施的完善升级，将原本分散管理、扁平架构的基础设施和网络架构进行统一管理，达到以下两个方面的效果。

（1）建立网络安全基线标准。对已接入网络和今后可能接入网络的资产，按照网络安全保护等级分门别类建立网络安全基线，使得按照网络安全基线标准配置的资产接入网络时即达到相关安全要求。

（2）构建密码应用防护，提升综合防护能力。依照《中华人民共和国密码法》《国家政务信息化项目建设管理办法》等法律法规对关键信息基础设施密码应用的要求，构建云平台商用密码应用安全保障体系，强化密码应用防护能力，提升综合防护能力，保护国家和公共利益。

2）建设数据安全保障能力，强化应用安全防护水平

（1）构建智能数据安全资产识别能力。

数智高新基于数据全生命周期各阶段的全面防护原则，同时结合业务实际防护的需要，提供多种数据安全服务能力，满足各行各业数据安全合规方面的需求，解决数据资产"管理难、共享难、防护难、监测难"的问题。

对内部敏感数据进行智能识别梳理、分类、分级，解决数据"盲点"，并自动化发掘隐藏的涉敏数据，实现数据资产的全面梳理，更清晰得展现数据资产的数量、类型、存储位置等信息。

（2）构建敏感数据可追溯能力。

通过数字水印服务实现针对文件共享、交换等过程中的外泄文件智能追踪与溯源能力。该服务具有高安全性、强鲁棒性、自适应多类型文件等特征，支持大批量、大容量的文件水印嵌入，能够针对一定程度下的删除、复制、粘贴等破坏行为后的水印文件进行提取和恢复。保证在敏感文件共享及交换过程中，可有效保护用户数据的所有权限，实现文件的确权和鉴权能力，保护用户数据隐私不被侵犯。

（3）构建敏感数据文件共享管控能力。

采用敏感文件数据加密标签（文件加壳）、外发数字水印（溯源）、敏感文件流转审计，以及敏感文件操作行为监控等数据安全保护能力，解决在数据共享分发过程中出现的数据外泄、数据流转无法精准控制的难题，以及外发流转过程中数据泄露风险及溯源问题。

3）构建物联安全防护系统，覆盖视频安全防护

通过视频安全网关、视频安全监测分析系统，建设主动与被动相结合的资产探测和多维准入能力、安全检测审查要求合规能力，给接入视频网络的前端设备提供精确资产识别，多维安全准入，实现跨网数据传输和视频传输的安全防护。

4）做实安全运行保障，有效支撑智慧城市建设

依托网络安全顶层规划和相关安全服务，构建安全协调指挥中心，实现安全态势一屏统揽。制定安全运行保障机制，落地网络安全培训中心。在数智高新信息安全建设过程中，以坚持顶层设计、依法管理、可管可控、安全高效四大原则为指导，对总体安全形成有效支撑。关注数智高新差异化的发展，聚焦实际安全问题和需求，以实际业务和场景安全为导向，以城市整体网络安全能力提升为目标，系统性完善数智高新网络安全的技术体系、管理体系及运营体系。

2. 核心收益

1）能力效益

依据国家法律法规、标准规划，结合数智高新业务特点及日常安全保障的需求，设计包含网络安全能力、数据安全能力、密码安全能力、日常安全保障能力的一体化网络

安全保障体系。以数据安全为核心，开展统一管理和指挥，避免形成安全孤岛和各自为政的状况，为后续大量业务的上线运营提供安全保障。

2）经济效益

该市数智高新安全体系通过优化业务模式、提高效率、缩短工作时间等手段来降低人力成本和工作强度，同时通过安全运营中心提高全区整体安全管控效率，大大降低安全监管成本。

3）社会效益

本项目建成后，通过统一安全管控模式，促进地方安全稳定，保障各行各业和谐、绿色、安全发展，进一步提升区政府安全形象，提高公众满意度，进而提高该市高新区的安全管控工作效率和辅助决策能力，增强区政府的影响力。

第16章 未来展望

随着技术的不断进步和智慧城市的深入推进，令人对智慧城市安全建设的未来充满期待。一方面，依托先进技术的加持，通过更加智能化、高效化的安全监测能力和数据分析能力，能够及时地发现并应对潜在的安全威胁。另一方面，信息技术不断地更新升级，以及在智慧城市创新场景中的应用，也必将带来新的安全挑战。因此，我们必须意识到，智慧城市的安全建设不可能一蹴而就，也不能墨守成规，它是一个需要长期运营、不断完善、不断创新的过程，是在发展和变革中逐步构建完善的智慧城市网络安全体系。

当前，AIGC、算力网络等新兴技术正在引领未来科技的浪潮。随着城市数据量的激增和算力需求的提升，可以预见，新兴技术将在智慧城市未来建设中发挥巨大的作用。本书的最后将以 AIGC 和算力网络为例，探索其在智慧城市中的创新应用模式和可能带来的安全挑战，以及新兴技术对于网络安全本身的推动和创新作用。

16.1 AIGC 与智慧城市的融合应用

16.1.1 AIGC 驱动智慧城市向智能化发展

AIGC 是人工智能领域中的一种新兴技术，它通过训练大量的数据模型，使计算机能够自主地生成内容，包括文本、图像、音频和视频等，如图 16-1 所示。与传统的计算机程序相比，AIGC 技术具有更强的自适应能力和更高的智能化程度，能够更好地满足人们对多元化、个性化内容的需求。

随着技术的不断进步和发展，AIGC 将会更加智能化、高效化、精准化，从而为人类的生产和生活带来更多的便利和创新。下面将重点探讨 AIGC 在智慧城市领域的关键作用和应用场景。

首先，AIGC 在智慧城市中的交通管理方面具有重要应用价值。随着城市化进程的加快，交通拥堵、停车难等问题日益严重，给市民的出行带来诸多不便。AIGC 可以通过对交通数据的实时采集、分析和

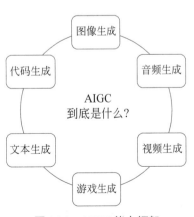

图 16-1　AIGC 能力框架

处理，实现对交通流量、道路状况等信息的实时监控，为交通管理部门提供科学依据，从而有针对性地制定交通管制措施。此外，AIGC 还可以通过对公共交通系统的优化调度，提高公共交通的效率和便捷性，减少私家车的使用，从而解决交通拥堵问题。

其次，AIGC 在智慧城市中的公共安全领域具有广泛应用前景。公共安全问题是影响城市稳定和发展的重要因素，如何有效预防和应对各类安全事故，是智慧城市建设的重要课题。AIGC 可以通过对视频监控、报警系统等公共安全设施的智能化改造，实现对城市安全隐患的实时监控和预警。同时，AIGC 还可以通过对大量历史数据的分析，挖掘出潜在的安全隐患，为公共安全部门提供决策支持。此外，AIGC 还可以应用于应急救援领域，通过对灾害现场的实时监测和分析，为救援人员提供准确的信息，提高救援效率。

再次，AIGC 在智慧城市中的环境监测和管理方面具有重要作用。环境污染问题已经成为全球范围内亟待解决的难题，智慧城市建设需要关注环境保护和可持续发展。AIGC 可以通过对空气质量、水质、噪声等环境指标的实时监测和分析，为环保部门提供科学依据，从而有针对性地制定环保政策和措施。同时，AIGC 还可以通过对环境数据的长期分析，预测未来可能出现的环境问题，为城市规划和建设提供参考。此外，AIGC 还可以应用于环境教育领域，通过对环境知识的普及和传播，提高市民的环保意识。

此外，AIGC 在智慧城市中的能源管理方面也具有重要应用价值。能源问题是影响城市可持续发展的重要因素，如何实现能源的高效利用和节约，是智慧城市建设的重要任务。AIGC 可以通过对能源消耗数据的实时监测和分析，为能源管理部门提供科学依据，从而有针对性地制定能源政策和措施。同时，AIGC 还可以通过对能源系统的优化调度，提高能源利用效率，降低能源消耗。AIGC 还可以应用于新能源领域，通过对新能源技术的研究和推广，推动城市能源结构的转型和升级。

最后，AIGC 在智慧城市中的社会治理方面具有广泛应用前景。社会治理是智慧城市建设的重要组成部分，如何提高社会治理水平，是智慧城市建设的重要课题。AIGC 可以通过对社会治理数据的实时采集、分析和处理，为政府部门提供科学依据，从而有针对性地制定社会治理政策和措施。同时，AIGC 还可以通过对社会治理过程的智能化改造，提高社会治理效率和便捷性。AIGC 还可以应用于社会服务领域，通过对公共服务资源的优化配置，提高市民的生活质量。

总之，AIGC 在智慧城市建设中具有广泛的应用前景，可以为交通管理、公共安全、环境监测、能源管理和社会治理等众多领域提供有力支持。在未来的发展过程中，AIGC 也可以与 5G、物联网、区块链等新兴技术相结合，进一步拓展其在智慧城市中的应用范围。通过不断的技术创新和应用实践，AIGC 将为智慧城市的建设和发展提供更加强大的支持，助力城市实现可持续发展目标。

16.1.2　AIGC 带来的安全风险需要重视

AIGC 作为一种新兴的人工智能技术，在智慧城市中具有广泛的应用前景，可以为城市的建设和管理提供全方位的支持和帮助。然而，随着 AIGC 技术的不断发展和应用，也带来了一些安全风险和挑战，需要引起足够的重视和关注。

1. AIGC 应用所带来的安全风险

1）数据隐私泄露风险

AIGC 技术需要大量的数据作为支持，在智慧城市相关应用中，可能包括个人数据、企业数据、政府数据等。这些数据涉及个人隐私、商业机密和政府秘密等方面，一旦泄露可能会造成不可估量的损失。同时，由于 AIGC 技术具有很强的计算能力和分析能力，黑客可以利用这些技术对数据进行窃取、篡改或破坏，从而造成数据泄露和安全问题。

2）恶意攻击和滥用风险

AIGC 技术具有很高的智能化程度和自适应能力，但也因此成为黑客攻击的重点对象。黑客可以利用 AIGC 技术进行恶意攻击和滥用，例如，通过 AIGC 技术生成伪造内容、传播虚假信息、干扰城市管理等方式，对城市的安全和稳定造成威胁。此外，黑客还可能利用 AIGC 技术对其他系统进行攻击和破坏，从而造成更加严重的后果。

3）社会伦理和道德风险

AIGC 技术的应用可能涉及一些社会伦理和道德问题，例如，自动驾驶车辆在紧急情况下是否应该牺牲乘客或行人等。这些问题的存在可能会引发公众的质疑和担忧，从而对 AIGC 技术的应用产生抵触情绪。此外，如果 AIGC 技术被用于不当的目的，例如，用于监控、控制或歧视某些人群，将会引发更加严重的社会伦理和道德问题。

2. 多维度推进 AIGC 安全可靠的应用

1）加强数据隐私保护

为了确保 AIGC 技术的安全应用，首先，需要加强数据隐私保护。政府和企业应该制定严格的数据保护政策和技术措施，确保数据的保密性、完整性和可用性。其次，应该加强对数据使用和传输的监管和管理，防止数据被泄露和滥用。此外，应该加强对个人数据的保护力度，确保个人隐私不受侵犯。

2）加强技术研发和管理

为了防范 AIGC 技术的恶意攻击和滥用风险，需要加强技术研发和管理。政府和企业应该加强对 AIGC 技术的管理和监管力度，确保其应用符合法律法规和社会伦理。同时，应该加强网络安全防护措施，防止黑客利用 AIGC 技术进行攻击和破坏。此外，还应该加强对 AIGC 技术的研发和管理力度，在提高其智能化程度和自适应能力的同时，降低其可能带来的安全风险。

3）加强社会伦理和道德教育

为了应对 AIGC 技术的应用所带来的社会伦理和道德问题，需要加强社会伦理和道德教育。政府、企业和公众应该加强对 AIGC 技术的了解和应用，共同探讨其可能带来的社会伦理和道德问题，并制定相应的规范和标准。同时，应该加强对公众的宣传和教育力度，提高公众对 AIGC 技术的认识和理解程度，促进其健康、有序、可持续发展。

总之，AIGC 技术在智慧城市中具有广泛的应用前景，可以为城市的建设和管理提供全方位的支持和帮助。然而，随着其应用的不断深入和发展，也带来了一些安全风险和挑战。为了应对这些挑战和问题，政府、企业和公众应该共同努力，加强数据隐私保护、技术研发和管理，以及社会伦理和道德教育等方面的工作力度，确保 AIGC 技术在智慧城市中得到安全、可靠地应用。

16.1.3 AIGC 赋能网络安全创新发展

随着 AIGC 和大模型技术的迅速发展，互联网恶意攻击者也开始利用这项技术快速构建攻击工具，在持续升级的网络攻防对抗中，"以 AI 对抗 AI"是未来网络安全领域的重要趋势。当前，整个安全领域都开始基于 AIGC 重新构建自己的产品和商业模型，并迅速更新迭代。通过系统梳理 AIGC 技术在网络安全方向的应用情况，并探讨其技术优势和价值，不仅能够为广大网络安全从业人员提供新的思路和借鉴，促进网络安全领域的创新发展，还可以帮助读者更好地把握技术发展方向，加强网络防护措施、提高安全防范能力，从而提升整体网络安全水平。

1. AIGC 可以通过自动化的方式提高网络安全的效率

传统的网络安全工作需要大量的人工干预和分析，但这往往导致反应时间延迟和效率低下。而 AIGC 可以通过自动化的方式实时监测网络活动，并快速识别异常行为。例如，可以学习正常的网络流量模式，并自动检测与正常模式不符的行为。这样，网络安全团队可以更快地发现潜在的威胁，并采取相应的措施进行防御。

2. AIGC 可以通过智能分析和预测来提前预警网络攻击

传统的安全系统只能对已经发生的攻击做出反应，而无法预测未来的威胁。然而，AIGC 可以通过分析大量的数据和历史记录，建立模型来预测可能的攻击行为。例如，通过分析过去的网络攻击事件和攻击者的行为模式，AIGC 可以识别出潜在的攻击者，并提前发出警报。这样，网络安全团队可以有更多的时间来准备和应对潜在的威胁。

3. AIGC 可以通过自动化的方式进行漏洞扫描和修复

传统的漏洞扫描需要手动进行，而且需要大量的时间和资源。而 AIGC 可以通过自动化的方式快速扫描网络中的漏洞，并提供修复建议。例如，通过智能算法，学习已知的漏洞模式，并自动检测系统中的漏洞。这样，网络安全团队可以更快地发现和修复漏洞，减少被黑客利用的风险。

4. AIGC 可以用于恶意软件检测和防御

传统的恶意软件检测方法通常基于特征匹配，但这种方法对于新型的、变种的恶意软件效果不佳。而 AIGC 可以通过分析恶意软件的行为模式和代码结构，识别出潜在的恶意软件。例如，通过学习恶意软件的特征和行为模式，自动检测和阻止恶意软件的传播。这样，网络安全团队可以更有效地对抗恶意软件的威胁。

5. AIGC 可以用于智能安全策略管理

传统的安全策略通常是基于规则的，但这种方法难以适应不断变化的网络环境和威胁情报。而 AIGC 可以通过分析实时的网络环境和威胁情报，自动调整安全设置和防护措施。例如，可以根据实时的网络状态和攻击情况，自动调整防火墙规则和访问控制策略。这样，网络安全团队可以根据实际需求制定智能的安全策略，提高整体的安全性能。

当前，随着越来越多的网络安全厂商加入 AIGC 技术研究和应用的行列中，网络安全行业将呈现出更加多元化的发展态势。在这个背景下，我们可以预见到以下几个方面的发展方向。

（1）AIGC 在网络安全领域的应用会更加广泛和深入。随着技术的不断进步，AIGC 将会在网络安全中扮演更加重要的角色，支持更加实时、智能和精细的安全管理和运营。

（2）网络安全产品将会更加个性化和定制化。不同厂商在 AIGC 技术的应用和开发方向上存在差异，这也意味着未来网络安全产品将会更加个性化和定制化，以满足不同客户的需求和应用场景的要求。

（3）安全私域模型将得到更多关注。随着数据保护和隐私保护法规的不断加强，安全私域模型将成为未来网络安全领域重要的研究方向和发展趋势，厂商将更加注重保障客户数据隐私和安全。

（4）人才培养和技术分享将成为关键。随着网络安全行业的快速发展和 AIGC 技术的广泛应用，培养网络安全领域的高素质人才和技术分享将成为加速行业进步和发展的关键环节。

总体来看，AIGC 技术在网络安全领域的应用和发展前景广阔，将推动网络安全行业加速走向智能化、精细化和高效化。这也将为智慧城市建设提供更加稳妥、可靠和高质量的网络安全保障。

16.2　算力网络与智慧城市的融合应用

16.2.1　算力网络——智慧城市发展的新引擎

1. 什么是算力网络

为推动我国数字经济健康稳步向前，实现算力基础设施区域协同、绿色集约、安全可信等发展目标，国家围绕数据中心的算力统筹规划，连续发布系列指导政策，提出了以"东数西算"为核心的多层次、一体化数据中心全新布局。2022 年，国家发改委、工信部等四部委联合印发通知，进一步明确"东数西算"工程行动计划，在京津冀、长三角、内蒙古、甘肃等 8 地启动建设"4+4"国家算力枢纽节点，并规划了 10 个国家数据中心集群，标志着我国"东数西算"工程正式拉开序幕。"东数西算"工程的启动是国家将数据中心的整体布局与能源、气候、经济、网络等因素统筹规划的结果，将有助于解决数据中心东西部供需失衡的问题，同时将推动我国数据中心差异化、互补化、协同化和规模化发展，有利于发挥区域优势、避免重复投资、形成规模效应。

在当前的国家战略大背景下，随着数字经济时代新技术的不断涌现，算力和网络日益走向融合，基础设施、算力和网络编排、业务运营管理向算网一体化方向不断发展和发展。"算力网络"成为未来网络发展的重要方向。

所谓"算力网络"，既不是一项具体的技术，也不是一个具体的设备。从宏观来看，它是一种思想，一种理念。从微观来看，它仍然是一种网络，一种架构与性质完全不同的网络，如图 16-2 所示。

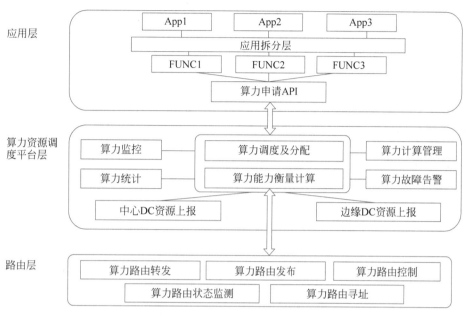

图 16-2　算力网络架构图

算力网络是一种新型信息基础设施，其利用云网融合技术及 SDN/NFV 等新型网络技术，将边缘计算节点、云计算节点，以及含广域网在内的各类网络资源深度融合在一起，减少边缘计算节点的管控复杂度，并通过集中控制或者分布式调度方法与云计算节点的计算、存储资源和广域网的网络资源进行协同，组成新一代信息基础设施，为用户提供包含计算、存储和连接的整体算力服务，并根据业务特性提供灵活、可调度的按需服务。也就是说，算力网络以云网融合为根基，以算力供给为核心，深度融合新型网络技术，根据业务需求实现统筹分配和灵活调度计算、存储和网络资源。

算力网络的核心目的，是为用户提供算力资源服务。但是它的实现方式，不同于"云计算＋通信网络"的传统方式，而是将算力资源彻底"融入"通信网络，以一个更整体的形式，提供最符合用户需求的算力资源服务。随着数字经济和智能化社会的深入发展，算力网络将成为数智化转型的关键基石。

2. 算力网络赋能智慧城市发展

算力网络通过连接云、网、边等资源，实现了算力的流动和共享，使得算力可以随时随地为各种智慧应用提供支持。它具有高性能、高可用、高安全等特性，可以为智慧城市提供强大的后台支持和保障。

1）泛在智能的新型算力赋能智慧社会转型升级

智能化正深刻地改变着我们的生产、生活方式，一个以数字化、网络化、智能化为特征的智慧社会正在加速到来。机器学习、计算机视觉、自然语义处理等训练模型架构设计上趋向大规模并行，数据量已达千 G 量级，参数量迈向万亿级。此外，无人驾驶、AR/VR 等场景对数据的传输处理速度和快速分析、推理、决策能力提出了更高要求，需要构建多元化、规模化、泛在化的智能算力。一方面，以智算集群、无损网络、高性能存储为核心的智能算力解决方案能有效提升计算效能、降低计算成本、缩短人工智能训练周期；另一方面，基于多样性算力的能力评估体系、云边端算力高效协同调度能力和智能应用的敏捷构建方式等新型技术，正在构建起泛在协同的智能算力底座，推动人工智能从"单点突破"迈向"泛在智能"，实现智慧社会转型升级。

2）以数据为中心的多样性计算架构铸就高效算力服务

城市数字化转型将带来多样化的海量数据处理需求，也对处理效率提出了更高的要求，传统的以 CPU 为中心的计算架构难以高效应对复杂的数据处理场景，而以数据为中心的新型多样化计算架构正在迅速兴起。以 GPU、FPGA、AI 芯片为代表的异构算力增长迅猛，以 DPU/IPU 为代表的软硬件深度融合的一体化计算架构也逐渐兴起，同时，突破传统冯·诺依曼架构的近存计算、存算一体等存算融合新计算架构也不断出现。这些架构变革以数据处理的高效性为目标，通过数据流驱动计算，对底层数据按需就近处理，极大提升数据处理效率。此外，面向多样性的新型计算架构，跨架构的开放编译平台已成趋势，其将通过屏蔽底层硬件架构差异，构筑开发环境友好、性能高效的算力服务。

3）超低时延驱动的确定性网络成为城市数字化刚需

传统网络侧重公平性原则，提供尽力而为的服务，在消费互联网时代很好地满足了用户访问网络的需求。随着城市数字化转型进程加速，网络正从消费互联网向工业互联网发展，以超低时延和确定性为特征的网络正从辅助生产逐步嵌入到核心生产环节，成为城市数字化刚需。确定性要素从带宽向时延、抖动、丢包等多要素转变，满足算网连接业务多维质量需求。确定性范围逐步从局域走向广域，通过切片和 SRv6/G-SRv6 实现端到端确定性保障。确定性粒度逐步从粗粒度向精细化转变，通过小颗粒切片、应用感知等技术满足差异化服务体验。

4）算网深度融合驱动智慧城市业务创新突破

传统的算力和网络相对独立，二者仅为简单的连接关系。以 NFV/SDN 为核心技术的下一代网络规模部署，算力和网络开始在基础设施层面逐步融合，随着 5G+MEC 的飞速发展，进一步驱动网络开始感知算力的位置，实现就近分流。算网融合的一体化平台服务已成未来趋势，算网将在协议和形态层面进一步融合，网络将深度感知算力，通过在网络协议中引入算力信息，将应用请求沿最优路径调度至算力节点。网络设备通过共享自身算力，对数据进行在网计算，以降低通信延迟，将推动城市生活中无人驾驶、AR/VR 等超低时延类新型业务创新突破。但算力和网络深度融合并非一日之功，也面临许多技术难题有待攻克，需要两大学科共同研究和碰撞，推进算网向一体共生发展。

5）算网大脑使能构建多要素融合的一体化信息基础设施

城市数字化转型的加速对算网一体化基础设施，以及人工智能、大数据等多要素融合服务能力的要求日益提升。当前算网各自编排、分域管理，难以提供算网融合的产品、服务和端到端的质量保障。算网大脑通过算网数据感知获取全域实时动态数据，结合算网智能化、多要素融合编排，实现要素能力的一体供给和智能匹配，横向全面融合网、云、数、智、安、边、端、链多种能力要素，纵向深度贯穿应用、平台到底层资源，进而为新型城市信息基础设施对外提供一体化服务实现能力支撑。

6）可信共享的算网服务开创城市发展新业态

随着信息技术的发展，算力和数据的流动性持续增强，以多方可信的算力交易和安全可控的数据流通为代表的新型算网服务，将重塑信息服务产业价值链分配体系。通过算力交易创新模式广泛吸纳多方算力，基于区块链的多方算力可信共享将推动算力的供给侧结构性改革，使算力的使用成本进一步降低，实现算力普惠，最大化发挥算力的价值。数据流通服务可实现跨行业、跨主体的数据共享和开放，通过联邦学习、隐私计算等技术为多方协作模式下的数据价值挖掘提供可靠保障。在智慧城市场景下，更能推动城市数据合法、高效利用，助力数据产业应用升级，打造数据应用服务新范式。

总体来看，在智慧城市场景下，针对未来海量大数据处理、科学计算、人工智能模型训练推理等需求，算力网络具有巨大的应用空间。通过算力网络将社会算力并网，实现联合超算、智算等应用落地，将成为解决未来算力需求的一个重要途径。在云边端协同场景下，打造算网融合创新技术方案，探索算网大脑雏形，深入车联网自动驾驶、超边缘生产现场、XR 文娱、公共安全等特色场景，配合智能化技术，实现不同生产要素间的高效协同，从而提高生产效率，最终能够更好满足智慧城市智能感知、泛在连接、实时分析、精准控制等需求，为城市发展注入新动能。

16.2.2 算力网络安全体系建设思考

1. 算力网络面临的安全风险

算力网络作为新型信息基础设施，也将面临多方面的安全风险。

首先，从算力节点角度来看，由于算力网络涉及多源、泛在算力节点，无法保证每个节点都能做到安全可靠，同时数据分散到多方算力节点进行计算，会导致四大安全影响。其一，算力网络具有算力泛在、灵活接入等特点，频繁的资源链接将导致资源的攻击暴露面增加，因此更容易受到网络黑客的攻击和恶意软件的感染，从而导致用户数据泄露和算力资源被滥用等问题。其二，算力网络中流通着海量且涉及机密隐私的数据，在传输过程中数据被篡改或被泄露将造成严重后果。其三，算力服务是端到端服务，用户群体庞大，分布式资源节点数量较多，数据信息管理较繁杂，存证溯源困难。其四，算网新型架构新增算网感知单元、算网控制单元等网元，管控复杂度提升。

其次，从算力网络角度来看，也面临四大安全挑战。一是完整的安全体系架构尚未形成，各层级之间的安全防护手段和能力差异较大，难以实现统一的安全管理。二是云、网、边、端等各层面的安全威胁日益突出，需要更加完善的安全防护手段和措施。三是数据安全问题日益突出，需要更加重视数据的加密、访问控制、隐私保护等措施。四是网络安全与基础设施安全的关联性日益增强，需要更加注重基础设施的安全防护和监测。

最后，从运营管理角度来看。在编排管理层，算力调度需要收集大量网络信息及算力信息，数据的集中增加了算网敏感信息被泄露或被篡改的风险。同时，分布式算力的整合提供了巨大的计算能力，如果编排能力被滥用，导致计算节点无限制、无管控地执行任务，可能会助长违规挖矿、密码暴力破解等恶意行为。为此，需在算力网络中保护敏感算网信息的安全，包括数据资产管理、安全流转等，并通过业务安全机制保证调度决策、调度指令下发等编排管理全流程的安全。在运营服务层，算力网络面向海量用户及节点提供算力交易服务，交易管理复杂，可能引发恶意计费、逃费、计算结果不可信等问题。借助区块链技术，构建多方共识信任体系，可以实现计算节点及算力消费节点接入时的信任关系建设，同时实现交易安全、交易溯源、数据计算安全。

2. 着力打造算网一体化安全保障体系

提升算力网络的安全防护能力，需要面向算力节点、网络、数据构建一体化的安全保障机制。在加强基础安全保障能力建设的基础上，可进一步从安全编排、隐私计算和全程可信等方面进行能力提升，共同筑牢算力网络安全防护屏障。

1）安全编排

安全编排技术根据用户需求对安全能力进行动态组合和调度，能够在算力节点安全水平差异化，以及计算任务安全需求各异的场景下，支持灵活的统筹和自动化安全调度能力，构建算网内生安全能力，解决算网不确定性安全风险，满足业务安全需求。算力网络中的安全编排能力的构建需要重点关注以下两个方面。

（1）打通需求与能力。需要构建统一的安全编排服务系统，一方面集成数据安全、网络安全、算力安全等能力集，形成安全能力中心，另一方面从运营服务层接收并解析用户计算服务安全需求，形成安全能力调度策略，辅助算网大脑的决策，算力网络依据安全策略为用户提供安全的服务。

（2）动态组合安全能力。安全需求复杂多变，需要基于安全需求对安全能力进行动态组合，建立自适应的安全编排能力。其中涉及的安全定级、隐私度量、能力适配、效能影响评估等关键问题，还有待需要进一步深入研究。

安全编排效果的最大化发挥需要安全能力的统一整合，涉及接口适配、能力标准化等问题。为形成体系化的解决方案，需要积极推进相关标准的制定，实现产业界共同推动算网安全编排技术的成熟和落地。

2）隐私计算

当用户将数据送至算力节点执行计算时，数据的所有权与控制权分离，数据将在用户控制的业务系统之外进行流转和计算，可能会面临数据被泄露或被篡改等风险。隐私计算借助安全多方计算、同态加密等技术，可在不泄露敏感数据前提下，对数据进行分析计算，实现数据的"可用不可见"，解决数据出网后的安全问题，为用户提供安全的计算服务。利用隐私计算技术实现算网数据隐私保护，需要重点关注以下三个方面。

（1）实现智能调度。一方面实现对业务类型的自动适配，针对不同业务场景调度适用的隐私计算算法完成计算任务；另一方面实现对任务数据敏感等级的感知，按照敏感等级对计算任务进行拆分，为敏感数据优先分配高可信节点，为非敏感数据分配普通节点，借助多方计算技术实现任务的分布式安全计算。

（2）持续提升效能。隐私计算在实现数据隐私保护的同时会造成计算性能的下降，这也是隐私计算技术在产业应用上面临的关键问题。因此需进一步探索异构算力模型下隐私计算算法的性能优化，以及冗余通信压缩等技术，以提升协议通信交互效率，降低隐私计算技术对业务的影响。

（3）实现互联互通。目前隐私计算技术尚未形成统一的标准，需进一步研究和探索跨域、跨框架的协同和互操作技术，推进接口和实现机制的标准化，建立统一的算网隐私计算技术体系。

产业界需通过技术合作、技术验证等方式，不断探索隐私计算在算力网络中的最优应用方式，推进技术体系的标准化。

3）全程可信

算力网络接入各大云计算中心、边缘节点，并吸纳三方零散算力节点，节点分散、所属方各异。从算力运营者角度，算力节点的泛在化增加了节点管理复杂度，节点可控性降低；从用户角度，网络结构复杂、节点种类多样，不确定性安全风险升高。此时，使用数据标记和智能审计技术实现数据流转全流程的可控，同时借助可信计算技术和基于可信执行环境（trusted execution environment，TEE）的机密计算技术构建全程可信的算力网络，是算力网络安全的未来趋势。通过构建可信的算网基础设施，能够为算力网络的网络架构、算力资源提供全程的机密性和完整性保护。算力网络全程可信体系构建可以从以下三个方面考虑。

（1）网络基础设施可信。在网络设施中部署基于硬件的可信根，构建基于可信计算技术的信任链，对网络设备进行度量、签名等可信操作，确保网络基础设施的可信和可预期，使网络协议栈在可信设备中运行。

（2）实现算力节点可信。为实现计算过程和结果可信，建立具有运行时机密性和完整性保护能力的算力节点。通过可信技术，以及基于 TEE 的机密计算技术，为用户提供运行时的、基于硬件的隔离和加密机制，保护用户数据的机密性和完整性。

（3）统筹算网可信管理。在算力网络安全中心构建算网的可信管理功能。通过远程证明技术实现对算网基础设施、算网节点的可信状态评估，为网络运维、算网用户提供算网可信状态的凭证。通过可信执行环境配置等技术实现对算网的全程可信管理，覆盖用户程序加载、程序运行等过程，为算网用户提供全生命周期的可信管理和调度。

可信计算，以及基于 TEE 的机密计算需要硬件芯片的支持，同时也需要相应网络协议的适配。将可信计算技术，以及基于 TEE 的机密计算技术与算力网络融合将是未来重要的研究方向。

参 考 文 献

[1] 数字经济研究院.中国城市数字经济指数白皮书[R].北京:新华三集团,2020.

[2] 智慧城市白皮书[R].北京:联想集团,国家工业信息安全发展研究中心,产业互联网发展联盟,2021.

[3] 新型智慧城市白皮书[R].北京:中国电信,2021.

[4] 李炯彬.基于等级保护2.0标准体系的智慧城市网络安全建设与研究[J].中国质量与标准导报,2021(2).

[5] 智慧城市网络安全白皮书[R].深圳:智慧城市产业生态圈,2021.

[6] 郭启全.关键信息基础设施的认定和十个保护要求[R].北京:关键信息基础设施安全保护联盟(筹),2023.

[7] 郭启全.《关键信息基础设施安全保护条例》《数据安全法》和网络安全等级保护制度解读与实施[M].北京:电子工业出版社,2020.

[8] 新华三人工智能发展报告白皮书[R].北京:新华三集团,2020.

[9] 高亚楠.电子政务数据安全治理框架研究[J].信息安全研究,2021(10).

[10] 算力网络技术白皮书[R].北京:中国移动通信集团有限公司,2022.